复杂地质条件下冲击地压
发生机理与防治技术

赵善坤　李一哲　薛令光　韩　军　著

应急管理出版社

·北　京·

内 容 提 要

本书以义马矿区和京西矿区大安山煤矿冲击地压防控研究为背景，以揭示复杂地质条件下单一煤层和煤层群多工作面开采扰动特征为出发点，介绍复杂地质条件下开采扰动致冲机理和防控技术。针对巨厚砾岩控制下的单一煤层相邻工作面开采和大型褶曲控制下的煤层群多工作面开采条件，对覆岩结构特征、地质体运动规律和应力扰动规律进行深入分析，提出不同地质体控制条件下和开采方式下的协调开采和应力调控技术。

本书适合高校、科研院所、企事业单位从事煤矿安全和开采的科研人员、教师、学生、设计人员阅读参考。

前　言

　　煤炭是支撑我国经济高速发展的主体能源，煤炭资源开采整体向深部、西部矿区转移已成为新常态，深部复杂的工程应力环境、高强度集约化开采所造成的采场应力扰动导致煤矿冲击地压发生机理更加复杂，防控形势更为严峻。截至 2023 年底，我国冲击地压矿井数量为 142 座，广泛分布于全国 20 个省区（市）。近年来，先后多次发生冲击地压重特大事故，严重威胁煤矿安全高效生产。为此，国家从"十一五"开始就陆续通过国家重点基础研究发展计划（973 计划）、国家高技术研究发展计划（863 计划）等加强该领域的科技攻关。2017 年以来，国家及地方政府也相继颁布了《防治煤矿冲击地压细则》《冲击地压测定、监测与防治方法》和《煤矿冲击地压防治监管监察指导手册（试行）》等法规文件。"十三五"期间，科技部设立了"煤矿深部开采煤岩动力灾害防控技术研究（2017YFC0804200)"的国家重点研发计划项目，专门开展深部条件下煤岩动力灾害机理和防控技术的科研攻关。

　　煤矿复杂的地质（巨厚砾岩、大型断层、大型褶曲）条件和深部高应力开采条件，矿井（群）井间和工作面之间相互扰动强烈、联动失稳效应明显。现有的冲击地压防控方法与技术，大多针对单一矿井，且仅考虑采场范围内地质构造对冲击地压的影响，没有考虑复杂地质条件下因井间开采扰动而造成的大范围结构体时空力学响应行为。本书以"十三五"国家重点研发计划项目为依托，以河南义马矿区和京西矿区大安山煤矿冲击地压防控研究为背景，开展复杂地质条件下冲击地压发生机理、防控技术与实践的初步研究。其中，义马矿区赋存落差 50~500 m 大型逆冲断层和 300~700 m 巨厚砾岩层，五座煤矿已全部转入深部开采，井间扰动影响突显；大安山煤矿赋存两组褶曲和五条断层，形成了轴 9、轴 10 和轴 13 槽多煤层开采的现状。在断层、褶曲、巨厚砾岩复杂地质和区域开采互扰的作用下，复杂的构造应力场和强开采扰动作用导致义马矿区和大安山煤矿成为冲击地压的高发区域。明确复杂地质条件下井间互扰和区域开采的多工作面扰动关系、分析大范围采动覆岩运动及结构破坏特征、应力演化规律，研究针对性的扰动弱化防冲技术体系，具有重要的理论意义和实用价值。

本书撰写分工为：赵善坤撰写第 1 章和第 3 章，李一哲撰写第 2 章和第 4 章，薛令光撰写第 5 章和第 7 章，韩军撰写第 6 章。华北科技学院张军教授参与了本书的审稿工作。

本书在写作过程中得到了齐庆新研究员、邓志刚研究员、潘鹏志研究员、魏向志教授级高级工程师、董永站高级工程师、王忠武高级工程师、张广山高级工程师、王新华教授级高级工程师、陈林林高级工程师、郝其林工程师、丁传宏高级工程师、左建平教授、李春元研究员、郭保华教授等专家的指导，还得到了中国科学院武汉岩土力学研究所、河南大有能源股份有限公司、北京昊华能源股份有限公司、华北科技学院、中国矿业大学（北京）、辽宁工程技术大学的大力支持，以及国家重点研发计划项目（2017YFC0804203）、国家自然科学基金（52034009、52474230、51874176）、矿山岩层智能制造与绿色开采省部共建国家重点实验室培育基地开放基金项目（SICGM202106）、天地科技股份有限公司科技创新创业资金专项重点项目（2024-TD-ZD010-01）、京西矿区全生命周期绿色低碳发展模式研究（HHQGJS20220801）的联合资助，在此表示感谢！另外，本书还引用了一些参考文献，在此向作者表示感谢！

复杂地质条件下的冲击地压发生机理与防治技术研究任重道远，由于作者水平有限，地质体扰动机制方面还需进一步优化和完善，书中不妥之处在所难免，敬请读者批评指正。

著　者

2024 年 4 月

目　　录

1 绪 论

随着科学技术的进步，煤矿开采技术和机械化程度有了较大提升，我国煤炭开采强度和开采深度显著增大。大型矿井年产量已由过去的 120 万 t、150 万 t 和 180 万 t 提高到现在的 1500 万 t、2000 万 t 和 2500 万 t；2004 年，我国的千米深煤矿仅有 8 座，而到 2018 年底，全国千米深煤矿已达 70 余座，并以每年 10~25 m 的速度向下延深。煤矿深部高强度开采所造成的局部高应力集中使得冲击地压灾害的风险程度持续增加。近年来，在全国煤矿事故总数和总死亡人数逐年递减的背景下，冲击地压事故时有发生。继 2018 年山东龙郓煤矿特大冲击地压事故后，2020 年 2 月 22 日山东能源集团龙堌煤矿发生一起冲击地压事故，造成 4 人死亡。此次事故使煤矿冲击地压又一次处在风口浪尖。因此，冲击地压已成为我国影响煤矿安全最主要的灾害之一。

冲击地压灾害突发性强、破坏性大，极易造成设备损坏和人员伤亡，是世界性难题。尽管我国开展冲击地压研究已有 40 余年的历史，但冲击地压目前仍难以精准预测且不易控制。尤其矿区在巨厚坚硬岩层、大型地质构造等复杂地质条件的影响下，冲击地压问题则更加复杂，其发生机理及控制技术更是难上加难。例如，2020 年发生冲击地压事故的龙堌煤矿 2305S 工作面，事故地点存在落差 10~15 m、延展长度为 720 m 的 FD8 断层横穿，即使采取了区域监测与局部监测相结合的微震和应力监测预警方法以及煤层注水、大直径钻孔卸压等防治措施，事故仍造成累计 486 m 巷道破坏，直接经济损失 1853 万元；巨厚砾岩和逆冲断层控制的千秋煤矿"11·3"冲击地压事故和大型断层控制的老虎台煤矿"4·14"事故亦存在类似问题。因此，需要在已有研究成果和工程实践认识的基础上，对复杂地质条件下的冲击地压发生机理和防治技术开展针对性的深入研究，找出影响冲击地压的本质因素，进而提出针对性的控制方法，为解决我国煤矿冲击地压问题提供理论与技术支撑。

本书围绕复杂地质条件下原岩应力特征、巨厚岩层和褶曲控制下的采动应力演化规律、应力扰动致冲机理、协调开采和应力调控防冲理论与实践等方面进行研究。本书着眼未来我国深部高强度的能源开发模式，提出巨厚砾岩控制和褶曲的区域应力调控防冲关键方法，改善传统局部卸压解危措施无法对应力环境进行本质性干预的现状，适于进一步完善冲击地压机理及防治技术体系，为复杂地质条件下煤层的安全开采提供保障。

1.1 冲击地压现象描述

马克思主义认为，对事物表面现象的感性认知是对事物内在本质的理性认知的基础。对于煤矿冲击地压而言，只有弄清冲击地压现象，才能深入剖析冲击地压发生机理，从而进一步对其展开防治。

对于冲击地压问题，不禁要问，冲击地压是什么？冲击地压现象是怎样的？

我国煤矿长期生产实践过程给出了冲击地压基于现象描述的定义：冲击地压是矿山井巷和采场周围煤岩体，在其力学平衡破坏时，由于弹性变形能突然、急剧、猛烈地释放而产生的一种破坏性动力现象，是煤矿中典型的动力灾害之一。冲击地压发生时，煤岩体瞬间释放变形能，煤岩体突然破坏、垮落或抛出并伴有巨大声响，抛出的煤岩体产生强大的冲击，摧毁采矿设备，堵塞巷道，造成人员伤亡。同时，国内外学者也依据研究结果给出了冲击地压的定义，章梦涛、徐曾和等认为，冲击地压是煤岩非稳定平衡状态下受到扰动而发生的动力失稳过程。宋振骐、刘先贵等认为冲击地压是煤体压缩弹性势能、顶板弯曲弹性势能的一种急剧释放形式。齐庆新认为冲击地压是具有冲击倾向性的煤岩结构体在高应力作用下发生变形，局部形成高应力集中并积聚能量，在采动应力扰动下，沿煤岩结构弱面或接触面发生粘滑并释放大量能量的动力现象。

对我国冲击地压现象总结，得到冲击地压的几个特点：①具有突发性，冲击地压发生前一般无明显前兆，冲击过程十分短暂，持续时间仅几秒到几十秒。②类型多样，我国冲击地压以煤层冲击最常见，也有顶板和底板冲击。冲击显现通常表现为：煤壁局部小煤块弹射、底鼓、煤体整层滑移错动挤出、巷道全面变形等现象（图 1-1）。③造成的破坏巨大，冲击地压造成的片帮、底鼓、冒顶可造成几十米巷道被堵塞，几百米巷道支架被损坏，机械设备被移位，风门被暴风摧垮，地面房屋会被震坏开裂。

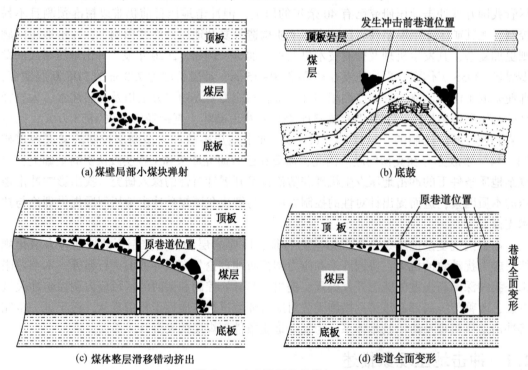

图 1-1　冲击地压显现特征

同时，通过查阅国外相关文献，也了解了国外是如何认识冲击地压的。国外对冲击地压的认识早于我国，总体上认为冲击地压的本质为能量的剧烈释放。1987 年 Campoli Alan A 给出了美国煤矿常出现的剧烈破坏现象：弹射（bounce）、爆出（burst）和突出（outburst)。认为弹射是煤柱发生的一种瞬间剧烈冲击或震动现象，该过程可能伴随工作面或帮部煤体脱落；爆出是煤体发生的一种瞬时爆发性破坏；而突出则是煤与瓦斯气体在煤体表面瞬间喷出的过程。鉴于美国东部地区常使用冲击（bump）描述煤体的瞬间破坏，因此给出了冲击地压（coal mine bumps）的说法。次年，K. Y. Haramy 确定了这一表述并更加明确了三者的关系，认为煤体弹射还包括煤柱与顶板的滑移现象，冲击则是顶底板及帮部煤岩体被瞬间推向采掘空间的释放过程，而突出亦伴随大量瓦斯的突然释放。对冲击地压的英文词汇进一步汇总发现，国外用来描述冲击地压的词汇主要包括冲击矿压（rock burst）、应变突发（strain burst）、岩爆（pressure bump）、柱凸块（pillar bump）、摇落（shake down）、压力爆破（pressure burst）、冲击地压（coal bump）、煤爆（coal burst）和矿柱爆裂（pillar burst）。rock burst 和 strain burst 主要用于描述涉及坚硬岩石开采的能量释放，其能量源与坚硬岩石中的应力水平直接相关，二者的主要区别在于 strain burst 用于描述能量级别较小的事件，在地下煤矿开采中较少使用上述术语，而 pressure bump 和 pressure burst 则经常在煤矿开采中用于描述能量的动态释放，与 rock burst 和 strain burst 相比，其能量源除与岩石中储存的能量相关外还包括煤体中所储存的能量。pressure bump 和 pressure burst 的区别在于，pressure bump 主要用于描述完全出现在岩体中的远场能量释放，而 pressure burst 则用于描述已破坏介质在采掘空间临空面的高速抛出，shakedown 则用于描述岩石由于冲击事件导致自身向采掘空间失稳和破坏的现象。coal bump、coal burst、pillar bump 以及 pillar burst 一般与 pressure bump 和 pressure burst 具有相同的含义，但就其所描述的概念，一般隶属于 pressure bump 和 pressure burst 之下，用于描述更为具体的现象，煤（coal）和支柱（pillar）用于限定动力事件发生的具体位置。应该说，这样的定义和划分，对我们认识冲击地压现象是有益的，从中也可以多少看出应力和能量来源、破坏对象以及破坏范围的不同。

1.2 冲击地压发生机理

1.2.1 经典理论

冲击地压发生机理，即冲击地压发生的原因、条件、机制和物理过程。冲击地压机理研究始于南非对金属矿山岩爆问题的研究，至今已有 70 余年。目前，国内外学者对冲击地压的认识，已从表面的观察、现象描述过渡至内在物理过程的揭示，从一般的理性认识发展到对本构关系即数学与固体断裂力学论证，从单一采场力源与能量问题发展到多矿井、多采场的开采互扰。

最早提出的冲击地压发生机理，是 1951 年库克提出的强度理论，之后刚度理论、能量理论、冲击倾向性理论、"三准则"理论、变形系统失稳理论和"三因素"理论等机理被相继提出。进入 21 世纪后，我国学者又先后提出了强度弱化减冲理论、应力控制理论、冲击启动理论和冲击扰动响应失稳理论。在这些冲击地压的机理中，最经典的理论是强度理论、刚度理论、能量理论和冲击倾向性理论，都是早期德国、波兰、苏联等国学者提出的。其中，强度理论以材料所受的荷载达到其强度极限就会开始破坏这一认识为基础，逐步发展到以"矿体-围岩"系统为研究对象，认为导致煤（岩）体破坏的决定因素不仅仅是应力值大小，而是它与岩体强度的比值。刚度理论认为矿山结构的刚度大于矿山负载系统的刚度是发生冲击地压的必要条件。能量理论则认为矿体与围岩系统的力学平衡状态破坏后所释放的能量大于消耗能量时，就会发生冲击地压。冲击倾向性理论认为煤（岩）介质产生冲击破坏的固有属性是产生冲击地压的必要条件。

我国对冲击地压的系统研究始于 20 世纪 70—80 年代，其中李玉生在总结了强度理论、能量理论和冲击倾向性理论的基础上，将三种理论结合起来，认为强度准则是煤岩体的破坏准则，能量准则和冲击倾向性准则是突然破坏准则，只有当这三个准则同时满足时，冲击地压才会发生。张万斌在德国和波兰学者的研究基础上，依据中波国际合作研究项目，对冲击倾向性理论进行了完善和补充，提出了符合我国煤矿实际的冲击倾向性指标。章梦涛提出了冲击地压的变形系统失稳理论，认为冲击地压是煤岩体内高应力区的介质局部形成应变软化与尚未形成应变软化的介质处于非稳定状态时，在外界扰动下的动力失稳过程。齐庆新提出了冲击地压"三因素"理论，认为冲击地压实质为具有冲击倾向性的煤岩结构体在高应力（构造应力、自重应力）作用下发生变形，局部形成高应力集中并积聚能量，在采动应力的扰动下，沿煤岩结构弱面或接触面发生粘滑并释放大量能量的动力现象。也就是说，冲击地压发生的影响因素众多，但有三个因素是引发冲击地压的主要因素，即冲击倾向性因素（内在因素）、高应力集中与动态扰动（力源因素）、煤岩体中软层的存在（结构因素）。在"三因素"理论中，应特别强调的是，冲击地压的发生是煤岩层摩擦滑动过程中的瞬时粘滑，且煤岩体的层状结构和煤岩层间薄软层结构的存在，是导致冲击地压发生的主要结构因素。窦林名提出了冲击地压的强度弱化减冲理论，即通过采取措施，对煤岩体进行松散，降低其强度和冲击倾向性，使得应力高峰区向岩体深部转移，并降低应力集中程度，使发生冲击地压的强度降低，从而防止冲击地压的发生。齐庆新从冲击地压防治出发，通过大量工程实践，提出了冲击地压防治的"应力控制理论"，认为冲击地压问题实质上是煤岩体的应力问题，控制冲击地压灾害的发生，实质上是改变煤岩体的应力状态或控制高应力的产生，并据此对冲击地压矿井类型进行了划分。潘俊锋提出了冲击启动理论，认为冲击地压发生依次经历冲击启动、冲击能量传递、冲击地压显现 3 个阶段；采动围岩近场系统内集中静荷载的积聚是冲击启动的内因，采动围岩远场系统外集中动荷载对静荷载的扰动、加载是冲击启动的外因；可能的冲击启动区为极限平衡区应力峰值最大区，冲击启动的能量判据为 $E_{静}+E_{动}-E_c>0$。潘一山在总结 30 多年冲击地压理论研究成果的基础上，提出了冲击扰动响应失稳理论，认为冲击地压是煤岩变形系统在扰动下响应趋于无限大而发生的失稳，给出了冲击地压扰动响应失稳条件，并严格按扰动响应失稳理论推导出了圆形巷道发生冲击地压的解析解。

继国外早期经典理论提出以来，后续学者结合岩石力学理论和方法，分别以稳定性理论、损伤力学和断裂力学理论为基础，对局部围岩稳定性、能量耗散规律、煤岩裂隙扩展规律展开了大量且深入的研究，提出了诸如多因素致灾理论、屈服冲击理论、动-静应力场理论、煤化学性质致灾理论等冲击地压发生机理，核心思想亦均表明了影响冲击地压发生的应力条件、能量条件、物性条件和结构条件等。

1.2.2　复杂地质条件下的冲击地压发生机理

近年来，随着复杂地质条件下的冲击地压问题日益严峻，我国学者以义马矿区、乌东矿区、大同矿区、华亭矿区等为例，深入研究了复杂地质条件下的冲击地压影响因素和发生过程。不同学者的研究成果分述如下。

在义马矿区冲击地压机理研究上，姜福兴提出了特厚煤层蠕变膨胀冲击机理，认为巷道附近煤体发生蠕变变形，在巨厚砾岩和逆冲断层的应力叠加作用下，发生上帮与底角沿滑移线瞬间大范围滑移。魏全德通过对煤岩系统力学特征的描述，提出了巨厚砾岩下特厚煤层的"煤体塑性滑移型冲击""顶底板强剪切型冲击"和"底煤屈曲型冲击"。姚顺利分析了巨厚岩层失稳阶段的应力突降特征，提出了自发型和矿震诱发型冲击地压发生机理。张科学对巨厚砾岩和逆冲断层控制下的义马矿区回采巷道冲击地压机理进行深入研究，认为回采巷道冲击地压是由向斜构造应力、断层构造应力、巨厚砾岩局部断裂垮落造成的非均匀应力和开采扰动导致的。曾宪涛认为巨厚砾岩的失稳破断和逆冲断层的滑移失稳共同作用引发煤体冲击失稳。王涛认为断层活化对煤体产生了冲击效应和加载作用，二者叠加造成断层附近煤体应力升高，最终诱发了由煤岩体内部扩展至煤壁的冲击过程。宋录生认为工作面接近逆冲断层时，开采诱发了断层滑移，增大了冲击危险性，远离断层过程中冲击危险性降低。在乌东矿区研究中，蓝航研究了乌东煤矿南采区近直立巨厚砂岩控制下两煤层同采的冲击地压发生机理，认为岩柱的撬动导致了应力和能量积聚，从而诱发冲击地压。在大同矿区的冲击地压发生机理研究方面，于斌提出了多采空区条件下的顶板联拱结构，认为该结构中的大空间采场高位顶板结构失稳联动是冲击地压显现的主控因素，且结构中煤柱底板的应力集中区加剧了矿震显现强度和来压频次。杜学领重点研究了厚层坚硬地层条件下的冲击地压问题，认为厚层坚硬地层使应力集中更加靠近煤壁，同时提供了程度更强的动载扰动，应力波与静载应力叠加诱发了煤岩冲击失稳。池明波认为，断层导致的高水平应力是诱发冲击地压的主要因素。针对华亭等矿区，杨增强深入研究了大型断层和构造条件下的冲击地压机理，认为冲击地压的本质是由动静荷载叠加作用引起的，阐明了低静荷载时的动荷载主导作用以及高静荷载时的动荷载辅助诱导作用。沈威认为地质异常区的缺陷或结构面滑移扩展释放的震动波和局部高应力是发生冲击地压的原因。

国外在复杂地质条件下的冲击地压研究上，自 Brace 和 Byerlee 提出地震粘滑机制以来，各国学者针对特殊地质条件，对地质演化过程及地质赋存条件等因素和冲击地压的关系展开了长期探索。归纳起来，主要包括以下几方面结论性的认识：①当煤层开采处于褶曲、断层等地质构造影响范围内时，复杂的地质条件将造成回采区域的应力集中现象，从而增加冲击地压发生的概率；②包括褶曲、大型断层、坚硬顶板等在内的复杂地质构造，为煤矿提供了最根本的工程环境基础，对冲击地压具有根本性的影响；③断层活化会导致应力重新分布，具体体现在工作面支承应力峰值及其分布形式和分布范围，当工作面接近断层时，支承压力显著增加，应力峰值向煤壁转移，应力分布范围明显积聚；④断层附近采动应力分布受断层周围岩体性质影响较大，随断层倾角减小，底板应力峰值和破坏区范围增大，断层局部水平应力的集中是诱发冲击地压的主要因素。

以上关于冲击地压的发生机理，主要包括以下三个方面：①从煤岩体自身物理力学性质及结构因素的内在条件出发，分析煤岩体失稳的应力条件、破坏特征及主要诱发因素；②从灾害区域所处地质构造以及应力条件出发，分析地质弱面、煤岩局部变形与冲击失稳之间的相互关系；③从采场应力角度出发，研究采动影响及动载扰动与冲击失稳之间的关系。当煤矿赋存复杂地质构造时，受复杂的成煤环境、多期的地质构造运动、地壳沉降不均衡、岩浆侵入等地质因素和大范围开采、深部高应力等开采因素的影响，冲击地压影响因素的时空变异性更加显著。当前各类机理研究中，冲击地压影响因素众多，煤岩失稳破坏判据的关键物理量纷繁复杂，且煤岩失稳破坏机理多针对采场局部煤岩体展开。研究复杂地质条件下的冲击地压问题，弄清影响冲击地压的核心条件是关键，在此基础上，进一步构建大范围多采场开采条件下的开采扰动、复杂地质构造运动等因素与冲击地压的因果关系，从而才能更好地理解该类冲击地压发生的内涵。

1.3 冲击地压防治技术

20 世纪 80 年代至 90 年代末，冲击地压防治的方法主要有合理开采布置、保护层开采、煤层注水、煤层卸载爆破、宽巷掘进等。顶板深孔爆破等技术由于受钻机等条件的限制，实际工程应用较少。进入 21 世纪，煤矿冲击地压防治方法与技术有了一定的进步，一方面学习借鉴煤与瓦斯突出的区域与局部相结合的防治方法，另一方面由于钻机等装备与技术的提升，使得顶板深孔爆破技术、顶板水压致裂和顶板定向水压致裂技术等得到了迅速推广应用。

一般来说，常规的冲击地压防治措施从防范尺度上可分为两个层次：井田的区域防范方法和采掘空间的局部解危方法。代表性的区域防范方法包括优化开拓布置、保护层开采、宽巷留柱、预掘卸压巷等。局部解危方法包括处理顶板的断顶爆破和顶板定向水力压裂，处理煤层的大直径钻孔卸压、煤层注水、煤层高压水力压裂、煤层卸载爆破，处理底板的断底爆破、底板切槽等。其中这些局部解危方法已在大部分冲击地压矿井得到了推广应用，而作为区域防范方法，保护层开采方法在适合条件的矿井得到了应用，而优化开拓开采布置方法在传统的冲击地压矿井生产中得到了一定的应用。

1.3.1 区域防范方法

1. 保护层开采

保护层开采是在煤层群开采条件下，首先开采无冲击危险性或冲击危险性较小的煤层，由于其采动影响，使其他有冲击危险的煤层应力卸载，降低了采掘过程中发生冲击的可能性。实践表明，保护层开采技术是最有效的区域防范措施，有冲击地压的主要国家，如苏联和波兰等，对这种方法的原理和实施参数进行了深入广泛的研究，取得了显著的应用效果。在我国冲击地压比较严重的矿井中，新汶华丰煤矿自 1992 年首次发生冲击地压后，经过 10 多年的深入研究和实践探索，通过实施保护层开采技术，实现了矿井冲击地压的有效防治，是我国冲击地压矿井区域保护层开采的典范。

2. 优化开拓布置

初期的工作面开采方式、煤柱留设尺寸等不合理往往会造成工作面附近形成局部应力高度集中，导致煤岩体内积聚大量的弹性势能，易发生冲击地压事故。因此，冲击地压煤层开采应保证：①采区开采顺序合理，避免遗留煤柱和岛形煤柱；②采区内部工作面同方向推进，采区间或采区内避免采掘工作面的时空互扰，注重安全距离的把握；③开拓或准备巷道、永久硐室、上下山等布置在底板岩层或无冲击危险煤层；④采用不留煤柱垮落法管理顶板的长壁开采法；⑤工作面采用具有整体性和防护能力的可缩性支架。

3. 地表深孔爆破和水压致裂方法

局部措施中的深孔爆破、水压致裂防控技术手段，钻孔施工多位于井下，受井下装备及工艺限制，二者控制范围有限，多局限于低位 50 m 范围的岩层。针对高位坚硬顶板的区域卸压，在借鉴石油工程地表水力压裂方法基础上，逐步形成了地面钻孔的爆破和水压致裂方法。该方法自地面打钻井至高位厚硬岩层位置，在岩层内部实施高能爆破或压裂，破坏高位岩层的整体完整性增加岩体内部裂隙，从而实现对高位岩层垮断诱冲的有效控制。目前该方法正逐步在煤矿防冲领域推广应用，然而由于地面爆破与压裂是一个复杂的系统工艺，在爆破与压裂层位选取、时空参数确定、效果预评价等方面还有待进一步深入研究。

1.3.2 局部解危方法

1. 煤层大直径钻孔卸压

煤层大直径钻孔卸压技术是指在煤岩体内应力集中区域或可能形成应力集中的煤层中实施直径通常大于 100 mm（目前小于 200 mm）的钻孔，通过排出钻孔周围破坏区煤体变形或钻孔冲击所产生的大量煤粉，使钻孔周围煤体破坏区扩大，从而使钻孔周围一定应力区域煤岩体的应力集中程度下降或者高应力转移到煤岩体深处，实现对局部煤岩体卸压解危的目的。这种方法就是在煤岩体未形成高应力集中或不具有冲击危险之前，实施卸压钻孔，使煤岩体不再形成高应力集中或冲击危险区域。这种方法目前在美国煤矿的重视程度不足，使用频次相对较低，而在我国几乎所有的冲击地压矿井都得到了推广应用，主要是在巷道掘进过程中实施或在支承压力影响区以外的顺槽巷道中实施。

2. 顶板深孔断裂爆破法

煤层上方厚硬顶板往往是造成冲击地压发生的主要原因。顶板深孔断裂爆破技术就是通过在顺槽对顶板进行爆破，人为地切断顶板，进而促使采空区顶板垮落，削弱采空区与待采区之间的顶板连续性，减小顶板来压时的强度和冲击性，达到防治冲击地压的目的。这种方法对防治顶板型冲击地压是一种较为有效的方法，但由于近年来我国加强了对炸药的管理，使得炸药无法满足实际工程需要，导致这种方法的应用范围受到限制。

3. 顶板水压致裂法和顶板定向水压致裂法

顶板水压致裂技术是处理坚硬顶板的一种方法，其原理与顶板深孔爆破技术大体相同，只不过顶板深孔爆破技术使用的是炸药，炸药的爆轰使顶板断裂或破碎，而顶板水压致裂技术是顶板在高压水的作用下产生裂隙并扩展甚至断裂，从而使顶板的应力状态发生改变。顶板定向水压致裂技术与顶板水压致裂技术最大的不同是能够人为控制顶板的断裂位置。近 5 年来，由于炸药不能满足工程实际需要，顶板水压致裂技术迅速在冲击地压矿井得到推广应用。目前，绝大多数较为严重的冲击地压矿井均使用水压致裂技术处理厚硬顶板。

1.3.3 复杂地质条件下的矿井防冲方法

近年来冲击地压研究学者在复杂地质条件下的冲击地压防治研究方面展开了有益的探索，所开展的工程实践在借鉴以往局部防冲卸压经验的基础上，重点关注大范围区域防冲卸压，防冲措施实施对象包括复杂地质构造内部，小范围煤岩体内部以及大范围煤层。

在对复杂地质构造直接卸压方面，朱广安提出了断层带卸压爆破方法，通过理论分析和数值模拟验证，得到了断层带顶板预裂爆破措施能够降低静载集中并增大动载衰减。康震提出了向斜翼部直立巨厚岩柱的地面深孔爆破，以及向斜轴部的高压预注水，超前切顶爆破等方案。于斌提出了井下近场特高压水致裂或承压爆破技术和地面远场压裂（L型钻井水平分段压裂和垂直井分层压裂）的坚硬岩层协同控制技术。张晓德提出了工作面过大型断层的留设煤柱避绕方法。国外学者开展了远场坚硬岩层水压致裂技术研究，降低了坚硬顶板完整性的同时，弱化了岩层破断失稳释放的能量，实现了对高位坚硬岩层的直接控制。

在对小范围煤岩体卸压方面，张宁博采取深孔断顶爆破技术，防止厚硬顶板的大面积垮落，减弱动载对断层的扰动，减缓断层活化。于洋对低位坚硬顶板实施水压致裂，弱化了上覆坚硬顶板结构。程晋峰对危险区域较为薄弱的煤柱进行大直径钻孔卸压，弱化了动静载叠加诱发冲击的风险。徐大连采取超前煤层深孔卸压和顶板的预裂爆破技术，降低了断层滑移和顶板破断产生的动荷载、煤层的静荷载以及顶板的应力集中系数。

在大范围煤层卸压方面，主要包括开拓布置及回采方式优化的协调开采方法、开采保护层方法和区域煤层致裂方法。针对不同矿井的不同地质条件，协调开采方法的具体设计有：①工作面"顺序"接替方式调整优化为采区内和采区间的"跳采"接替方式；②褶皱内部工作面由向斜至背斜方向进行回采；③工作面间尽量留设 6~8 m 以下的小煤柱或无煤柱，工作面回采速度小于 6 m/d；④大巷由煤层布置改为岩层布置，顺槽与大巷呈一定角度改为二者垂直布置，盘区两翼开采改为一翼开采，各盘区工作面交替开采，同一采区工作面顺序开采；⑤中央向边界的顺序开采。开采保护层的具体设计有：①400 m 和500 m 巨厚砾岩以及断层控制下的特厚煤层上方和下方保护层开采；②巨厚坚硬岩层覆盖下的保护层"负煤柱"开采；③向斜和巨厚岩柱控制下的相邻直立煤层保护层开采；④向斜和断层控制的多层急倾斜煤层保护层开采；⑤两向斜、两背斜及多断层控制下的上保护层开采。在区域致裂方面，研究内容涵盖压裂区域的选取，压裂工艺的设计、压裂井形式的确定，卸压时机的选择以及压裂效果的评估。

以上关于冲击地压防治方法与技术，主要包括三个方面：①从破坏煤体自身储能和积聚应力的属性出发，研究煤体改性对于冲击的弱化效果；②从破坏煤体局部范围的应力集中或能量积聚源头的角度出发，研究局部岩体改性对于煤体冲击的弱化效果；③从区域煤体应力改善的角度，研究大范围开采及岩体改性的防冲效果。当矿井受到复杂地质条件影响时，当前研究多是以增大卸压范围和降低煤岩系统动静载输入等角度为切入点。然而，如何定量化描述复杂地质构造、区域开采条件对于煤体应力或能量的积聚及运移影响，进而实施针对性措施，从而控制应力或能量的源头输入和传递，实现对冲击地压的有效防治，是今后开展复杂地质条件下冲击地压防控理论与实践研究中必须重视的问题。复杂地质条件下的冲击地压防治问题，归根到底是一个工程尺度的力学问题，仅关注单一采场这个局部问题是远远不够的，防治过程更应加入尺寸因素，重点关注区域的指标改善，最终使这类冲击地压问题得到较好的控制。

2 复杂地质条件下煤矿工程地质环境特征分析

冲击地压的发生机理相对复杂，影响因素众多。针对煤矿地质条件和开采条件，影响因素总体上分为地质因素和开采技术因素两类。地质因素主要包括煤层开采深度、断层褶曲等地质构造赋存状态、煤岩冲击倾向性及顶底板岩层结构等；开采技术因素主要包括开拓布置方式、采煤工艺等。对于众多影响因素，弄清对冲击地压影响最关键、最重要、最有可能的核心条件至关重要。在此基础上，矿井受复杂地质条件影响时，该核心条件呈现何种特征，应是冲击地压机理研究中要首先弄清的问题，本章针对上述问题展开详细阐述。

2.1 冲击地压影响因素

2.1.1 地质因素

1. 开采深度

研究成果显示，冲击地压危险指数与开采深度呈非线性比例关系，开采深度越大，冲击地压发生的可能性也越大，二者关系如图2-1所示。其中，横坐标为采深，纵坐标为冲击指数，即百万吨煤炭的冲击地压次数。由图可知，埋深低于400 m时，发生冲击地压的可能性较低；埋深介于400~600 m时，冲击地压可能性仍较低（W_t整体上低于0.1）；当埋深超过600 m时，随埋深的增加，开采百万吨煤炭的冲击地压发生次数显著增大。

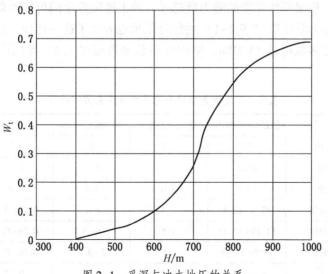

图2-1 采深与冲击地压的关系

2. 顶板岩层结构

根据苏联阿维尔申的观点，煤层内的弹性能可由体变弹性势能 U_v、形变弹性势能 U_f 和顶板弯曲弹性势能 U_w 三部分组成，即

$$U = U_v + U_f + U_w \tag{2-1}$$

其中，顶板弯曲弹性势能 U_w 为

$$U_w = \frac{1}{2} M\varphi \tag{2-2}$$

式中 M——煤壁上方顶板岩层的弯矩；

φ——顶板岩层弯曲下沉的转角。

由此，可得顶板初次垮落期间的弯曲弹性势能为

$$U_w = \frac{q^2 L^5}{576EI} \tag{2-3}$$

且顶板周期垮落期间的弯曲弹性势能为

$$U_w = \frac{q^2 L^5}{8EI} \tag{2-4}$$

式中 q——顶板及上覆岩层附加荷载的单位长度荷载，N/m；

L——顶板来压步距，m；

E——顶板岩层弹性模量，Pa；

I——顶板端面惯性矩，m^4。

由式（2-3）和式（2-4）可以看出，顶板弯曲弹性势能 U_w 与岩层悬伸长度的 5 次方成正比，即顶板跨距（悬顶）L 值越大，积聚的能量也越多。一般岩层厚度越大，强度越高，越不易垮落，形成的跨距（悬顶）L 值越大，冲击地压发生的可能性就越大。

3. 煤体物理力学性质

煤体作为冲击地压事故中破坏的主体，其力学性质与冲击地压的发生关系密切，煤层越硬，强度越高，积聚弹性势能的能力就越强，冲击地压发生的可能性就越高。我国典型冲击地压矿井煤层力学性质（表 2-1）的统计结果也表明了这一特征，如冲击地压矿井煤层的单轴抗压强度多数超过 15 MPa，坚固性系数多数超过 1.5，弹性模量超过 2.3 GPa，煤质坚硬较脆。

表 2-1   我国典型冲击地压矿井煤层力学性质

矿井	煤层	抗压强度/MPa	坚固性系数 f	弹性模量/GPa	泊松比	弹脆性
门头沟矿	二槽	29.7	3.0	9	0.21	
	五槽	25.3	2.5	6.6	0.32	
	七槽	19.3	2.0	8.2	0.29	
龙凤矿	三分层	12.9~13.8	1.3	2.3~2.5	0.31~0.42	极脆
	四分层	11.18~17.75	1.5	2.6~5.1	0.26~0.48	脆
	五分层	13.0~21.43	1.8	3~3.5	0.26~0.31	较脆
陶庄矿	二层	15.6~20.3	1.5~2.0	5.6	0.35	

表2-1（续）

矿井	煤层	抗压强度/MPa	坚固性系数 f	弹性模量/GPa	泊松比	弹脆性
唐山矿	八层	22.4	2.2	7.8	0.29	
华丰矿	四层	22.6	2.3	8.33	0.35	脆
东滩矿	三层	19.6	2.0	3.97	0.32	
三河尖矿	七层	18.5~29.3	2~3	8.9		
华亭矿	五层	12.4	1.3	5.32	0.37	
煤峪口矿	十二层	15.8	1.6			脆

4. 地质构造

大量冲击地压实践表明，冲击地压常常发生在地质构造区域中，如向斜轴部、断层附近、煤层倾角变化带、煤层变薄带和构造应力带。例如，在断层和褶皱的影响方面，义马矿区工作面逐渐接近大型逆冲断层时，冲击地压发生次数明显增多，且强度加大；天池矿、门头沟矿和胜利矿在褶曲轴部、翼部等区域，最易发生冲击地压。除此之外，国外主要采煤国家的生产实践也证明了地质构造对冲击地压的影响。美国犹他矿区位于美国山脉地区，内部断层广泛分布，该矿区成为美国发生冲击地压事件最多的矿区，该矿区冲击次数占美国所有冲击地压事件的52%；法国洛林（Lorrain）煤田在大型褶皱和断层的影响下，成为法国发生冲击地压频次较高的地区之一。在煤层厚度变化的影响方面，四川天池煤矿发生的28次较大冲击地压事故中，就有14起发生在煤层厚度突然变化的区域，占比高达50%。

2.1.2 开采因素

1. 工作面采掘布置

1）工作面采掘接替

采掘接替涉及工作面开采顺序、准备巷道掘进等多个方面，是矿井设计中的一个重要环节，其在保证最大限度地采出煤炭资源，保持开采水平、采区、采煤工作面的正常接续，实现矿井持续稳产高产的同时，还须满足符合冲击地压矿井采动影响制约关系的条件：掘进巷道与掘进巷道间距超过150 m、掘进巷道与回采工作面间距超过350 m、回采工作面与回采工作面间距超过500 m。由于初期设计阶段考虑问题及条件的制约造成的采掘布置不合理，引起工作面与工作面之间、工作面与巷道之间及巷道与巷道之间的采掘互扰，甚至形成孤岛煤柱、孤岛工作面等，在采掘干扰叠加、孤岛煤柱、孤岛工作面等区域会形成较高的集中应力，冲击地压危险程度较高，将直接影响后期工作面的安全回采。

2）开切眼及终采线布置

开切眼或终采线位置是否对齐是影响开切眼或终采线附近区域冲击地压危险程度的重要因素。在两个开切眼或终采线所形成的不规则煤柱区域，应力集中程度急剧上升或变化剧烈，冲击地压危险程度较高。

2. 煤柱宽度

煤柱宽度是影响冲击地压的一个重要因素，统计表明，大约60%的冲击地压是由煤柱的不合理留设引起的。从冲击地压防治角度考虑，在承受上覆荷载条件下应尽可能减小护巷煤柱的弹性区，使煤柱最大程度处于塑性区，即通常所说的煤柱几乎全部被"压酥"。煤柱宽度应保证合理的尺寸，当煤柱宽度过小时，虽煤柱内部不存在弹性核，亦无大量的弹性势能积聚，但低强度煤柱易破碎坍塌，难以起到保护巷道的作用；当煤柱宽度过大（超过50 m），煤柱内部存在弹性核，积聚了大量能量，增大了冲击地压发生的概率，同时造成煤炭资源损失严重。基于此，经过长期工程实践，认为小煤柱有利于煤层冲击地压的防治，煤矿不同地质条件与开采条件下的小煤柱留设情况见表2-2。

表2-2　煤矿小煤柱留设情况汇总表

矿名	埋深/m	煤层或工作面	采高/m	煤柱宽度/m
四台矿	262	51251 巷	2.43	6
金胜煤矿	370	4 号	2.65	2
东怀煤矿		3101	3	5
下沟煤矿	900	3 上	2.8~3.2	5
王庄煤业	180	304 工作面	5	5.8
康河煤矿	575~620	2 号	3	6
寺家庄煤矿	510	106 工作面	5.12	7
石拉乌素煤矿	738	2-2 上	5.13	4.7
营盘壕煤矿	726	2-2	7.24	4.9
巴彦高勒煤矿	620	3-1	5.42	6~8

综合各类冲击地压影响因素，无论是开采深度、顶板岩层结构、地质构造的地质因素，还是工作面采掘接替和煤柱宽度的开采因素，各因素变化时影响煤岩体的物理量均为应力，如煤层中自重应力随采深的增加而增加，煤体支承压力峰值及影响范围随顶板悬顶长度的增加而增加，围岩应力水平随构造尺寸（幅度、长度、落差等）的增大而升高，不合理的采掘布置和煤柱宽度留设亦造成煤体应力水平显著升高。基于此，从冲击地压影响因素角度，认为各因素均是通过影响煤岩应力条件，从而影响冲击地压。

综合来看，无论哪个方面都离不开应力条件，应力是冲击地压发生的必要条件。影响冲击地压的应力条件包括原岩应力和采动应力两大类，其中原岩应力与地质赋存密切相关，其对冲击地压的发生尤其是掘进时冲击地压的发生影响显著；而采动应力则直接受煤矿的开采活动影响，其对回采过程中冲击地压的发生影响明显。针对复杂地质条件下的冲击地压问题，应当首先弄清该条件下的原岩应力条件，由此，下文对煤矿复杂地质构造类型和复杂地质条件下的煤矿原岩应力特征展开详细分析。

2.2　煤矿复杂地质条件认知

我国自然地理条件和人文工程活动复杂，不同矿区煤炭资源禀赋差异大，开采条件千差万别。大量现场经验表明，矿区在不同类型、不同产状和不同几何要素的复杂地质条件影响下，其开发过程中的冲击地压显现特征和诱发因素明显不同。因此，研究复杂地质条件下的冲击地压灾害问题，首先要对复杂地质条件的概念有明确认识。

2.2.1 复杂地质构造的定义

地质构造现象可大体分为三类：地层体、断层和褶皱。其中，地层之间的相交情况主要包含地层尖灭、侵入体和透镜体三种类型；断层按空间运动方式分为正断层、逆断层和平移断层；褶皱根据轴面产状分为直立褶皱、倾斜褶皱、倒转褶皱、平卧褶皱、翻卷褶皱等。上述三类地质体广泛存在于煤矿地质之中，区别于一般的地质构造，复杂地质构造关键之处是其天然尺寸和影响范围，煤矿复杂地质构造类型主要包括巨厚岩层和大型地质构造（大型断层和大型褶皱）。

1. 巨厚岩层

煤矿赋存的巨厚坚硬岩层类型主要包括砾岩、砂岩、岩浆岩和火成岩等。目前对于巨厚岩层厚度的定义，国内学者尚未形成统一的认识，许斌认为巨厚指岩层厚度从几十米到几百米，并给出了厚度大于 30 m 的巨厚条件。然而，30 余米厚的岩层在我国主要含煤地区广泛分布，该厚度作为巨厚岩层的界限似乎偏低。为了给出巨厚岩层合理厚度的定义，笔者以巨厚岩层为关键词，将知网所有文献进行筛选，同时参考了部分国外文献，汇总得到巨厚岩层岩性及其厚度，见表 2-3。

表 2-3　我国煤矿巨厚岩层岩性及厚度统计　　　　　　　　　m

岩性	厚度	岩性	厚度
砾岩	90、92、110、460、550、500~800	岩浆岩	120、152
粉砂岩	66、107、156、180	中粒砂岩	114
红层砂岩	200	砂岩	200~300

由表 2-3 可知，五种不同岩性的巨厚岩层厚度多数超过 100 m，少数巨厚砾岩厚度接近 100 m(90 m 和 92 m)。因此，认为厚度大于 90 m 的岩层为巨厚岩层，本书所涉及的巨厚岩层均是以此标准进行界定。

2. 大型地质构造

对于大型地质构造，我国地质工作者给出其基于现象的定义：大型地质构造主要指绵延数十千米至数百千米的区域性地质构造单元，这类构造往往与板内体制下的大陆动力学过程或小型板块的岩石圈动力学过程相关，如复背斜、复向斜或区域性大断裂。从该定义不难看出，大型地质构造与普通地质构造的关键特征在于区域性的尺寸，大至地球板块的尺度，小到区域的岩石圈，均是其尺寸考虑的范围。对于影响煤矿冲击地压的大型地质构造，《防治煤矿冲击地压细则》认为大型地质构造的条件应满足褶曲幅度超过 30 m，长度超过 1000 m，断层落差大于 20 m。

针对煤矿开采问题，典型冲击地压矿区的大型地质构造特征差异明显。例如，义马矿区东西走向上分布 5 对矿井，5 矿南部边界赋存一条东西走向延伸长度为 20 km 且落差为 500 m 的断层，其地质活动直接影响 5 对矿井的应力场。乌东矿区发育大型褶皱，褶皱长度为 35 km，向斜与背斜轴距 1.5 km，直接控制 6 对煤矿。海孜煤矿断层落差超过百米，最高达到 300 m，对该煤矿开采影响明显。

由上述大型地质构造的特征可知，断层和褶皱的发育范围与形态特征各不相同，对断层落差和延展长度、褶皱轴距、幅度、长度等要素使用量化的具体值定义则存在较高难度。然而值得注意的是，对复杂地质构造的定义除了其天然的尺寸外，还应充分考虑构造与煤矿（矿区）尺寸的相对关系。可以看到，不同类型大型构造对单一矿井多个工作面至整个矿区的应力环境起控制作用，导致矿井或矿区灾害频发，因此定义至少对单一矿井应力环境造成影响的地质构造为复杂地质构造，下文均以此标准进行界定。

2.2.2 我国矿区典型复杂地质构造特征

我国部分矿区受复杂地质条件影响，比较有代表性的矿区及其复杂地质构造类型有：义马矿区大型逆冲断层和巨厚砾岩、大安山煤矿大型褶皱、乌东矿区大型褶皱和急倾斜巨厚岩柱、平庄矿区巨厚辉绿岩、淮北矿区大型断层和巨厚火成岩。本节将着重介绍这 5 个矿区。

2.2.2.1 义马矿区

义马矿区是中国典型的冲击地压多发区域，该矿区位于河南省义马市，自西向东分布 5 座矿井：杨村煤矿、耿村煤矿、千秋煤矿、跃进煤矿和常村煤矿。经过数十年开采，目前杨村煤矿已退出，其余四矿采深已接近或超过 900 m，矿区深部煤层顶板赋存发育至地表或接近地表的厚度 300~700 m 的巨厚砾岩，矿区南部的井田边界存在控制 4 个煤矿的大型 F16 逆冲断层，矿区由北向南煤层厚度变化较大，甚至局部发育超 30 m 的特厚煤层，使得冲击地压成为该矿区的主要灾害之一。义马矿区当前开采状况及构造分布如图 2-2 所示。

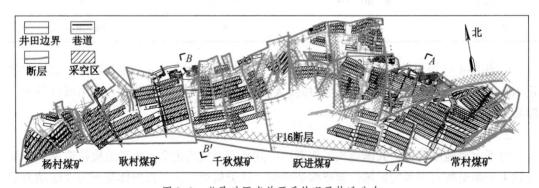

图 2-2 义马矿区当前开采状况及构造分布

F16 逆冲断层、上覆巨厚砾岩层和特厚煤层的基本特征如下。

1. F16 逆冲断层

F16 逆冲断层为压扭性逆冲断层，走向 110°，延展长度约 45 km，走向近东西，倾向南略偏东，落差 50~500 m，水平错距 120~1080 m。由千秋煤矿 4107 号、4108 号、4109 号地质钻孔测线和跃进煤矿 2004 号、2005 号地质钻孔测线 A—A' 和 B—B' 剖面（剖面方向见图 2-2），得到两矿井南部 F16 逆冲断层构造形态（图 2-3），断裂面在倾向上呈上陡下缓的犁形，浅部倾角较大，约为 75°，而深部逐渐平缓，倾角为 15°~35°。

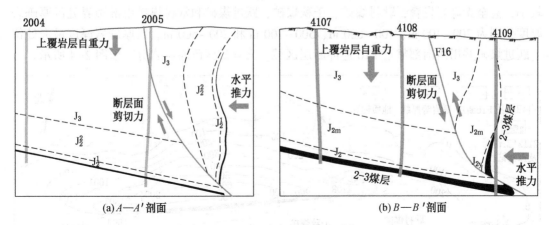

图 2-3　F16 逆冲断层构造形态

部分学者将义马逆冲断层的控煤构造样式分为 5 类：倒转-褶皱型、倒转型、不完全铲失型、切割-褶皱型和叠瓦型。

1）倒转-褶皱型

逆冲断层下盘靠近断层面的煤岩层产状急剧变化、倾角增大、直立或倒转，在断层附近形成局部厚煤带，厚煤带延伸方向与逆冲断层面走向大致平行。逆冲断层上盘中的煤岩层，由于受挤压和逆冲牵引发生褶皱变形，煤岩层厚度有所减小。

2）倒转型

逆冲断层下盘靠近断层面的煤岩层产状急剧变化、倾角增大、直立或倒转，在断煤交线附近形成局部厚煤带，厚煤带延伸方向与逆冲断层面走向大致平行。逆冲断层上盘中的煤岩层被抬升至地表并被剥蚀，上盘为下部老地层，弯曲变形相对较小。

3）不完全铲失型

逆冲断层切割煤层底板后，在煤层中滑行一定距离，之后切穿顶板。由于不完全铲失保留了厚度不等的煤层，煤层基本保持原始产状。

4）切割-褶皱型

逆冲断层下盘受断层影响较小，煤岩层变形不明显，逆冲断层上盘的煤岩层，由于受挤压和逆冲牵引发生褶皱变形，褶皱轴向与逆冲断层走向平行。

5）叠瓦型

由多个逆冲断裂面组成的断层组。最下部断裂面的下盘受断层影响较小，煤岩层变形不明显，由于挤压和逆冲牵引，逆冲断层组夹块中的煤岩层发生错动变形，产状相似，倾向与底部未受影响煤层相反。

因此，断层对煤层产状的改变程度相对较高，挤压作用下煤层厚度出现明显变化，煤体发生碎裂化或糜棱化，导致其整体强度变低。此外，该区域逆冲推覆构造体系中挤压运动所致的挤压应力是 F16 逆冲断层形成的关键动力机制。

2. 巨厚砾岩

义马矿区大部分区域煤层顶板赋存巨厚砾岩，砾岩在全煤田发育，厚度由北向南、自浅到深、从东部和西部边界区域向煤田中南部区域逐渐增大。东西及北部边界处砾岩厚度

· 15 ·

较小，甚至无砾岩发育，耿村煤矿、千秋煤矿、跃进煤矿和常村煤矿南部边界处巨厚砾岩厚度分别为 200~400 m、400~600 m、500~700 m 和 200~500 m。巨厚砾岩厚度最大处位于跃进煤矿井田西南部靠近 F16 逆冲断层区域。义马矿区巨厚砾岩分布如图 2-4 所示。

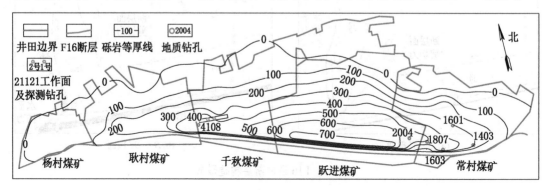

图 2-4　义马矿区巨厚砾岩分布

3. 特厚煤层

义马矿区主要含煤地层为侏罗系义马组，主要可采煤层为 2-1 煤层和 2-3 煤层，矿区北部两煤层分岔而南部区域两煤层合为一层（图 2-5）。2-1 煤层在井田内大部分可采但夹矸较多，煤层厚度为 0.84~5.83 m，平均 4.54 m，煤层倾角为 10°~15°；2-3 煤层位于2-1 煤层下方 0~35 m，该煤层在井田内普遍发育，由北向南、由浅部到深部，煤层厚度由 4 m 逐渐增大至 20 余米，耿村—千秋煤矿深部井田边界附近煤层厚度甚至超过 30 m。

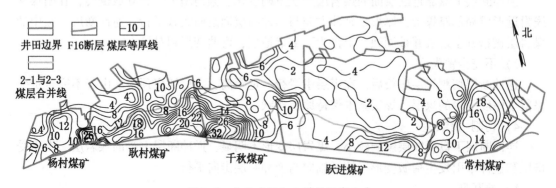

图 2-5　义马矿区 2-3 煤层厚度分布

2.2.2.2　大安山煤矿

大安山煤矿井田处在区域地质构造祁吕—贺兰山字型，构造东翼反射弧之庙安岭—召吉山向斜南翼，东部有九龙山向斜，南部有平背斜，西部经马栏—洪水峪断褶带与百花山向斜为邻。

井田构造主要受 NW-SE 向挤压动力作用而成，总体以 WSW-NE 方向的复式褶曲构造形态为主，具有多呈紧闭状的背斜，较为宽缓的向斜，伴有一定量的倾向、走向断层，次级构造特别发育。属井田一级构造的褶曲有两组：大寒岭倒转背-向斜（位于井田中区），燕窝向斜、张裕背斜（位于井田北区）。

　　属于井田一级构造的断层有 5 条：大网山逆断层（位于井田西部边界）、四眼台逆断层（位于井田中西区边界）、马蹄沟逆断层（位于井田中区西一采区）、后槽沟逆断层、茶棚岭平推正断层（位于井田东部边界），井田一级构造受主要应力作用形成。二级构造有：百草台倒转向、背斜（位于井田中区），张裕北向、背斜（位于井田北区），西方寺倒转向、背斜，西港向、背斜（位于井田西区），次生小构造极为发育，其主要受井田一级构造派生和长期地史时期上覆地层巨大压力作用而成。

　　西区煤层赋存条件较好的区域为西方寺倒转向斜南北翼，其他区域煤层赋存相对较差。西方寺倒转向斜属紧闭倒转向斜，西江曰煤矿在该区为主采区。西港背斜南、北翼小塞破坏较严重，如金鸡台矿最低标高+803.8 m，该区域+700 m 水平上推断为小塞采空。北区主要是燕窝向斜北地区，目前只在+800 m 水平北区有过采掘活动，煤层厚度变化较大，玢岩侵入现象明显，天然焦发育，深部水平资料有待于进一步探明分析。中区主要指南至玄武岩，北至燕窝向斜轴，东至茶棚岭正断层，西至四眼台逆断层，影响煤层赋存的主要构造为百草台倒转向背斜、大寒岭倒转向背斜。大寒岭倒转向斜轴为界，南部为"前槽"，北部为"后槽"。前槽受百草台倒转向、背斜构造和重力作用影响，百草台倒转向斜轴底部位形成宽缓"似屉"状构造，该部位煤层稳定性较好，煤层厚度、产状变化不大，局部煤层断层较发育。百草台倒转向斜南翼在+680 m 水平 W 上普遍发育反"S"倒转，煤层稳定性差，煤层厚度、产状变化较大，可采性差。深部延深水平煤层赋存情况比现有矿权内百草台倒转向斜轴部好，+450 m 水平开始百草台倒转背斜枢纽起伏高度逐渐变低，最后消失形成大寒岭倒转向斜轴底宽缓构造，根据现有资料分析，上水平断层仅切割至+550 m 水平，下部断层较少，但波浪起伏现象发育。后槽主要指大寒岭倒转背斜南北翼构造区，+680 m 水平 W 上呈倒转紧闭状态。煤层构造复杂，煤层厚度变化大，深部延深水平大寒岭倒转背斜南北两翼变缓，枢纽起伏高度明显变小，直至消失，该区南翼煤层受到的构造应力影响相对减小，煤层赋存稳定，厚度变化不大；北翼存在一组平卧槽区，对煤层赋存有一定影响。

　　矿区内出露地层自二叠系红庙岭组至侏罗系九龙山组，煤系为下侏罗统窑坡组陆相含煤建造，与下伏南大岭组、上覆龙门组均呈平行不整合接触。井田内地层分为煤系地层与非煤系地层。煤系地层与其下伏南大岭组，上覆龙门组对比标志明显，容易对比划分，一般肉眼即能鉴别。

　　井田内煤系地层总厚 494.5~802.0 m，平均厚度 559.5 m，主要由粉砂岩（49.71%）、砂岩（34.14%）、煤（4.53%）、火山碎屑岩及变质岩（11.62%）组成。岩相以河床相、湖泊相、河流三角洲相为主。

　　井田内煤系地层根据岩性、岩相特征划分为窑坡组上、下段。下段从煤系底界至 12 槽顶板中一粗粒长石、石英砂岩底面。该段地层厚度为 429.3 m，主要由深灰色、黑灰色粉砂岩和灰色、浅灰色砂岩及煤组成，岩层中可见到大型斜层理，楔型交错层理及韵律层理，旋回结构不明显且多为不完整旋回，代表河床相、河流三角洲相，也代表河流改道频繁；粉砂岩层中，薄-中厚层状、波状、微波状及韵律层理（主要为色泽韵律）发育，代表湖滨、湖泊相沉积，也代表古沉积相趋于暂时稳定。本段含可采煤层 9 层（2 槽、3 槽、4 槽、5 槽、6 槽、7 槽、9 槽、10 槽、12 槽），主要标志层一层（即 Kj，2 槽底板凝灰岩、凝灰质粉砂岩标志层），辅助标志层五层，分别为：K1，2 槽顶板粉砂岩辅助标志层；K2，5 槽顶板砂岩辅助标志层；K3，7 槽顶板砂岩辅助标志层，底板 30 m 有两层煤线可作为辅助标志；K4，9 槽顶板砂岩辅助标志层；K5，10 槽顶板砂岩辅助标志层。

上段自 12 槽顶板砂岩，到龙门组砾岩底，地层厚度为 130.2 m，由深灰色、灰色粉砂岩和少量砂岩组成。本段岩性比窑坡组下段岩性细，除底部砂岩粒度较粗外，一般不含中粗粒级砂岩。岩相以湖泊相、湖滨相及河流三角洲相为主，窑坡组上段含可采煤层 3 层（13 槽、14 槽、15 槽）。辅助标志层一层，即 K6，12 槽顶板砂岩。据现有资料和开采揭露，此砂岩较为稳定，可作为 12 槽的标志层。

大安山矿主要开采煤层柱状图如图 2-6 所示，轴 9 槽煤质较好，硬度中等，煤岩类型以半亮型为主，分 9 上槽和 9 槽两个分层组，间距 0.02~2 m，9 上槽可采性相对较好，9 槽为复杂结构，自上而下表现为薄-厚-厚-薄的结构形式。煤厚 0.6~1.9 m，全区平均煤厚 1.4 m，大部分为可采煤层，属较稳定煤层。轴 10 槽煤质较好，硬度中等，煤岩类型为半暗-半亮型，结构复杂，一般分为 10 上槽与 10 下槽两个分层组，二层间距 2~10 m，平均煤厚 1.42 m，大部分可采煤层属较稳定煤层。12 槽煤质较好，硬度中等，煤岩类型以半亮型为主，简单结构，采区煤层平均厚度为 1.1~1.3 m，全区基本可采，煤层属不稳定型。轴 10 槽与轴 9 槽孔间距离平均为 46 m 左右，轴 10 槽与轴 33 槽孔间距离平均为 97 m。

2.2.2.3 乌东煤矿

乌东煤矿由铁厂沟、碱沟、小红沟、大洪沟 4 所煤矿整合而成。该矿区派生的次级断裂以及晚期的平推断裂交织在一起，地层倾角普遍较陡，褶皱和断裂也相对发育，主要有线形白杨南沟背斜、七道湾背斜、八道湾向斜以及几条规模较大的走向逆冲断层，如碗窑沟逆冲断层和红山嘴—白杨北沟逆冲断层等。

乌东煤矿位于八道湾向斜南北两翼，地表标高为 +800 m，而向斜轴部最深处低于 +100 m。乌东煤矿南采区位于八道湾向斜南翼，含煤 32 层，现主采煤层为 B1+2、B3+6 两组煤，B1+2 煤层最大厚度为 39.45 m，最小厚度为 31.83 m，平均厚度为 37.45 m；B3+6 煤层最大厚度为 52.3 m，最小厚度为 39.85 m，平均厚度为 48.87 m。煤层倾角 83°~89°。两煤层之间赋存巨厚岩柱，该岩柱整体由西向东逐渐变薄，厚度为 53~110 m。乌东煤矿北采区位于八道湾向斜北翼，其煤层倾角较小，为 43°~51°。该煤矿地质剖面如图 2-7 所示。

2.2.2.4 平庄矿区

平庄矿区位于内蒙古赤峰市平庄镇，该煤田由西南至东北方向分布五家煤矿、红庙煤矿、古山煤矿和六家煤矿，其中古山煤矿存在大范围辉绿岩支脉侵入现象，故着重介绍该煤矿地质体特征。

平庄矿区古山煤矿从东向西分布古山煤矿一井和古山煤矿三井，主要可采煤层为 6-1 和 6-2 煤组，煤层倾角为 23°~30°。三井区域内 6-1 煤组厚度约 12 m，6-2 煤组厚度为 12.1~25.5 m，平均 16.1 m。古山煤矿开采范围内基本内无大型断层或褶曲存在，但经东 069-1 工作面实际揭露，煤层直接顶以上直至地表附近为坚硬辉绿岩（岩浆岩）侵入体，辉绿岩整体呈灰白色，致密且较坚硬，单轴抗压强度达到 131~147 MPa。矿区由南向北，

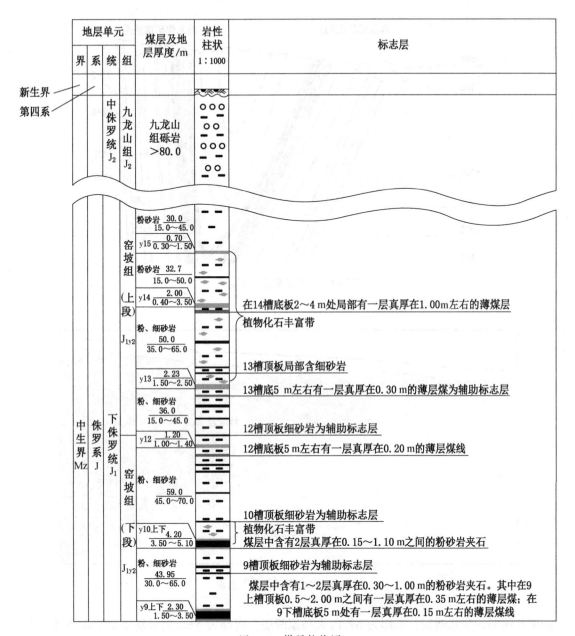

图 2-6 煤层柱状图

煤层由浅至深，直接顶辉绿岩厚度逐渐增大，发生冲击地压事故的东 069-2 工作面辉绿岩厚度甚至超过 240 m，古山煤矿地质剖面如图 2-8 所示。

2.2.2.5 淮北矿区

淮北矿区南部由南向北分布有袁店煤矿、临涣煤矿、海孜煤矿和百善煤矿，其中海孜煤矿赋存大范围岩浆岩侵入体，故着重介绍该煤矿地质体特征。

海孜煤矿主采煤层为 7~10 号煤层。矿井西部为 NNE 向大刘家断层，北部为 EW 向切

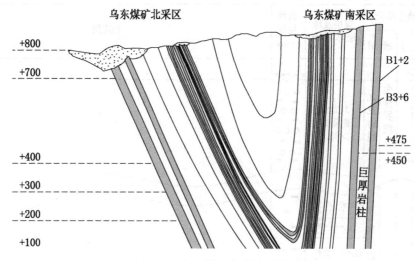

图 2-7 乌东煤矿地质剖面图

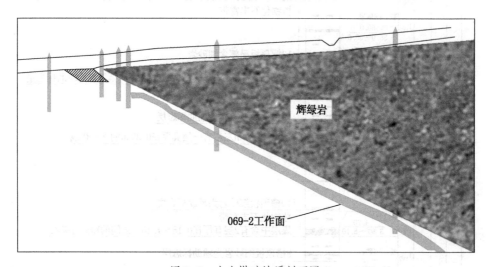

图 2-8 古山煤矿地质剖面图

割矿井深部的宿北断裂,东部为 NE 向大马家断层,南部为 NEE 向吴坊断层。煤系地层形成过程中,SN 向和 EW 向应力作用导致煤体揉皱并破碎,同时使井田内部小型构造与断层较发育。井田边界的大型断层介绍如下:

大刘家断层:正断层,走向 NNE,倾向西北,倾角 65°~70°,落差大于 300 m。大马家断层:正断层,走向 NE,倾向南东,倾角 50°~60°,落差大于 100 m。吴坊断层:正断层,走向 NEE,倾向南,倾角 70°,落差大于 100 m,两端与大刘家断层和大马家断层相交。

海孜煤矿井田内部火成岩活动剧烈,火成岩沿 5 煤层侵入,侵入区域位于海孜煤矿井田西北部,火成岩厚度自东南向西北呈逐渐增大趋势,西北部火成岩厚度普遍超过 140 m,

最大甚至达到 170 m。侵入的火成岩岩性以闪长玢岩为主，其单轴抗压强度为 144.21 MPa，单轴抗拉强度为 10.91 MPa，岩石质量指标 RQD 值高于 90%。根据海孜煤矿 21 号测线地质钻孔资料，得到该测线剖面（A—A'）上的火成岩赋存形态，如图 2-9 所示。由图 2-9 可知，火成岩基本与煤层呈平行状产出，浅部倾角较小而深部倾角稍有增大，倾角为 10°~25°，1~4 号煤层位于火成岩上方，7~10 号煤层位于火成岩下方。

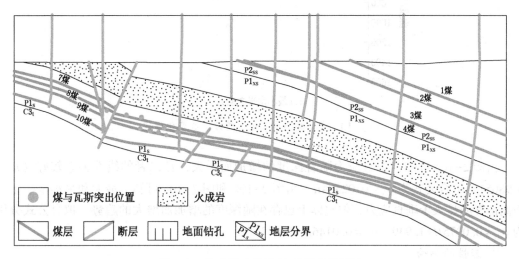

图 2-9　海孜煤矿井田 21 号测线剖面图

2.3　复杂地质条件下煤矿原岩应力特征

2.3.1　常规地质条件下煤矿原岩应力特征

1. 埋深的影响

原岩应力随埋深的变化规律如图 2-10 所示。本节选取常规地质条件矿区的 200 余项原岩应力测点数据展开分析。其中，所有数据均由国内相关领域期刊搜集获得，覆盖全国主要煤矿区上百个煤矿，地应力测量方法为水压致裂测量。此外，搜集的原岩应力测点埋深最小为 38 m，最大为 1283 m。

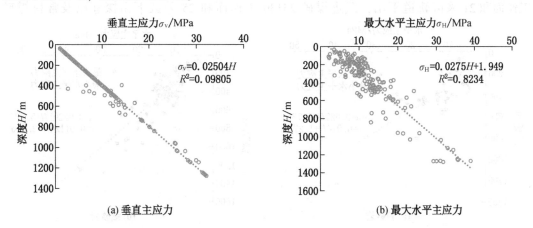

(a) 垂直主应力　　　　　　　　(b) 最大水平主应力

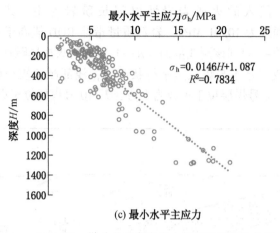

(c) 最小水平主应力

图2-10 煤矿井下原岩应力随埋深的变化规律

由图2-10a可知，垂直应力随着深度的增加而增大，且二者的线性关系较好（$R^2 =$ 0.9805），拟合公式为$\sigma_v = 0.02504H$。由图2-10b和图2-10c可知，最大和最小水平主应力离散性明显大于垂直应力，但整体上也存在随深度的增加而增大的趋势，拟合公式分别为$\sigma_H = 0.0275H + 1.949$，$\sigma_h = 0.0146H + 1.087$。

2. 岩性的影响

煤层顶底板常见的岩性类型有泥岩、粉砂岩、砂岩和石灰岩，四类不同岩性条件下最大和最小主应力特征如图2-11所示。由图2-11可知，不同岩性条件下，水平主应力与深度的拟合直线中，深度H的系数按泥岩、泥质砂岩、细砂岩和粉砂岩的顺序依次增大，且拟合直线的常数项呈减小趋势，整体上与四类岩性的抗压强度有较好的对应性。整体上岩石的强度越高，承受的水平应力就越大。

2.3.2 复杂地质条件对原岩应力的影响

2.3.2.1 原岩应力测试结果

1. 义马矿区

由西向东分别在耿村煤矿13230工作面和13采区轨道下山，千秋煤矿21141、21191工作面和21采区轨道下山，跃进煤矿23130工作面和25采区下山探巷以及常村煤矿

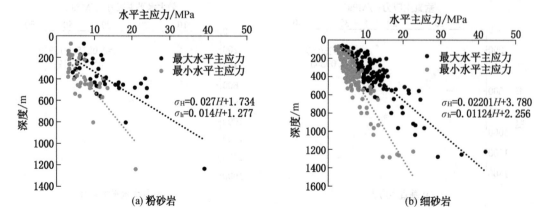

(a) 粉砂岩　　　　　　　　　　　　　　　　(b) 细砂岩

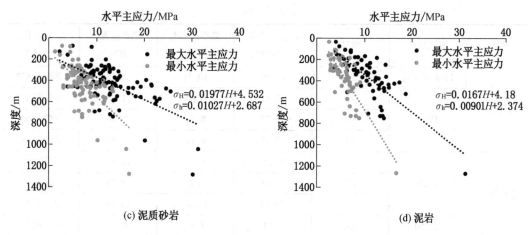

(c) 泥质砂岩   (d) 泥岩

图 2-11 不同岩性最大最小主应力随埋深的变化规律

21220 和 21150 工作面开展了原岩应力测试，测量方法为水压致裂法，测点位置如图 2-12 所示，各测点测试结果见表 2-4。

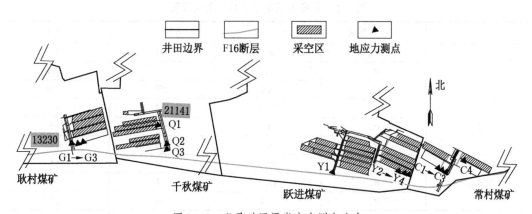

图 2-12 义马矿区原岩应力测点分布

表 2-4 义马矿区原岩应力测试结果

位置	测试地点	编号	最大水平主应力/MPa	最小水平主应力/MPa	垂直应力/MPa	最大水平主应力方向
耿村煤矿	13 采区下山	G1	13.83	7.29	15.55	北偏东 36°
	13230	G2	12.58	7.09	15.53	北偏东 43°
		G3	14.84	7.69	14.98	北偏东 11°
千秋煤矿	21141	Q1	17.51	9.05	15.83	北偏东 90°
	21191	Q2	18.01	9.32	18.23	北偏东 31°
	21 采区下山	Q3	22.87	11.67	19.54	北偏东 20°

表 2-4（续）

位置	测试地点	编号	最大水平主应力/MPa	最小水平主应力/MPa	垂直应力/MPa	最大水平主应力方向
跃进煤矿	25采区探巷	Y1	17.92	10.31	25.28	北偏东82°
	23130	Y2	17.65	8.84	21.83	北偏东87°
		Y3	15.27	8.24	21.8	北偏东96°
		Y4	17.37	9.11	21.83	北偏东68°
常村煤矿	21220	C1	9.23	5.45	19.66	北偏东3°
		C2	17.68	9.28	19.35	北偏东37°
		C3	25.25	13.46	19.08	北偏东23°
	21150	C4	9.21	4.77	19.1	北偏东32°

2. 大安山煤矿

大安山煤矿使用 KX-81 型空芯包体式三轴地应力对矿井原岩应力展开测量，分别在+550 m 水平西二石门和+550 m 水平西三石门各布置两个测点，各测点地应力大小和方向见表 2-5。

表 2-5　大安山煤矿原岩应力测试结果

测点	主应力类别	大小/MPa	方位/(°)	倾角/(°)
1	σ_H	26.3	244	14.5
	σ_v	13.5	−59	−64
	σ_h	8.6	159	−20
2	σ_H	20.5	252	−7
	σ_v	12.2	−16	−5
	σ_h	9.3	109	−80
3	σ_H	19.1	232	12
	σ_v	12.4	−2	70
	σ_h	8.1	139	15
4	σ_H	22.6	213	1
	σ_v	12.6	−58	−80
	σ_h	9.2	122	−9

3. 乌东煤矿

乌东煤矿北采区大倾角煤岩层和南采区近直立煤岩层的形态与区域构造应力场有着密不可分的关系，对矿区原岩应力展开现场测试，北采区布置 2 个测点，分别位于北采区+620 m 水平 45 号煤层北巷和+575 m 水平 43 号煤层瓦斯抽放巷，测量方法为空心包体应力解除法。测得最大水平主应力为 7.0 MPa，最小水平主应力为 3.5 MPa，垂直主应力为 4.7 MPa，最大主应力方向为 N27.8°W。南采区布置 4 个测点，其中两个位于+450 m 水平分层石门巷，另两个位于+475 m 水平 B1 轨道巷，测得最大水平主应力为 14.31 MPa，最小水平主应力为 8.05 MPa，垂直主应力为 7.16 MPa，最大主应力方向为 N36.6°W。南采区最大主应力方向与巷道关系如图 2-13 所示。

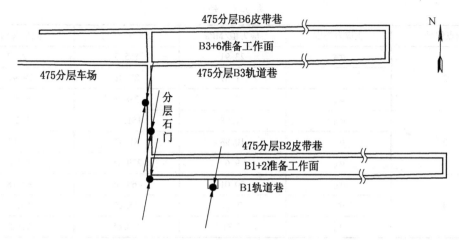

图2-13 乌东煤矿南采区实测原岩应力分布

4. 古山煤矿

对古山煤矿一井和三井展开原岩应力测量,两区域各选取两个测点,三井测点为1号和2号,一井测点为3号和4号,测量范围的埋深为376~460 m,位置如图2-14所示。各测点原岩应力测试结果见表2-6。其中,σ_H、σ_v和σ_h分别为最大水平主应力、垂直主应力和最小水平主应力。由表2-6可知,最大水平主应力范围为20.01~24.71 MPa,垂直主应力范围为9.83~12.6 MPa,最小水平主应力范围为8.81~10.35 MPa,最大主应力与水平面的夹角范围为近水平方向的-3.12°~1.24°。

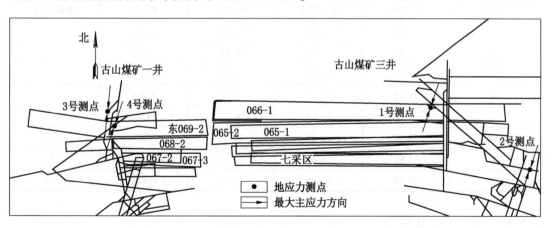

图2-14 古山煤矿原岩应力测点分布及主应力方向

表2-6 古山煤矿原岩应力测试结果

测点编号	主应力类别	应力值/MPa	方位角/(°)	倾角/(°)
1	σ_H	24.71	161.52	-3.12
	σ_v	12.6	85.32	82.6
	σ_h	10.35	246.04	7.43

表2-6（续）

测点编号	主应力类别	应力值/MPa	方位角/(°)	倾角/(°)
2	σ_H	23.91	155.3	-2.77
	σ_v	11.87	87.01	79.91
	σ_h	9.8	238.3	6.82
3	σ_H	22.08	151.15	1.24
	σ_v	10.98	81.52	84.15
	σ_h	9.6	239.15	6.24
4	σ_H	20.01	169.68	-2.18
	σ_v	9.83	86.25	86.1
	σ_h	8.81	258.68	7.02

5. 海孜煤矿

使用试样声发射法（1~5 号）和空心包体应力解除法（6~8 号）对海孜煤矿原岩应力进行了实验室和现场实测研究，获取的海孜煤矿原岩应力特征见表2-7。其中 σ_H、σ_v、σ_h、Φ 和倾角分别为最大水平主应力、垂直主应力、最小水平主应力、最大主应力方位角和应力与水平面夹角。由原岩应力实测值可知，海孜煤矿最大主应力为近水平方向，最大主应力方向为西北—东南方向。

表2-7 海孜煤矿原岩应力测试结果

编号	σ_H/MPa	σ_v/MPa	σ_h/MPa	Φ/(°)	倾角/(°)
1	29.96	13.18	15.44	120.1	
2	26.11	12.62	9.87	103.2	
3	21.47	12.82	6.29	124.8	
4	15.95	12.44	6.80	122.4	
5	9.56	12.94	8.29	115.5	
6	28.28	19.03	16.16	178.77	-8.01
7	33.92	23.60	19.55	177.41	7.42
8	38.04	27.05	22.24	178.08	3.77

2.3.2.2 原岩应力特征

由以上复杂地质条件影响下矿区的原岩应力监测结果可知，义马矿区四座煤矿最大水平主应力与垂直应力交替为最大应力出现，耿村煤矿和跃进煤矿最大主应力为垂直应力，而千秋煤矿和常村煤矿构造应力占优势，最大水平主应力为最大应力。大安山煤矿、乌东矿区、古山煤矿和海孜煤矿最大水平主应力（σ_H）、最小水平主应力（σ_h）和垂直主应力（σ_v）分别满足如下关系：$\sigma_H>\sigma_v>\sigma_h$、$\sigma_H>\sigma_h>\sigma_v$、$\sigma_H>\sigma_v>\sigma_h$ 和 $\sigma_H>\sigma_v>\sigma_h$，最大水平主应力值为垂直主应力值的 1.54~1.95 倍、1.4~2 倍、1.96~2.03 倍和 1.28~2.27 倍，水平构造应力占绝对优势。

为了进一步分析复杂地质条件对于原岩应力的影响,图2-15和图2-16对比分析了矿区无复杂地质构造和有复杂地质构造条件下的原岩应力特征,分别为水平主应力随深度的变化和水平主应力与垂直应力的比值(k值)随深度的变化。其中,图中无复杂地质构造矿区的原岩应力数据取自2.3.1节,复杂地质条件下矿区的原岩应力数据取自四处典型矿区(煤矿)。此外,由于浅部原岩应力和深部原岩应力特征有明显差别,尤其k值较高,使拟合曲线对比时存在失真,经统计有复杂地质构造矿区的原岩应力测点深度均位于291~1066 m之间,因此无复杂地质构造矿区原岩应力数据亦取自该深度范围。

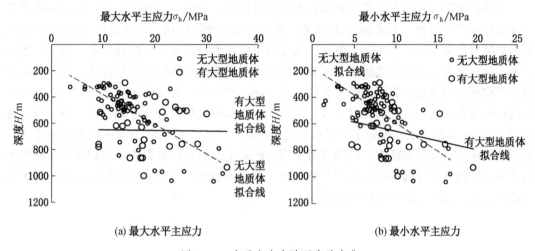

(a) 最大水平主应力　　　　　　　　(b) 最小水平主应力

图2-15　水平主应力随深度的变化

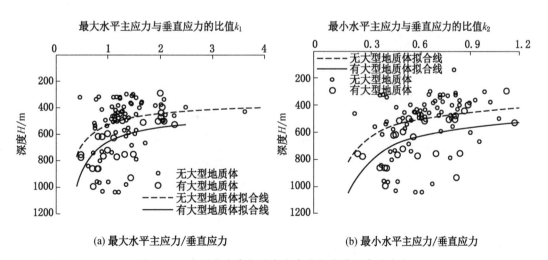

(a) 最大水平主应力/垂直应力　　　　　　(b) 最小水平主应力/垂直应力

图2-16　水平主应力与垂直应力的比值随深度的变化

由图2-15可知,矿区的复杂地质条件一定程度上增大了最大和最小水平主应力的高应力值占比,相比于常规地质条件下的矿区,有复杂地质构造时的应力拟合线存在一定偏转，即随着深度的增加，同一深度时，有复杂地质构造条件下的矿井水平应力更高。

进一步地，由图 2-16 可知，相比于矿区无复杂地质构造，有复杂地质构造时，k_1 或 k_2（最大或最小水平主应力与垂直主应力之比）与深度 H 的拟合线整体向右平移，即同一深度时，有复杂地质构造下的 k_1 或 k_2 更高。由于同一深度下垂直应力差别不大，k_1 或 k_2 越高意味水平主应力越高，同样说明了复杂地质条件下的高水平应力情况。

综上所述，复杂地质构造条件下矿井（群）水平应力环境高于常规矿井，结合复杂地质构造运动方向来看，断层、褶皱构造的水平挤压运动以及辉绿岩侵入的水平推覆作用为矿井（群）提供了高水平应力环境。

义马矿区和大安山煤矿作为我国典型的冲击地压多发区域，分别有 40 余年和 60 余年的冲击地压发生历史，尤其是近 20 年来，随着开采深度的增加，冲击地压事件频繁发生，义马矿区累计发生 200 余次冲击事件，大安山煤矿发生冲击地压事件数十起，损坏巷道数千米。除此之外，较多的遗留采空区和回采工作面形成了复杂的人工结构体，导致开采过程中工作面应力状态具有同样的复杂性。从空间分布来看，义马矿区 5 座煤矿工作面和采空区横向分布于普遍发育的 2-3 煤层，大安山煤矿采空区纵向分布于轴 5 槽、轴 9 槽、轴 10 槽以及轴 13 槽煤层，覆盖了可采煤层的全部层位，因此系统掌握两区域天然地质体和人工结构体的空间分布状态，明确其对于当前回采工作面存在的影响，掌握在复杂构造影响下多工作面开采导致冲击地压发生的机理，形成该条件下的冲击地压防控方法与技术势在必行，故下文将对此展开针对性研究。

3 巨厚砾岩和褶曲控制下多工作面
开采结构体扰动特征研究

针对大范围开采的义马矿区和大安山煤矿，多工作面开采后所形成的覆岩结构是煤岩系统应力条件的关键影响因素，覆岩的运动特征以及对其控制的多工作面应力扰动必定呈现某种特殊性，弄清巨厚砾岩和褶曲控制下的多工作面开采覆岩结构，对煤岩力源的认知起到积极作用。进一步地，覆岩结构是如何扰动工作面应力环境的，工作面煤体受扰动的范围有多大，扰动条件下对采动应力的影响是怎样的，这些应是最先弄清的问题。数学与物理作为物质运动一般规律的基础学科，是反映事物之间相互关系的关键手段。本章对义马矿区和大安山煤矿多工作面开采下的覆岩结构展开分析，重点研究了结构体的力学行为，为开采扰动致冲提供基础。

3.1 多工作面开采结构特征研究

3.1.1 义马矿区覆岩结构探测

1. 研究区域

由于义马矿区巨厚砾岩从东部和西部边界区域向煤田中南部区域逐渐增大，因此不同区域采动条件下巨厚砾岩的赋存状态存在一定的差异。为了探明义马矿区综放开采后上覆巨厚砾岩的垮落及裂缝发育情况，选取矿区西部千秋煤矿与耿村煤矿边界处的 21121 工作面作为研究对象。此外，结合义马矿区当前开采现状，跃进煤矿中西部砾岩厚度较大，但其整体未开发（图 2-2），而跃进煤矿东部和常村煤矿已大范围开采，故将该区域与 21121 工作面附近的地质钻孔信息展开对比，推测该区域的砾岩状态。

2. 21121 工作面探测

千秋煤矿 21121 工作面地面探测钻孔位于该工作面采空区倾斜方向中部，2 个观测钻孔（1 号和 2 号）相距 200 m。

自 2009 年 8 月，1 号与 2 号钻孔先后施工。1 号和 2 号钻孔终孔深度分别为 538 m 和 545 m。两钻孔打钻过程中不同深度出现的现象见表 3-1 和表 3-2。

表 3-1 1 号钻孔钻探施工情况

序号	钻孔深度/m	岩性	现　象
1	9.56		
2	45.5		
3	64.05	砾岩	岩芯完整，局部出现轻微裂隙和漏浆现象
4	109.5		
5	176.12		

表 3-1（续）

序号	钻孔深度/m	岩性	现　象
6	219.08	砾岩	岩芯较完整，局部出现掉钻现象，13 处出现较大裂隙和严重漏浆现象，钻进至 243 m 时有瓦斯涌出
7	222.98		
8	229.08		
9	243		
10	261.76		
11	266.98		
12	269.2		
13	269.78		
14	271.00		
15	271.68		
16	273.08		
17	286.48		
18	290.00		
19	292.28	砾岩	岩芯破碎，9 处出现严重漏浆，363 m 向下瓦斯涌出现象基本消失
20	293~324		
21	324~342		
22	335~390	砂砾互层	
23	410~525	砂砾互层	岩芯较完整，漏水现象不严重，无瓦斯涌出
24	526~538		岩芯破碎，出现掉钻、埋钻现象；提升钻具后，钻孔出现埋孔现象

1 号钻孔钻进过程中，根据掉钻、漏浆和瓦斯涌出现象，认为在 219 m 处进入导水裂缝带。钻进至 243 m 时，孔内发生瓦斯涌出现象且该期间岩芯破碎，采取率仅 16%，有 5 处出现 2.5~6 mm 掉钻现象，认为该位置的砾岩存在次生裂隙。在对钻孔 243~286 m 深度内的孔内裂缝封堵施工时，共消耗水泥 17 t，平均消耗水泥 395.3 kg/m，因此该段采动裂缝极为发育。随后下行钻进过程中，钻孔接近终孔位置时，出现下列现象：①掉钻现象，掉钻深度 1.8 m；②碎石埋钻现象，提取的岩芯破碎；③用水泥封堵后，仍出现掉钻、埋钻现象。根据上述现象认为 1 号钻孔终孔位置已进入采空区垮落带。

2 号钻孔钻进过程中，根据钻探过程中出现的现象以及水泥消耗量，认为在 250.6 m 处进入导水裂缝带。钻进至 256 m 时，首次出现瓦斯涌出现象，随后该现象时断时续。钻进 398~545 m 时，由于岩芯破碎，水泥封堵时多处出现严重漏浆而导致无法提取岩芯，认为 2 号钻孔终孔位置已进入采空区垮落带。

表3-2 2号钻孔钻探施工情况

序号	钻孔深度/m	岩性	出现情况	水泥封堵消耗量/t	掉钻高度/cm
1	13.5	土层	漏浆		
2	17.5	岩、土结合			
3	20.96	砾岩	轻微漏浆		
4	55				
5	248.11	砾岩	岩芯完整，岩层裂隙较多，漏浆严重，在265.52 m处出现瓦斯涌出现象	3.7	13
6	250.6			1.1	25
7	256.3			7.4	20
8	272				90
9	275.3			0.4	12
10	276.8			2.5	18
11	279.4			3	25
12	282.6			1	9
13	284.2			2.3	12
14	287.5			2	16
15	291	砾岩	岩芯提取困难，岩层严重破碎，漏浆严重，出现瓦斯涌出现象	27	10
16	324.9				26
17	363.5				20
18	376.2				10
19	381.7				11
20	385				14
21	397				10
22	398~545		孔内岩层破碎导致漏水、垮塌、掉钻和瓦斯涌出，无法提取岩芯		

结合21121工作面实际地质条件，该区域煤层底板自上而下分别为6.17 m的炭质泥岩、泥岩、粉砂岩、细砂岩互层，超过180 m的粉砂岩；煤层顶板自下而上分别为23.4 m煤，29.51 m泥岩，217.6 m粉砂岩、细砂岩、砾岩、砾岩互层，401.55 m巨厚砾岩。根据钻探过程中钻取岩芯完整程度，并配合打钻过程中漏浆、出水、掉钻、瓦斯涌出等现象，判断21121工作面回采过程中的巨厚砾岩垮落形态如图3-1所示。巨厚砾岩下位120 m发生局部垮落而上位完整性较好，为弯曲下沉带。

3. 跃进-常村边界区域推测

影响巨厚砾岩垮落的因素包括煤层厚度、砾岩厚度以及煤层与巨厚砾岩的距离，因此对跃进-常村煤矿边界区域和21121工作面的地质条件展开对比分析，分别选取耿村-千秋煤矿区域的4108号地质钻孔和跃进-常村煤矿区域的2004号、1807号、1603号、1601号、1403号地质钻孔，得到井间两区域煤层及顶板岩层分布，见表3-3。

岩石名称	柱状		孔深/m	钻探过程出现情况
黄土层			20～219	岩芯完整，局部出现轻微裂隙和漏浆现象
巨厚砾岩			219～290	岩芯较完整，局部出现掉钻现象，13处出现大裂隙和严重漏浆现象，钻进至243 m时有瓦斯涌出
砂岩、砾岩互层			290～410	部分岩芯破碎，9处出现较大裂隙和严重漏浆现象，363 m往下瓦斯涌出现象基本消失
泥岩			410～525	砂岩岩芯较完整，无漏浆和瓦斯现象，砾岩与泥岩岩芯破碎，有漏浆现象
2-1煤			525～539	岩芯破碎，出现掉钻、埋钻现象，提升钻具后，钻孔出现埋孔埋钻现象
泥岩、砂岩互层				
粉砂岩				

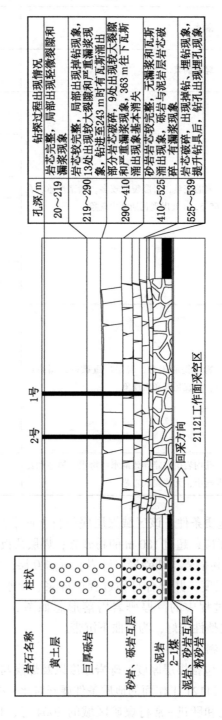

图3-1 巨厚砾岩垮落形态

表3-3 21121工作面和跃进—常村煤矿区域煤岩层厚度　　　　　　m

岩石名称	钻孔编号						岩石特征
	4108	2004	1807	1603	1601	1403	
巨厚砾岩	401	509	451	462	291	300	杂色，以石英岩为主，可见度状结构，泥沙质填隙，基底式胶结
砂岩、砾岩互层	217	195	212	216	214	268	以砾岩为主，砂岩薄层，砂岩杂色，以石英岩为主，泥质胶结，板状交错层理
泥岩	29	33	32	36	38	43	深灰色，具水平层理，局部夹棕色菱铁矿条带，极易垮落
2-1煤	23.4	9.3	11.9	14.1	17.9	15.9	黑色，沥青光泽，半亮型煤为主，局部夹镜煤条带，具夹矸

由表3-3可知，相对于21121工作面，跃进—常村煤矿西部及南部区域（2004号、1807号和1603号）煤层厚度更薄，均小于23.4 m；直接顶泥岩更厚，均超过29 m；上覆砂砾互层均为210 m左右；砾岩更厚，均大于401 m。跃进—常村煤矿东部及北部区域（1601号和1403号）煤层厚度更薄，均小于23.4 m，巨厚砾岩距离煤层（直接顶泥岩与砂砾互层厚度之和）更远。此外，由两区域工作面可采长度来看，跃进—常村煤矿区域的工作面可采长度范围为690~960 m，整体上小于耿村—千秋煤矿区域（970~1200 m），因此推断跃进—常村煤矿边界区域采空区垮落带与裂缝带发育高度之和不会超过21121工作面，认为破断岩层发育至巨厚砾岩下方，巨厚砾岩整体悬顶并发生弯曲下沉。

4. 矿区开采的覆岩空间结构特征分析

义马矿区深部巨厚砾岩未整体断裂，工作面回采初期甚至中后期的某阶段内，均存在砾岩悬顶状态。因此，随着矿区资源的逐步开发，义马矿区煤岩层走向方向上采空区与煤柱交替出现。其中，煤柱为两相邻矿井之间的井间煤柱，同一矿井相邻采区之间的采区煤柱以及同一采区两翼的上下山煤柱，巨厚砾岩控制下矿区开采在煤层走向上形成的覆岩空间结构如图3-2所示。需要说明的是，在煤层倾向上，由于上下区段工作面之间煤柱为小煤柱，煤柱不具备承载能力，下文涉及的覆岩结构不包含该种情况。

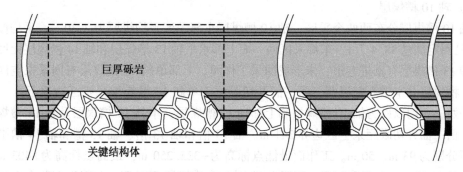

图3-2 巨厚砾岩控制下义马矿区开采覆岩空间结构示意图

对于上述覆岩空间结构，其基本组成元素包括两采空区、中间煤柱、两相邻工作面实体煤以及相邻工作面范围内的未垮落岩层，因此将局部两相邻工作面开采区域视为矿区开采的关键结构体。巨厚砾岩控制下的关键结构体呈现"T"形特征。

3.1.2 大安山煤矿空间结构及扰动影响分析

3.1.2.1 多工作面开采空间结构特征

1. 地质特征

大安山煤矿煤层赋存形态剖面如图 3-3 所示。

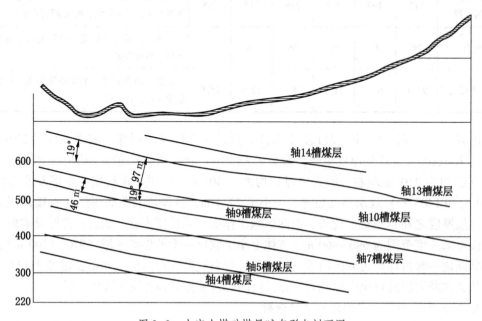

图 3-3 大安山煤矿煤层赋存形态剖面图

1）轴 13 槽煤层

轴 13 槽煤层结构复杂，煤层上部为条带状，下部为粒状结构，煤层底板 10 m 范围内存在一长度为 0.30 m 左右的煤线，比较稳定。煤层厚度在 1.5~2.5 m 之间，平均厚度为 2.23 m，煤层平均倾角为 19°，目前已回采完毕。

2）轴 10 槽煤层

轴 10 槽煤层分东西两个采区，轴 10 槽煤层东部采区平均煤厚为 2.30 m，平均倾角为 19°，已圈定储量 38.4 万 t。东部采区西一面上部水平轴 13 槽煤层和轴 14 槽煤层无回采活动，轴 13 槽煤层有掘进巷道，未形成回采工作面。上部单斜 13 槽煤层有回采采空区，位于轴 7 槽煤层北半道石门以西，西一面开切眼位于单斜 13 槽煤层采空区边界下方。+400 m 水平西一石门以西为轴 10 槽煤层和上部轴 13 槽煤层、单斜 13 槽煤层及轴 14 槽煤层采空区，西一面开切眼距采空区边界 241 m。轴 10 槽和轴 13 槽、轴 13 槽和轴 14 槽平均煤层间距分别为 93 m、50 m。工作面最低点标高为+323.250 m，最高点标高为+403 m，采深最深达 1047 m。东部采区西一面西南部为轴 10 槽煤层西四面，东部为百草台倒转向斜南轴（距离约 65 m），西部为 F28 断层带，北部没有采掘道巷。轴 10 槽煤层东部采区有断层，其中 F28 断层整体走向 235°，倾向 NW，倾角为 67°~85°，断距在 0.6~4.7 m 之间。该工作面揭露 4 个断层，断距在 0.7~3.0 m 之间。

轴 10 槽煤层西部采区平均煤厚为 2.47 m，平均倾角为 16°，已圈定储量 26.4 万 t。西部采区西一面上部水平轴 13 槽煤层西一面和西二面采空区，煤层间距为 84 m。工作面最低点标高为 +314 m，最高点标高为 +397.234 m，最深采深为 1154 m。西部采区西一面开切眼距 +400 m 水平轴 5 槽煤层西巷北石门 10.88 m，位于西一石门下部。上部为 F28 断层带和西四面采空区，距采空区边界最短距离为 65 m。轴 10 槽煤层西部采区有 F28 断层。该工作面揭露 3 个断层，断距在 0.7~1.0 m 之间。另外，西部采区西一面南部为 F28 断层带和轴 10 槽煤层西四面采空区（最短 65 m），东部为煤层褶曲变化带（落差约 14 m），西部为百草台倒转向斜北轴，北部没有采掘巷道。

3）轴 9 槽煤层

轴 9 槽煤层位于百草台倒转向斜轴底构造部位，该区煤岩层总体走向 60°~90°，倾向 NW，倾角为 17°~20°，平均倾角为 19°。受构造影响，百草台倒转向斜两轴附近煤岩层产状及煤层厚度变化较大，顶板节理、裂隙发育。根据现有资料分析，该区域有一条贯穿整个采区的斜向断层 F28，断层断距在 3.0 m 左右，断层总体产状为 340°~350°∠55°~78°，该断层对整个采区巷道设计有较大影响，其他区域小断层、波浪起伏发育普遍，致使煤层顶板岩石破碎。

轴 9 槽煤层见煤点只有上部 +400 m 水平石门见煤点及钻孔见煤点数据，轴 9 槽煤层为复合煤层，轴 9 上槽煤层真厚在 0.29~1.72 m 之间，平均厚度为 1.14 m；轴 9 下槽煤层厚度在 0.30~1.56 m 之间，平均厚度为 0.91 m；轴 9 上槽与轴 9 下槽煤层之间夹石平均厚度在 0.58 m 左右，煤层总平均厚度为 2.05 m。轴 9 槽煤层局部有两层合并现象。本煤层与上部轴 10 槽煤层间距在 38~54 m 之间，平均间距为 46 m；本煤层与下部轴 7 槽煤层间距在 35~55 m 之间，平均间距为 45 m。轴 9 槽煤层的上部轴 10 槽煤层有掘进巷道，下部轴 7 槽煤层无采掘活动，对该煤层开采不会造成影响。

2. 多煤层开采空间结构

轴 9 槽、10 槽、13 槽煤层工作面布置如图 3-3 所示。由图 3-3 知，轴 9 槽、轴 10 槽及轴 13 槽煤层在垂直空间结构上，煤层倾角约为 19°，可视为 3 个从上到下依次排列的平行煤层。其中，轴 9 槽煤层与轴 10 槽煤层相距较近，垂距仅为 46 m；轴 13 槽煤层与轴 10 槽煤层相距较远，垂距为 97 m。大安山煤矿工作面具体的回采时间见表 3-4。

表 3-4 大安山煤矿工作面回采进度表

回采工作面	回采时间
+400 m 水平轴 9 槽煤层西一面	2017 年 9 月 25 日—2018 年 7 月 4 日
+400 m 水平轴 9 槽煤层西一面	2016 年 11 月 30 日—2017 年 8 月 25 日
+400 m 水平轴 9 槽煤层西一面	2015 年 5 月 26 日—2016 年 10 月 25 日
+400 m 水平轴 9 槽煤层西二面	2017 年 8 月 25 日—2018 年 5 月 25 日
+400 m 水平轴 9 槽煤层西二面	2016 年 2 月 1 日—2017 年 6 月 25 日
+550 m 水平轴 10 槽煤层西一面	2017 年 2 月 20 日—2018 年 6 月 20 日
+550 m 水平轴 10 槽煤层西四面	2015 年 9 月 24 日—2016 年 4 月 12 日

表 3-4 (续)

回采工作面	回采时间
+550 m 水平轴 10 槽煤层西三面	2014 年 12 月 29 日—2015 年 7 月 27 日
+550 m 水平轴 10 槽煤层东一面	2014 年 1 月 20 日—2014 年 11 月 24 日
+400 m 水平轴 10 槽煤层东三面	2011 年—2012 年 3 月 21 日
+400 m 水平轴 13 槽煤层西一面	2014 年 5 月 27 日—2014 年 8 月 25 日
+400 m 水平轴 13 槽煤层西一面	2015 年 5 月 25 日—2015 年 8 月 23 日
+400 m 水平轴 13 槽煤层东三面	2014 年 1 月 20 日—2014 年 12 月
+400 m 水平轴 13 槽煤层东二面	2012 年 11 月 12 日—2013 年 7 月 1 日
+400 m 水平轴 13 槽煤层东一面	2011 年 7 月—2012 年 11 月 27 日

由表 3-4 可知，轴 13 槽煤层开采时间为 2011 年 7 月—2015 年 8 月 23 日，轴 10 槽煤层开采时间为 2011 年—2018 年 6 月 20 日，轴 9 槽煤层开采时间为 2015 年 5 月 26 日—2018 年 7 月 4 日。轴 13 槽煤层相对于轴 9 槽煤层和轴 10 槽煤层开采较早，在轴 9 槽煤层和轴 10 槽煤层开采完毕之前已经采完，从开采时间上来看，轴 9 槽煤层、轴 10 槽煤层与轴 13 槽煤层会出现多煤层同采和同煤层多工作面同采的可能性。

由图 3-3 可知，轴 9 槽煤层和轴 10 槽煤层相距 46 m，轴 10 槽煤层与轴 13 槽煤层相距 97 m。从垂直空间上来看，轴 9 槽与轴 10 槽煤层距离较近，在近距离大范围开采条件下，遗留煤柱较多，坚硬的岩层会成为能量的良好载体，岩层发生破断，积累的能量释放，影响范围较大，会加剧多煤层之间的结构失稳，易发生多工作面相互间的动载扰动而形成冲击地压事故。

3.1.2.2 多工作面结构稳定性关键影响因素识别与分析

1. 多工作面结构稳定性关键影响因素识别

褶曲控制下的多工作面开采过程中，与单一工作面不同，临近工作面开采过程将对当前所开采的工作面上覆岩层运动产生影响。下伏煤层开采可引起高位岩层破断，导致上覆煤层受应力集中影响，而上覆煤层开采也可导致下伏煤层顶板垮落等。因此在褶曲条件下多工作面开采时，应考虑多工作面间的相互扰动影响。

由于轴 9 槽和轴 10 槽煤层均处于正在开采状态，在全部垮落法处理采空区作用下，根据支承压力理论，轴 10 槽煤层开采后，工作面前后及顶底板将形成应力增高区与应力降低区，处于应力增高区的煤岩体对超前煤岩层产生扰动，处于应力降低区的采空区顶底板应力释放导致顶底板失稳断裂形成对多煤层开采的动载扰动；轴 9 槽和轴 10 槽煤层开采过程中的相互扰动如图 3-4 所示。

由图 3-4 可知，轴 10 槽煤层开采，顶板初次来压后，煤层上方的主控层位发生破断，之后处于一个暂时稳定状态。当下方轴 9 槽煤层开采后，将引起轴 9 槽煤层上覆岩体破断运动，进而传递至轴 10 槽煤层底板、顶板甚至上覆岩层，从而引起轴 10 槽煤层上方的主控层位发生二次破断，造成主控层位的复合破断运动，进而对轴 10 槽煤层工作面产生高扰动应力，致使轴 10 槽煤层工作面前方处于支承压力增高区的煤体和顶板受高扰动应力影响。而轴 10 槽煤层的顶板为 30~50 m 的细砂岩，煤体较为坚硬，因此在高扰动应力的

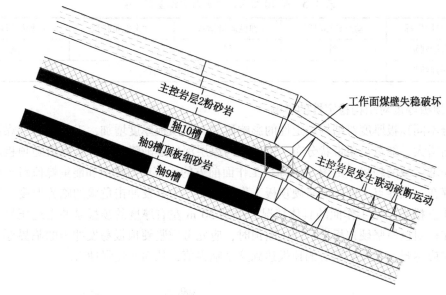

图 3-4 多煤层开采结构稳定性示意图

影响下，轴 10 槽顶板和煤体极易积蓄大量弹性势能。加之轴 10 槽煤层的煤具有强冲击倾向性，极有可能造成冲击危险。这也是近场低扰动的作用机制，而远场高扰动的作用机制与之类似，只是作用范围变大，由轴 10 槽和轴 9 槽煤层的开采运动引发轴 10 槽煤层上方的更高位主控层次发生联动破断作用，从而造成远场高扰动。

同时，根据图 3-4，引发主控层位的复合破断与轴 10 槽和轴 9 槽煤层的推进速度、顶板坚硬程度和顶板厚度等因素密切相关；且采煤过程中所采用的采煤方法不同，对工作面煤体及周围岩体的扰动作用也不尽相同。

2. 多工作面结构稳定性关键影响因素分析

多工作面结构稳定性与采煤过程中所使用的采煤方法、煤层厚度、顶板厚度、开采深度和工作面的回采速度密切相关，故可以此分析大安山煤矿多煤层工作面结构的稳定性。

1）采煤方法对结构稳定性的影响

根据采煤方法对结构失稳发生冲击地压的影响研究，初采期间顶分层、底分层、综放和大采高开采 4 种情况下，超前支承压力峰值的大小关系为顶分层＞底分层＞大采高＞综放开采，超前支承压力峰值深入煤壁的距离关系为大采高＞综放开采＞顶分层＞底分层开采。大安山煤矿采用综放采煤法，虽然综放采煤法所造成的超前支承压力峰值的大小在 4 种开采方法中最小，但其超前支承压力峰值深入煤壁距离较大，即采动应力场的扰动范围大，应力集中程度相对较低，这意味着支承增高区的范围增大。因工作面开采扰动，使煤体处于应力叠加区域的范围变大，容易积蓄大量弹性势能。由表 3-5 知，轴 10 槽煤层的煤体具有强冲击倾向性。因此，支承增高区的煤体积蓄的大量弹性势能，易不稳定释放而引起冲击危险。

表 3-5 轴 10 槽煤样冲击倾向性鉴定结果

冲击倾向性指标	动态破坏时间	弹性能量指数	冲击能量指数	单轴抗压强度
单项指标判别	弱	强	弱	强
综合评判结果	强冲击倾向性			

2）顶板厚度对结构稳定性的影响

结合不同顶板厚度对结构稳定性的影响研究，随顶板厚度增加，工作面前方煤体的平均值逐渐增大，能量呈条带状分布，由煤壁向煤层深处逐渐降低；能量峰值随顶板厚度增加呈现先增后减的趋势。由图 3-5 知，工作面前方的垂直应力峰值和能量峰值对于顶板厚度而言存在一临界点，即厚层坚硬顶板工作面存在一个易发冲击危险的临界厚度。基于木城涧煤矿三槽东一壁工作面的具体情况，得到 30 m 左右厚度的顶板是冲击地压易发的临界值。在针对巨厚坚硬顶板进行卸压断顶时，应先考虑坚硬顶板易发冲击的临界厚度，断顶爆破时应尽量避免使卸压后的顶板达到这个临界值，从而避免强冲击。

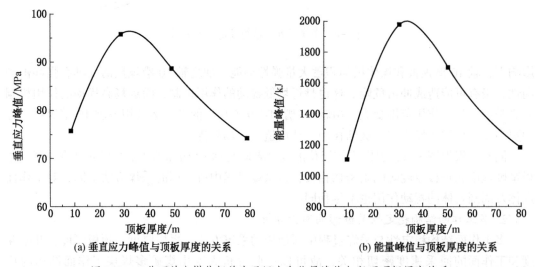

(a) 垂直应力峰值与顶板厚度的关系   (b) 能量峰值与顶板厚度的关系

图 3-5 工作面前方煤体超前支承压力和能量峰值与坚硬顶板厚度关系

大安山煤矿轴 10 槽煤层的顶板为 30~40 m 的细砂岩，顶板厚度比较大，且质地比较坚硬，其抗压强度可达 40.94 GPa，顶板厚度处于临界值附近。故在轴 9 槽和轴 10 槽煤层相互扰动产生的高扰动应力作用下，轴 10 槽煤层的顶板极易积蓄大量弹性势能，可能失稳释放大量弹性势能，导致冲击危险发生。

3）煤层厚度对结构稳定性的影响

根据煤层厚度对工作面结构稳定性的影响，随煤层厚度增大，工作面前方的垂直应力峰值区由煤壁处不断向煤体深部转移，垂直应力峰值逐渐增大，煤体的弹性核随之逐渐减小，如图 3-6 所示。

从图 3-6 可知，当煤层厚度由 1 m 增加到 8 m，支承压力值由 91 MPa 增加到 105 MPa，峰值距工作面煤壁的距离由 4 m 延伸到 40 m。由此可见，煤层厚度越大，其冲

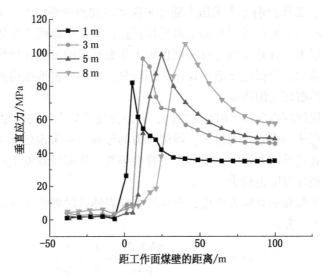

图 3-6 不同煤层厚度坚硬顶板工作面超前支承压力变化特征

击危险性就会越高，危险区域向煤层深部转移，发生冲击地压时的破坏范围就越大。对于坚硬顶板工作面来说，煤层厚度越大，悬顶高度也就越高，发生冲击时的总能量也就越大。

大安山煤矿轴 10 槽煤层厚度在 3~5 m 之间，煤层厚度变化较大；煤层厚度变大时，其支承压力值会随之逐渐变大，峰值距工作面煤壁的距离也会变大，受高应力扰动的煤体范围变大，使大范围的煤体积蓄大量的弹性势能，从而导致发生冲击地压的总能量较大，冲击地压的破坏范围也会随之变大。

4) 开采深度对结构稳定性的影响

开采深度与垂直应力的关系如图 3-7 所示。

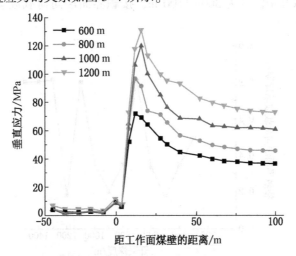

图 3-7 不同开采深度的坚硬顶板工作面超前支承压力变化特征

由图 3-7 可知，工作面前方支承压力随开采深度增加而逐渐增大，支承压力峰值区位于煤体边角处，其峰值区域向煤层深部呈阶梯状转移；且工作面前方煤体的平均垂直应力也随之呈现阶梯状增大。故开采深度对坚硬顶板工作面开采的影响比较明显，开采深度越大，其支承压力也越大，峰值点逐渐向煤体深部转移，发生冲击地压的潜在危险性随之逐渐增高，冲击地压的破坏范围也变大。

大安山煤矿煤层埋深在 700~1015 m 之间，开采深度比较大，初始原岩应力也比较大，会导致工作面前方煤体的垂直应力很大，峰值应力的位置相对来说处于煤体深部。这会导致大范围的煤体受高扰动应力影响，积蓄大量弹性势能，从而导致发生冲击地压的总能量较大，冲击地压的破坏范围也较大。

考虑垂直冲击荷载和垂直应力作用，深部块系煤岩体接触界面法向动力荷载随时间变化关系可用式（3-1）表示。

$$\begin{cases} U(t) = Be^{st} + 1 + \dfrac{\gamma h \Delta_1 \Delta_2}{p \Delta_3} + \dfrac{t}{\theta} - \dfrac{c_1}{c_0 \theta} \\ y(t) = Ce^{st} + 1 - \dfrac{t}{\theta} \end{cases} \quad (3-1)$$

式中　$U(t)$——动力函数；

　　　$y(t)$——位移函数；

　　　B、C——任意常数；

　　　c_0——岩石的刚度系数；

　　　c_1——岩石波阻抗。

将上述表达式中的相关参数均取大安山煤矿的具体煤岩参数，可以得到大安山煤矿开采深度对冲击地压的影响。$\Delta_1 = \Delta_2 = \Delta_3 = 2$ m 为岩石块体的边长，煤体密度为 1812.47 kg/m^3，岩石间刚度系数 $c_0 = 1.64 \times 10^{11}$，岩石的波阻抗 $c_1 = 9.56 \times 10^6$ kg/(m^2·s)，弹性模量 $E = 41.066$ GPa。分别取开采深度为 300~1500 m，接触界面法向荷载波动周期规律如图 3-8 所示。

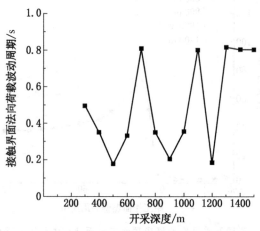

图 3-8　接触界面法向荷载波动周期与开采深度关系

从图 3-8 可看出，当开采深度为 400~600 m、800~1000 m、1200 m 时，接触界面法向荷载的波动周期比较小，波动频率比较大。若遇到水平扰动，极有可能发生超低摩擦型冲击地压。而大安山煤矿的开采深度在 700~1015 m 之间，正位于 800~1000 m 之间。由以上分析得知，大安山煤矿的开采深度处于发生冲击地压的临界深度。

3.2　多工作面开采下覆岩结构扰动规律理论分析

3.2.1　义马矿区相邻工作面覆岩结构扰动特征

3.2.1.1　相邻工作面开采力学模型构建

当煤系地层赋存巨厚且强度较高的岩层时，随着煤层的开采，巨厚岩层整体处于悬顶状态。研究表明，弯曲未破断的巨厚岩层不同层位的沉降具有非均匀性，下位巨厚岩层与上位岩层之间存在不同程度的分层现象。同样，由现场探测结果（图 3-1）也可以看出，未垮落的巨厚岩层呈现分层特征，对于相邻工作面起直接控制作用的岩层为巨厚砾岩层中低位的 71 m 砾岩层。因此，将巨厚岩层下位小厚度岩层作为研究对象。当两工作面之间累计采空一定长度后，采空区裂缝带发育至巨厚砾岩的下位岩层，且数十米的下位巨厚岩层厚度远小于巨厚岩层悬顶长度时，可将下位巨厚岩层简化为梁式模型进行求解。

当结构单元两侧工作面回采（其中左侧工作面为先采工作面，右侧工作面为后采工作面，两工作面从中间煤柱开始，向远离煤柱的方向回采）时，覆岩空间结构特征如图 3-9a 所示。该"T"形结构两侧工作面回采范围的不同导致其具有非对称特征，因而下文称

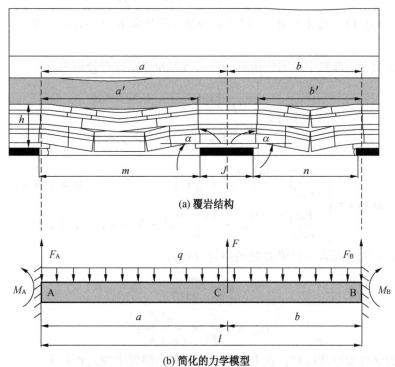

(a) 覆岩结构

(b) 简化的力学模型

图 3-9　非对称"T"形结构力学模型及边界条件

之为非对称"T"形结构。该结构中，巨厚岩层下位薄层（以下简称薄层）由中间未破断岩层及两侧工作面上覆岩层支撑。为便于计算与分析，将薄层设为两边固支、中间铰支的状态，其受力状态如图3-9b所示。该模型中 a 与 b 分别为两工作面上覆薄层悬露边界至煤柱中心的距离，并非两工作面薄层真实悬顶长度 a' 和 b'，由于 a、b 和薄层真实悬顶长度成正比关系，且后文计算不涉及 a' 和 b'，为了便于叙述，称模型中 a 和 b 为两工作面薄层岩梁悬顶长度，并且将采空区较长的工作面称为先采工作面，采空区较短的工作面称为后采工作面。由于覆岩破裂按照一定角度向上发展，为正确求解薄层的悬空尺寸，需考虑覆岩破裂角 α、煤层至薄层的距离 h 和煤柱宽度 J 的影响，则简化模型中 a、b 与采空区长度 m 和 n 的关系为

$$a = m + \frac{J}{2} - h\cot\alpha \tag{3-2}$$

$$b = n + \frac{J}{2} - h\cot\alpha \tag{3-3}$$

根据材料力学可知，两端固支梁在上部均布荷载作用下，薄层岩梁任意截面的剪力和挠度方程分别为

$$F_1(x) = \frac{ql}{2} - qx \tag{3-4}$$

$$\omega_1(x) = -\frac{1}{EI}\left(-\frac{1}{24}qx^4 + \frac{1}{12}qlx^3 - \frac{1}{24}ql^2x^2\right) \tag{3-5}$$

上式中，$x=0$ 位于梁 A 点处，x 轴方向为梁 A 点指向 B 点的方向，本小节坐标系均保持一致。

两端固支梁在中部集中应力作用时，岩梁剪力和挠度方程分别为

$$F_2(x) = \begin{cases} -\dfrac{Fb^2}{l^2}\left(1 + \dfrac{2a}{l}\right) & 0 \leqslant x < a \\[2mm] \dfrac{Fa^2}{l^2}\left(1 + \dfrac{2b}{l}\right) & a < x \leqslant l \end{cases} \tag{3-6}$$

$$\omega_2(x) = \begin{cases} -\dfrac{Fb^2}{6EI}\left(-\dfrac{3a+b}{l^3}x^3 + \dfrac{3a}{l^2}x^2\right) & 0 \leqslant x \leqslant a \\[2mm] -\dfrac{Fa^2}{6EI}\left(\dfrac{a+3b}{l^3}x^3 - \dfrac{3a+6b}{l^2}x^2 + 3x - a\right) & a \leqslant x \leqslant l \end{cases} \tag{3-7}$$

两种荷载条件下砾岩层岩梁 C 处的挠度分别为

$$\omega_{C1} = \frac{qa^2b^2}{24EI} \tag{3-8}$$

$$\omega_{C2} = -\frac{F}{3EI} \times \frac{a^3b^3}{(a+b)^3} \tag{3-9}$$

由材料力学叠加原理可知，在上部均布荷载和中部集中应力作用下，某一横截面上的剪力等于仅受上部均布荷载和仅受中部集中应力条件下该横截面剪力的叠加，即

$$F(x) = F_1(x) + F_2(x) \tag{3-10}$$

故先采工作面和后采工作面内煤岩体对薄层岩梁支反力 F_A 和 F_B 以及岩梁在中间煤柱处（C 点）的挠度分别为

$$F_A = F(x = 0) = \frac{ql}{2} - \frac{Fb^2}{l^2}\left(1 + \frac{2a}{l}\right) \tag{3-11}$$

$$F_B = -F(x = l) = \frac{ql}{2} - \frac{Fa^2}{l^2}\left(1 + \frac{2b}{l}\right) \tag{3-12}$$

$$\omega_C = \frac{qa^2b^2}{24EI} - \frac{F}{3EI} \times \frac{a^3b^3}{(a + b)^3} \tag{3-13}$$

将煤柱及其上覆岩柱视为刚性体，可得岩梁 C 处的挠度为 0，即 $\omega_C = 0$，得到中间煤岩柱对上覆砾岩层的支撑力为

$$F = \frac{ql^3}{8ab} \tag{3-14}$$

将式（3-14）代入式（3-5）和式（3-7），并将两式叠加，可得两端固支中间铰支砾岩层岩梁任意横截面上的挠度方程：

$$\omega(x) = \begin{cases} \dfrac{q}{24EI}x^2(x - a)\left[x - \dfrac{l(2a - b)}{2a}\right] & 0 \leqslant x \leqslant a \\ \dfrac{q}{24EI}(x - a)(x - l)^2\left(x - \dfrac{al}{2b}\right) & a \leqslant x \leqslant l \end{cases} \tag{3-15}$$

3.2.1.2 巨厚岩层的联动形态

后采工作面上覆砾岩梁的对应范围为 $a \leqslant x \leqslant l$，$\omega(x) = 0$ 的 4 个根为：$x_1 = a$，$x_2 = x_3 = l$，$x_4 = al/2b$，且 $x_4 - x_3 = l(a - 2b)/2b$。

1. 后采工作面回采初期

该时期后采工作面岩梁悬空长度远小于先采工作面，即 $a > 2b$ 时，则 $x_4 > x_3$。由多项式判断方法可知，$\omega(x) < 0$ 在 $a \leqslant x \leqslant l$ 范围内恒成立，后采工作面岩梁的状态为弯曲抬升状态。

2. 后采工作面回采中后期

当后采工作面回采相当长度后，$2b - a$ 由负值变为正值，即 $a < 2b$ 时，$x_4 < x_3$。经判断，$\omega(x)$ 在区间 $[a, al/2b]$ 和 $[al/2b, l]$ 内分别为负值和正值，故后采工作面岩梁在该两区间的状态分别为弯曲抬升和弯曲下沉。

3. 两工作面回采过程中砾岩梁形态演化过程

由于采矿活动是一个动态过程，相邻两工作面开采过程中，其上覆巨厚砾岩悬顶长度 a 和 b 是不断变化的：①当先采工作面回采相当长度而后采工作面初始回采长度较短时，即 $a \geqslant 2b$，率先开采的工作面能够导致滞后开采工作面采空区上方巨厚岩层下位薄层的整体抬升，在一定程度上降低了后采工作面煤体的垂直应力环境，有可能诱发后采工作面冲击地压；②在两工作面回采速度相同的情况下，随着后采工作面回采一定长度后，即 $a \leqslant 2b$，此时后采工作面采空区上覆薄层在 $[a, al/2b]$ 范围内抬升，在 $[al/2b, l]$ 范围内下沉。两工作面回采过程中，砾岩梁形态演化过程及扰动范围如图 3-10 所示。

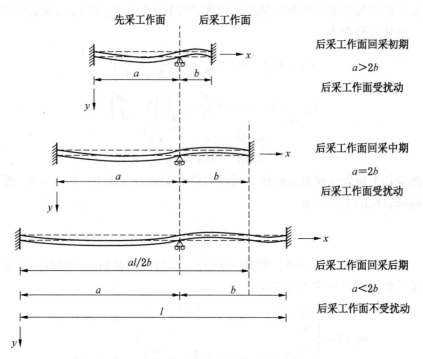

图 3-10 两工作面回采过程中的砾岩梁形态变化

3.2.1.3 基于联动形态的扰动范围

当后采工作面岩梁整体呈弯曲抬升状态时,认为该砾岩赋存状态对后采工作面产生了较强的扰动,此时两工作面砾岩梁悬臂长度满足如下关系:

$$b \leqslant \frac{a}{2} \tag{3-16}$$

将式(3-2)和式(3-3)代入式(3-16),有以下关系:

$$n \leqslant \frac{m}{2} - \frac{J}{4} + \frac{h\cot\alpha}{2} \tag{3-17}$$

因此,当两工作面采空长度满足式(3-17)的关系时,后采工作面会受到岩层抬升扰动的影响。

假设滞后工作面开始回采时,先采工作面已采空长度为 m_0 且两工作面回采速度相同,若某时期内后采工作面回采长度(采空长度)为 $n=n_0$ 时,则先采工作面采空长度为 $m=m_0+n_0$。将两工作面采空长度代入式(3-17),得到 m_0 与 n_0 的关系为

$$n_0 \leqslant m_0 - \frac{J}{2} + h\cot\alpha \tag{3-18}$$

即后采工作面回采范围 n_0 满足如下范围时,认为后采工作面受巨厚砾岩联动扰动影响较强:

$$0 \leqslant n_0 \leqslant m_0 - \frac{J}{2} + h\cot\alpha \tag{3-19}$$

式中 m_0 ——后采工作面开始回采时,先采工作面已采空长度。

3.2.2　大安山煤矿多工作面结构扰动特征

3.2.2.1　多工作面开采力学模型构建

1. 同煤层工作面扰动

以+400 m水平轴10槽煤层为例，分析同一个煤层中工作面相互扰动诱发冲击地压的影响因素。+400 m水平轴10槽煤层位于百草台倒转向斜轴部，分析区域埋深700~1015 m，靠近百草台倒转向斜南、北轴附近的煤岩层产状及煤厚变化较大。断距2 m以下的小断层较发育，大部分为正断层，尤其是向斜轴部附近构造复杂，小断层、节理裂隙发育，岩层局部较破碎。

轴10槽煤层与上方轴13槽煤层间距平均约97 m；轴10槽煤层与下方轴9槽煤层间距平均约46 m。以往发生冲击地压的位置分布如图3-11所示。

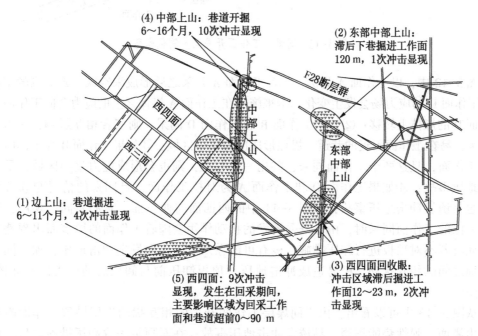

图3-11　冲击地压显现分布图

图3-11中所示的26次冲击地压显现有5次破坏强度或影响范围较大的冲击地压，分别是2014年10月10日在边上山的冲击地压；2015年9月19日在东部中部上山的冲击地压；2016年3月31日、2016年4月12日和2016年4月19日在西四面的3次冲击地压。在这26次冲击地压显现中，其中3次发生在掘进期间、9次发生在回采期间、14次发生在巷道掘通6个月后，巷道掘通较久后发生的冲击地压比例高达54%，即由流变作用导致煤岩结构变化而加剧的应力集中程度也是造成冲击地压发生的主要因素之一。由此可知，在同一煤层中，开采之后形成采空区，导致应力转移到未开采的实体煤中，当下一个工作面开采时，其采场应力会受到上一个工作面的影响。同煤层工作面开采互扰简化模型如图3-12所示。

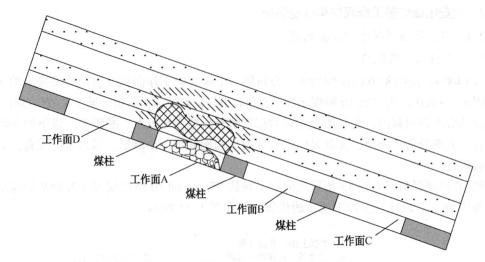

图 3-12　同煤层工作面开采互扰简化模型

图 3-12 中，以工作面 A 为例：①若工作面 A 开采之后形成采空区，则周围的工作面 B 和工作面 D 的应力场会发生变化，本来施加在工作面 A 煤体之上的应力会向工作面 B 和工作面 D 的煤体上转移；②如果工作面 B 和工作面 D 同采，则三者相互影响，应力场变化较大，易在工作面附近的巷道、煤柱形成应力集中区域；③如果工作面 B 和工作面 A 为对拉工作面，且这两个工作面同采，共用一条巷道，则也会形成应力集中区域，易诱发冲击地压事故；④如果工作面 D 和工作面 A 为对拉工作面，且同采的情况与③分析一样，也易诱发冲击地压事故；如图 3-11 中的西四面与西三面，它们属同一煤层，当这两个采区的工作面同采时，由于开采诱发的扰动作用会随着工作面的增多而出现叠加现象，此时若不对顶板进行卸压措施，极有可能在回采工作面发生冲击地压，加之同煤层工作面之间的相互扰动，极易造成冲击地压。顶板卸压前与卸压后的应力曲线如图 3-13 所示。

从图 3-13 中可以看出，由于同煤层工作面开采的相互扰动作用导致工作面附近位置应力激增，弹性势能积聚，易诱发冲击地压事故。在对顶板采取卸压措施之后，应力峰值降低，且应力峰值区向煤体内部转移，远离了采煤工作面，使采煤工作面处于低压状态。

2. 多煤层工作面扰动

轴 13 槽、轴 10 槽以及轴 9 槽煤层在工作面回采时，有相当显著的相互扰动现象，且在轴 10 槽煤层工作面曾多次发生冲击事故。一般情况下，冲击地压发生的应力判据为

$$\sigma_s + \sigma_d > [\sigma] \tag{3-20}$$

式中　　σ_s——静载应力；

　　　　σ_d——扰动应力；

　　　　$[\sigma]$——冲击地压发生的应力临界值。

根据式（3-20），按照荷载的来源和加载形式，可将冲击地压分为静载冲击地压和动载冲击地压。动载冲击地压是在动、静荷载叠加作用下发生的突然失稳现象。

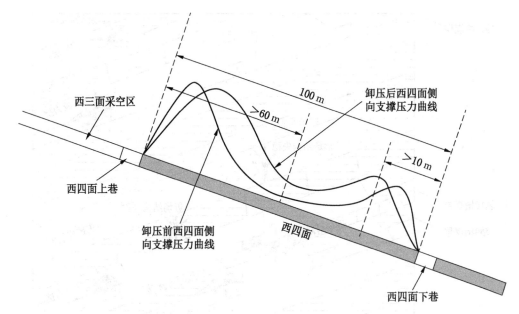

图 3-13　顶板卸压前与卸压后的应力曲线

其中，动载冲击地压在本煤矿多次发生，该类型的冲击地压影响及破坏程度较强，可通过卸压措施应力集中，达到减弱或防治目的。2014 年 10 月 10 日，大安山煤矿边上山初次发生影响范围较大的冲击地压时无卸压措施，而后采用间距 5 m 大钻孔卸压，在 2015 年 1—2 月又发生 3 次弱冲击，加密大钻孔、增加高压注水之后，再无冲击显现；西四面回收眼在冲击前主要采用大钻孔卸压措施，发生冲击地压后进行高压注水，西四面回收眼也再无冲击显现。在 2014 年 11 月 8 日—2015 年 7 月 17 日，边上山、西四面回收眼及中部上山发生冲击地压时，周围无开采影响，地面无震感，即无高扰动应力源。

根据高扰动应力与冲击位置的距离，将之分为远场（轴 13 槽煤层顶板断裂运动、轴 9 槽煤层顶板断裂运动）和近场（轴 10 槽煤层顶板断裂运动、煤壁前方高应力）两类。2015 年 10 月 21 日—2016 年 2 月 29 日，大安山煤矿中部上山发生 6 次冲击地压，周围无开采影响，地面有震感，有高扰动应力源，如图 3-14 所示。

1）结构失稳动载扰动

结构失稳动载扰动分为远场结构失稳动载扰动和近场结构失稳动载扰动。其中，远场结构失稳动载扰动源主要来自于轴 13 槽煤层顶板主控岩层 1 的破断、轴 10 槽与轴 13 槽煤层之间主控岩层 2 的破断以及轴 9 槽煤层顶板运动。近场结构失稳动载扰动源主要来自于轴 10 槽煤层顶板运动。结合现场冲击破坏程度及影响范围来看，轴 13 槽煤层上部主控岩层 1 发生断裂，释放出积聚的弹性势能，能量向周围传递，由此引起了轴 9 槽、轴 10 槽与轴 13 槽煤层整体结构的失稳。轴 9 槽煤层的顶板运动对轴 10 槽煤层发生的冲击地压有一定的促进作用。主控岩层 2 岩性坚硬，不易垮落，积聚了大量弹性势能，主控岩层 2 破断释放的能量是冲击地压的主要动力来源，破断产生的扰动作用于相距较近的工作面，易诱发冲击地压事故。

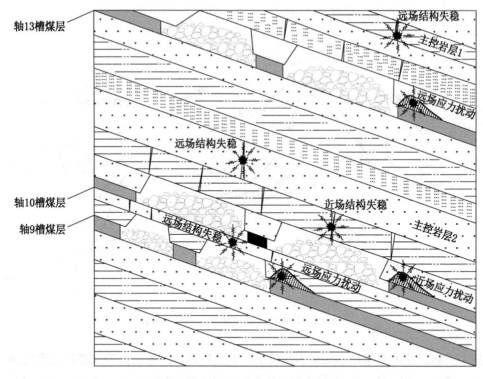

图 3-14 多工作面开采不同互扰模型

2）应力扰动

应力扰动包括近场的应力扰动和远场的应力扰动。其中，近场应力扰动主要来自于轴10槽煤层工作面、巷道附近的应力集中区。远场应力扰动主要来自于轴13槽煤层、轴9槽煤层的应力集中区。应力扰动对冲击地压的发生有一定的促进作用。

需要说明的是，大安山煤矿西四面在2016年3月31日、2016年4月12日和2016年4月19日共发生3次破坏范围较大的冲击地压。其中，2016年3月23日—2016年4月19日，西四面回采321~385 m，西三面和西四面的采空区共同形成一个宽度约为260 m的"双工作面见方"区域，进一步提高了轴10槽煤层顶板断裂产生的高扰动应力，该区域对工作面的影响范围为60~70 m。同时，轴10槽煤层与轴9槽煤层相距较近，也容易造成相互扰动的影响而积聚弹性势能或触发冲击地压的发生。

综上所述，大安山煤矿岩层坚硬、地质条件复杂且具有冲击倾向性，岩层运动活跃、冲击地压事故频发，煤层与煤层之间的联系比较紧密，煤岩体结构脆弱易失稳，相互扰动明显。

3.2.2.2 多工作面开采诱冲机制分析

1. 事故分析

在上文统计的26次冲击地压显现中，3次发生在掘进期间、9次发生在回采期间、14次发生在巷道掘通6个月后。中部上山（2015年10月21日—2016年2月29日）、东部上山和西四面的冲击地压是由动力扰动和结构失稳动载扰动综合作用下发生的。其中，中部上山的冲击地压主要由远场结构失稳动载扰动和近场动力扰动引起的；东部上山和西四面的冲击地压属远场结构失稳动载扰动诱发，近场结构失稳动载扰动主导，远场动力扰动和近场动力扰动综合作用下引起的。

另外，掘进期间冲击区域滞后掘进工作面 12~23 m，发生在响炮后 2~14 min，掘进中遇到上覆顶板涌水量大时需引起重视；回采期间冲击区域为回采工作面和回采巷道超前 0~90 m，回采工作面距"双工作面见方" 60~70 m 时开始受其影响；巷道掘通较久后冲击区域主要集中在高静载应力区，如受大采深、煤层相变、向斜、断层、煤柱等影响的区域。

在实践中，边上山、中部上山（2014 年 11 月 8 日—2015 年 7 月 17 日）和西四面回收眼的冲击地压属结构失稳动载扰动和动力扰动综合作用发生的，通过降低静载应力集中，即可达到减弱或防治冲击地压的目的。例如，边上山和西四面回收眼采用大钻孔、注水卸压后，再无冲击地压显现。

进一步，鉴于轴 9 槽煤层冲击倾向性弱于轴 10 槽煤层，首先开采轴 9 槽煤层有利于轴 10 槽煤层的卸压与防冲。

2. 影响因素

（1）原始地质条件，造成初始高原岩应力，如断层、褶曲、煤层相变、大采深、煤岩属性结构等。

（2）采掘工程条件，造成高采动附加应力，如采煤方法、工作面设计、采掘顺序、同层及上下层留煤柱等。

（3）爆破、开采推进等产生低扰动应力，冲击地压发生的诱导因素。

（4）坚硬顶板断裂垮落、断层活化等产生高扰动应力，冲击地压发生的重要外因。

3. 断裂岩层分析

如前所述，主控岩层 1 所引起的远场结构失稳动载扰动是冲击地压事故的诱发因素，主控岩层 2 所引起的远场结构失稳动载扰动是诱发冲击地压事故的主要能量来源，轴 9 槽煤层所引起的远场结构失稳动载扰动、轴 10 槽煤层所引起的近场动力扰动和近场结构失稳动载扰动以及轴 13 槽煤层所引起的远场动力扰动增加了冲击地压事故发生的概率，并易引起冲击发生，对地面和井下均有巨大影响。尤其是"4·19"冲击，下端头以外 15 m 巷道严重变形，巷高剩余 1.5 m 左右，巷宽剩余 1.3 m 左右；超前单体液压支柱歪扭；40T 转载机机尾段倾斜；工作面整体煤壁片帮，工作面 730 溜子抬起，730 溜子采煤机处电缆槽挡煤板靠紧支架严重变形；26 至 45 号支架处工作面煤壁严重片帮，局部机道堵严，工作面 730 溜子链折、个别溜子板脱接，无法正常运转；采煤机上牵引部与机身连接液压螺栓断裂 2 颗，机面与支架顶梁挤实；采煤机机身外移，31~35 号液压支架前立柱有挤弯现象，其中 33 号、35 号液压支架前下立柱加长杆被挤断；工作面往外 90 m 巷道底鼓、帮鼓，下帮超前被推倒，单柱挤断四根，中间排超前单柱底脚位移歪扭。其中超前往外 26~56 m 处有 30 m 巷道，因底鼓、帮鼓和单柱歪扭行人无法通过，其他 60 m 巷道底鼓 0.2~1.0 m、下帮鼓出 0.2~0.6 m；下巷 40T 溜子、皮带无法正常运转，其他运输设备运转正常。诱发该次事故的主要原因有：

（1）北京地区近期地层变形总体呈现上升趋势；大安山煤矿井田构造应力呈增加趋

势，弹性应变能密度年变化量不断增加，弹性势能密度较高，更易于应力集中和势能积累。

（2）工作面处于百草台倒转向斜南北轴之间，构造复杂；工作面上覆为百草台倒转向斜南轴翻转及倒立部分，轴10槽正断层距工作面下巷80~120 m。

（3）工作面采深较大，埋深约730 m。

（4）工作面位于煤柱应力叠加区，煤岩体应力高。

（5）轴10槽煤层基本顶为30~50 m细砂岩和粉砂岩，含石英成分，强度高，不易垮落，易积聚和传递能量。

大安山煤矿主要采用垮落法处理采空区，采出空间周围的岩层因失去支撑而向采空区内逐渐移动、弯曲和破坏。这一过程随采煤工作面不断推进，逐渐从采场向外、向上（顶板）扩展直至波及地表，引起地表下沉。开采引起围岩的移动和破坏在时间及空间上是一个复杂的运动破坏过程。为分析轴10槽煤层诱发冲击的动力来源，现通过计算确定可控制上覆岩层移动的主控岩层，从而研究该岩层形成能量源并诱发冲击地压的可能性。

根据主控岩层的定义与变形特征，如有 n 层岩层同步协调变形，则其最下部岩层为关键层；再由关键层的支承特征可知

$$q_1(x)\,|_n > q_i(x)\,|_n \quad (i = 2, 3, \cdots, m) \tag{3-21}$$

若第 $n+1$ 层岩层的变形小于第 n 层的变形特征，第 $n+1$ 层以上岩层已不再需要其下部岩层去承担它所承受的任何荷载，则必定有

$$\begin{cases} q_1(x)\,|_n < q_i(x)\,|_n \\ q_1(x)\,|_{n+1} = \left\{ E_1 d_1^3 \left[\sum_{i=1}^{n} \rho_i d_i + q_{n+1}(x) \right] \right\} \Big/ \sum_{i=1}^{n+1} E_i d_i^3 \end{cases} \tag{3-22}$$

在式（3-22）中，若 $n+1=m$，则 $q_1(x)\,|_{n+1} = \rho_m d_m + q$。假如第 $n+1$ 层岩层控制到第 m 层，则 $q_1(x)\,|_{n+1}$ 为

$$q_1(x)\,|_{n+1} = E_{n+1} d_{n+1}^3 \left(\sum_{i=n+1}^{m} \rho_i d_i + q \Big/ \sum_{i=n+1}^{m} E_i d_i^3 \right) \tag{3-23}$$

假如第 $n+1$ 层岩层不能控制到第 m 层，则对 $q_1(x)\,|_{n+1}$ 仍需采用式（3-23）中 $q_1(x)$ 层的荷载进行计算。

式（3-23）形式为荷载比较，实为关键层的刚度（变形）判别条件，其几何意义为，第 $n+1$ 层岩层的挠度小于下部岩层的挠度。当 $n+1 < m$ 时，第 $n+1$ 层并非边界层，因此须了解第 $n+1$ 层的荷载及其强度条件，此时第 $n+1$ 层有可能成为关键层，但还必须满足关键层的强度条件。假如第 $n+1$ 层为关键层，它的破断距为 l_{n+1}，第1层的破断距为 l_1，则关键层的强度判别条件为

$$l_{n+1} > l_1 \tag{3-24}$$

此时第1层为亚关键层。如果 l_{n+1} 不能满足判别条件式（3-21），则应将第 $n+1$ 层岩层所控制的全部岩层作为荷载作用到第 n 层岩层上部，计算第1层岩层的变形与破断距。在式（3-21）和式（3-23）均成立的前提下，便可判别出关键层1所能控制的岩层厚度或层数。如 $n=m$，则关键层1为主关键层；如 $n<m$，则关键层1为亚关键层。依次进行计算，直到其解能控制到第 m 层为止。

根据式（3-23）依次计算第 n 层岩层对第 m 层岩层的荷载（$n>m$）；若第 $n+1$ 层荷载小于第 n 层荷载，则满足刚度条件，即

$$q_{m|n+1}<q_{m|n} \qquad (3-25)$$

则第 $n+1$ 层为坚硬岩层，否则继续计算第 $n+2$ 层对第 n 层的荷载。

即使计算出的坚硬岩层符合刚度条件，但仍不能认为该岩层为关键层。若该坚硬岩层的破断距比下位坚硬岩层的破断距短，则其将先于下位坚硬岩层破断，该坚硬岩层就不是关键层，因此判别关键层层位还须比较坚硬岩层的破断距。

关键层的断裂不仅需要满足刚度条件，而且要满足强度条件，一般用岩层的破断距来表示。为计算简便，各硬岩层的破断距采用两端固支梁模型计算，则第 k 层硬岩层的破断距可以表示为

$$L_k = h_k \sqrt{\frac{2\sigma_{tk}}{q_k}} \qquad (3-26)$$

式中　h_k——第 k 层硬岩层的厚度，m；

　　　σ_{tk}——第 k 层硬岩层的抗拉强度，MPa；

　　　q_k——第 k 层硬岩层承受的荷载，kN。

假设第 n、m 为两层坚硬岩层（$n>m$），如果 $L_n>L_m>L_1$，则第 n 层为主关键层，第 m 层、第 1 层为亚关键层；如果 $L_m>L_n>L_1$，则第 n 层坚硬岩层荷载应加到第 m 层上，重新计算第 m 层破断距，然后再与第 1 层比较，其中破断距最长者为主关键层，其次为亚关键层，第 n 层不是关键层。

将岩层信息代入式（3-21）~式（3-26）得到主控岩层判定结果，见表3-6。

表3-6　主控岩层判定

序号	厚度/m	岩层名称	带区分布
1	2	轴14槽煤层	
2	3.33	细砂岩	
3	35.32	细砂岩	主控岩层1
4	3.73	粉砂岩	
5	7.49	细砂岩	
6	2.23	轴13槽煤层	已回采完毕
7	19.42	细砂岩	
8	10.65	粉砂岩	主控岩层2
9	6.3	细砂岩	
10	1.2	轴12槽煤层	
11	15.96	细砂岩	
12	13.54	细砂岩	
13	18.32	粉砂岩	
14	11.5	细砂岩	

表3-6（续）

序号	厚度/m	岩层名称	带区分布
15	4.03	轴10槽煤层	与轴9煤层同步开采
16	11.58	细砂岩	
17	4.25	粉砂岩	
18	27.42	细砂岩	
19	2.05	轴9槽煤层	与轴10煤层同步开采

由表3-6可知，轴13槽煤层为已开采完毕的煤层，轴13槽与轴14槽煤层之间序号为3的细砂岩层为主控岩层1，其控制轴13槽煤层上覆岩层移动；轴9槽和轴10槽煤层为同步开采煤层，轴9槽和轴10槽煤层之间的岩层经计算发现无主控岩层，故开采中存在相互影响；轴10槽与轴13槽煤层之间的岩层经计算判定序号为8的粉砂岩层为主控岩层2，该岩层厚度大、强度高，控制着上覆岩层的运移。

分析表3-6可知，轴9槽和轴10槽煤层的开采活动将会使轴9槽和轴10槽煤层之间的岩层均受到采动影响而失去承载能力；轴10槽和轴13槽煤层开采将导致除序号为8的粉砂岩层之外的岩层受到影响而失去承载能力。因此，在计算中认为序号为8的粉砂岩层可以作为承载上覆松散岩层的主要岩层，在轴9槽和轴10槽煤层开采期间将作为主要的承载结构支撑上覆松散体。同时也有可能成为主要的能量积聚地点，当该岩层发生破断时，积聚的能量将会释放，能量有可能通过岩体之间的传递作用，传递到轴10槽或轴9槽煤层的工作面附近诱发冲击地压。

3.2.2.3 多工作面开采扰动范围及强度分析

在煤层未开采之前，由于煤岩体未受到扰动，内部的能量密度分布较为规律，基本上只与煤岩体岩性和地层深度有关。煤体开采后，煤岩体中能量密度迅速发生变化，主要表现为：横向方向，同煤层开采在开挖煤层煤壁前方和开切眼后方煤体中出现能量密度增高区，且能量密度增高区区域较未开采之前大，并大致呈现出"纺锤形"特征；纵向方向，在开挖煤层上方和下方煤体中，能量密度较未开采前出现显著降低。同煤层开采对各煤系地层应力场的影响程度主要取决于各煤系地层至在采煤层的垂直距离，其中在采煤层的顶底板受采动影响最为强烈，呈现出非常明显的应力增强区和应力释放区。另外，在采煤工作面不断推进过程中，煤层顶底板卸压区的最大高度和深度近似保持不变，随开采距离增加，顶板的卸压区域呈拱形或壳形（底板为拱形或倒壳形）逐步向前方移动。

多煤层工作面开采时，上覆煤层开采残余应力很可能与底煤开采过程产生的集中应力叠加产生高应力效应，而这种存在于上部煤层采空区的高应力效应会随下伏煤层的开采出现应力转移而减弱。多煤层同时开采的矿井，随开采煤层深度不断增加，应力主要在下部煤层的煤柱、厚度剧烈变化区、地质构造带等区域集中，并具备发生冲击地压的条件，处理不当将诱发灾害。

结合图3-14及表3-6可知，轴10槽煤层顶板中的8号粉砂岩极有可能成为轴10槽煤层发生冲击地压的主要能量来源。随轴10槽煤层开采，上覆岩层弯曲下沉，该粉砂岩层成为承载上覆岩层重力的主要岩层，形成应力集中区，随时间推移面临破断危险。当该粉砂岩层积聚的能量足以使该岩层发生破断，则会发生破断并将积聚的弹性势能释放，能量会通过岩体传递。

轴 10 槽与轴 9 槽煤层距离较近，且均进行采煤作业。由理论计算可知，轴 9 槽和轴 10 槽煤层之间的岩层会因相互扰动而结构失稳，最后贯通，并产生不同程度的矿压显现。轴 10 槽煤层工作面在开挖煤层煤壁前方、开切眼后方煤体、巷道、留煤柱等地点中会出现能量密度增高区。

当轴 10 槽煤层上部的粉砂岩层发生破断之后，释放的弹性势能传播到轴 10 槽煤层能量积聚地带，会再次出现弹性势能积聚区，故首先对序号为 8 的粉砂岩层进行研究。

将序号为 8 的粉砂岩作为诱发冲击地压的能量来源，由于 8 号岩层为坚硬的砂岩，承载能力较强，很难发生断裂，故在同步开采过程中会在一定的推进步距之内保持岩层的完整性。此时，若运用梁的理论则显得误差较大。因此，将该岩层视为四边固支的矩形板进行处理，并结合黏弹塑性理论的本构方程探讨其垮落规律。

煤矿深部开采时，由于高地应力作用，煤岩体自身将表现出显著的黏弹性特征，其变形和破坏具有时间相关性。岩层的变形（包括所引起地表变形）在开采之初呈稳定状态，并随时间不断发展，经过较长时间后，岩层的持续变形仍将存在，甚至出现失稳或断裂破坏，并诱发灾害。在研究采场围岩和岩层变形状况时，必须考虑煤岩体的变形特性，因此，以下使用黏弹塑性理论和方法，能够客观地反映岩层受力变形的时间相关性，对岩层的弹性变形和长期变形进行评估，确保岩层变形在一定时间内达到控制要求，为多煤层工作面同步开采控制冲击地压提供理论依据。

三参量固体又称为标准线性固体，它的模型由一个开尔文（Kelvin）模型和一个弹簧串联而成，如图 3-15 所示。显然，模型的应力 σ 和应变 ε 可用元件参量表示为

$$\begin{cases} \varepsilon = \varepsilon_1 + \varepsilon_2 \\ \sigma = E_1\varepsilon_1 + \eta_1\dot{\varepsilon}_1 \\ \sigma = E_2\varepsilon_2 \end{cases} \tag{3-27}$$

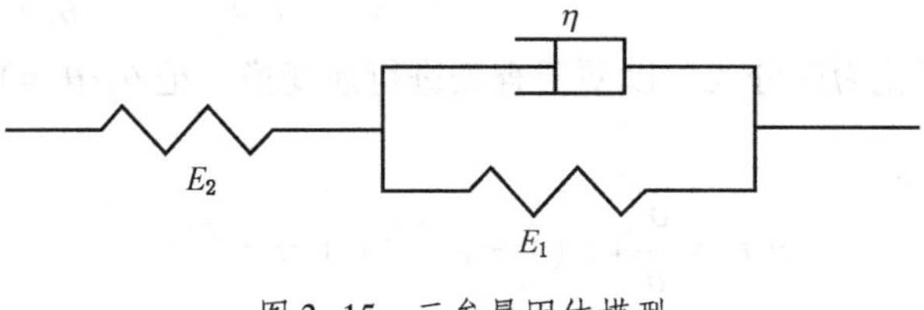

图 3-15 三参量固体模型

采用拉普拉斯变换与逆变换来推导本构关系，用 s 表示变换参量，函数 $f(t)$ 的拉氏变换定义为

$$\bar{f}(s) = \int_0^{+\infty} f(t)e^{-st}dt \tag{3-28}$$

或记作 $\Psi[f(t)]$。由函数导数的拉氏变换公式可得

$$\bar{\dot{\varepsilon}} = \psi[\dot{\varepsilon}(t)] = s\bar{\varepsilon}(s) - \varepsilon(0) \tag{3-29}$$

根据材料处于自然状态的假设，令有关函数及其导数在 $t < 0$ 时均为零。因此，如果

令 $\varepsilon(0) \equiv \varepsilon(0^-) = 0$，则有 $\overline{\dot{\varepsilon}} = \sigma\overline{\varepsilon}(\sigma)$、$\overline{\ddot{\varepsilon}} = \sigma^2\overline{\varepsilon}(\sigma)$。对原件参量表示方程做拉普拉斯变换，得

$$\begin{cases} \overline{\varepsilon} = \overline{\varepsilon}_1 + \overline{\varepsilon}_2 \\ \overline{\sigma} = (E_1 + \eta_1 s)\overline{\varepsilon}_1 \\ \overline{\sigma} = E_2\overline{\varepsilon}_2 \end{cases} \tag{3-30}$$

将式（3-30）的第 2、3 式代入第 1 式，然后做逆变换，有

$$E_1 E_2 \varepsilon + E_2 \eta_1 \dot{\varepsilon} = (E_1 + E_2)\sigma + \eta_1 \dot{\sigma} \tag{3-31}$$

也可写作：

$$\begin{cases} \sigma + \pi_1 \dot{\sigma} = \theta_0 \varepsilon + \theta_1 \dot{\varepsilon} \\[2mm] \pi_1 = \dfrac{\eta_1}{E_1 + E_2} \\[2mm] \theta_0 = \dfrac{E_1 E_2}{E_1 + E_2} \\[2mm] \theta_1 = \dfrac{E_2 \eta_1}{E_1 + E_2} \end{cases} \tag{3-32}$$

上述方程即为三参量固体本构方程。

为了讨论模型的变形行为，考虑突加应力 $\sigma(\tau) = \sigma_0 H(\tau)$ 的作用，将 $\overline{\sigma} = \sigma_0/\sigma$ 和 $\overline{\dot{\sigma}} = \sigma\overline{\sigma} = \sigma_0$ 代入拉氏变换方程中，得到

$$\frac{\sigma_0}{\sigma} + \pi_1 \sigma_0 = \theta_0 \overline{\varepsilon} + \theta_1 \sigma\overline{\varepsilon} \tag{3-33}$$

于是，

$$\overline{\varepsilon}(\sigma) = \frac{\sigma_0}{\sigma}\left(\frac{1 + \pi_1\sigma}{\theta_0 + \theta_1\sigma}\right) = \frac{\sigma_0}{\theta_1}\left[\frac{1}{\sigma\left(\sigma + \dfrac{\theta_0}{\theta_1}\right)} + \frac{\pi_1}{\sigma + \dfrac{\theta_0}{\theta_1}}\right] \tag{3-34}$$

其中把有理分式化为简分式，以便于查表进行逆变换，记 $\theta_0/\theta_1 = 1/\tau_1$，将 $\overline{\varepsilon}(\sigma)$ 反变换得到

$$\varepsilon(\tau) = \frac{\sigma_0}{\theta_1}\left[\tau_1(1 - \varepsilon^{-\tau/\tau_1}) + \pi_1\varepsilon^{-\tau/\tau_1}\right] \tag{3-35}$$

或

$$\varepsilon(\tau) = \frac{\sigma_0}{\dfrac{E_1 E_2}{E_1 + E_2}} - \frac{\sigma_0}{E_1}\varepsilon^{-\tau/\tau_1} = \frac{\sigma_0}{E_2} + \frac{\sigma_0}{E_1}(1 - \varepsilon^{-\tau/\tau_1}) \tag{3-36}$$

式中，$\tau_1 = \eta_1/E_1$。由上式可见，三参量固体有瞬时弹性和平衡态的渐近值：

$$\begin{cases} \varepsilon(0^+) = \dfrac{\sigma_0}{E_2} \\[3mm] \varepsilon(\infty) = \dfrac{E_1 + E_2}{E_1 E_2}\sigma_0 \equiv \dfrac{\sigma_0}{E_\infty} \end{cases} \tag{3-37}$$

三参量固体本构方程的变形表达式，实际由弹簧和 Kelvin 模型的应变相加而得（图 3-20）。

在 $t=t_1$ 时刻作用一个应力 $-\sigma_0 H(t-t_1)$，则它产生的应变响应为

$$\varepsilon'(t) = \frac{-\sigma_n}{E_2} + \frac{\sigma_0}{E_1}e^{-(t-t_1)/\tau_1} \tag{3-38}$$

以上为三参量固体本构方程的推导过程。为更好地阐述岩层在多煤层开采中挠度的变化，对挠度方程进行拉普拉斯变换并引入三参量固体本构方程。四边固支、均布荷载作用下的挠度方程为

$$\omega = \left(\frac{b}{a}\right)^{1.867\sqrt{\frac{a}{b}}} \left\{1 - \left(\frac{b}{a}\right)^{-\sqrt{\frac{a}{b}}} \left[3.1875\left(\frac{h}{a}\right)^2 + \frac{3}{800}\left(\frac{h}{a}\right) - \frac{1}{4000}\right]\right\}$$
$$\frac{qa^4b^4}{4Dp^4(3b^4 + 3a^4 + 2a^2b^2)}\left(1 - \cos\frac{2mpx}{a}\right)\left(1 - \cos\frac{2mpy}{b}\right) \tag{3-39}$$

对式（3-39）进一步化简可得

$$\omega = \left(\frac{b}{a}\right)^{1.867\sqrt{\frac{a}{b}}} \left\{1 - \left(\frac{b}{a}\right)^{-\sqrt{\frac{a}{b}}} \left[3.1875\left(\frac{h}{a}\right)^2 + \frac{3}{800}\left(\frac{h}{a}\right) - \frac{1}{4000}\right]\right\}$$
$$\frac{qa^4b^4}{4\pi^4(3b^4 + 3a^4 + 2a^2b^2)}\frac{12(1-\nu^2)}{Eh^3}\left(1 - \cos\frac{2m\pi x}{a}\right)\left(1 - \cos\frac{2m\pi y}{b}\right) \tag{3-40}$$

进一步做拉普拉斯变换可得

$$\omega = \left(\frac{b}{a}\right)^{1.867\sqrt{\frac{a}{b}}} \left\{1 - \left(\frac{b}{a}\right)^{-\sqrt{\frac{a}{b}}} \left[3.1875\left(\frac{h}{a}\right)^2 + \frac{3}{800}\left(\frac{h}{a}\right) - \frac{1}{4000}\right]\right\}$$
$$\frac{qa^4b^4}{4p^4(3b^4 + 3a^4 + 2a^2b^2)}\frac{12(1-\nu^2)}{h^3}\left(1 - \cos\frac{2mpx}{a}\right)\left(1 - \cos\frac{2mpy}{b}\right)\cdot\varepsilon'(t) \tag{3-41}$$

代入三参量固体本构方程得

$$\omega(x, y, t) = \left(\frac{b}{a}\right)^{1.867\sqrt{\frac{a}{b}}} \left\{1 - \left(\frac{b}{a}\right)^{-\sqrt{\frac{a}{b}}} \left[3.1875\left(\frac{h}{a}\right)^2 + \frac{3}{800}\left(\frac{h}{a}\right) - \frac{1}{4000}\right]\right\}$$
$$\frac{qa^4b^4}{4\pi^4(3b^4 + 3a^4 + 2a^2b^2)}\frac{12(1-\nu^2)}{h^3}\left(1 - \cos\frac{2m\pi x}{a}\right)\left(1 - \cos\frac{2m\pi y}{b}\right)\cdot\left[\frac{1}{E_2} + \frac{1}{E_1}\left(1 - e^{\frac{-t}{\tau_d}}\right)\right] \tag{3-42}$$

式中，$\tau_d = \eta_1/E_1$，岩层变形延迟时间。

根据研究资料和相关试验，取岩层的参数为：$E_1 = 5$ GPa；$E_2 = 15$ GPa，泊松比 $\mu = 0.25$、岩层变形延迟时间取值为 $\tau_d = 14$ d/GPa。由于岩层位于轴 10 槽煤层上方，故认为 $a = 168$ m；b 为推进步距，研究中关注的是岩层中点的挠度，故 $y = b/2$；时间 t 为轴 10 槽与轴 9 槽煤层同时开采的时间，其与推进步距之间有如下关系：$b = tc$。式中 c 为工作面每日回采进度，在本书中取每日进尺 3 m。

为了更加接近实际工况条件，增加开采扰动影响。围岩重新取得应力平衡过程中，存在应力转移和能量流动，应力转移和能量流动过程伴随围岩结构变形；围岩结构弹性变形将储存能量并产生应力集中现象。集中应力超过岩体强度时，岩体结构若产生突然

动态式破坏，释放储存的弹性势能，能量将以脉冲的形式向围岩空间传播，能量脉冲称为应力波。此过程中，应力波将对传播介质产生应力扰动而形成动载。在动载作用下，岩层将会更容易发生破断。在以往的研究中，通常引入纵波对岩石强度的影响。由此可得

$$q = \rho g h \gamma = \rho g h \frac{(1 - \mu)(1 - 2\mu)}{1 - \mu} C_{p} \nu_{pp} \alpha \qquad (3-43)$$

式中 ν_{pp}——砂岩的纵波频率，此处仅为影响因子，作为单位处理，取值2.4；

C_{p}——根据弹性波理论有 $C_{p} = [(\lambda + 2G)/\rho]^{1/2}$；

α——纵波衰减系数，随岩层悬露空间增大，其裂隙不断增多，传播频率降低，取值0.03。

将式（3-43）代入式（3-42）即为动载作用下粉砂岩层三参量挠度方程。

$$\omega = \left(\frac{b}{a}\right)^{1.867\sqrt{\frac{a}{b}}} \left\{ 1 - \left(\frac{b}{a}\right)^{-\sqrt{\frac{a}{b}}} \left[3.1875\left(\frac{h}{a}\right)^2 + \frac{3}{800}\left(\frac{h}{a}\right) - \frac{1}{4000} \right] \right\} \frac{qa^4 b^4}{4D\pi^4(3b^4 + 3a^4 + 2a^2 a^2)}$$

$$\left(1 - \cos\frac{2m\pi x}{a}\right)\left(1 - \cos\frac{2m\pi y}{b}\right) \times \left[\frac{1}{E_2} + \frac{1}{E_1}\left(1 - e^{\frac{-t}{\tau_d}}\right) \right] \times \frac{(1 - \mu)(1 - 2\mu)}{1 - \mu} C_p \nu_{pp} \alpha$$

$$(3-44)$$

根据式（3-39）和式（3-44）分别绘出不同影响因素下采空区中点下沉量随时间的变化曲线，如图3-16所示。

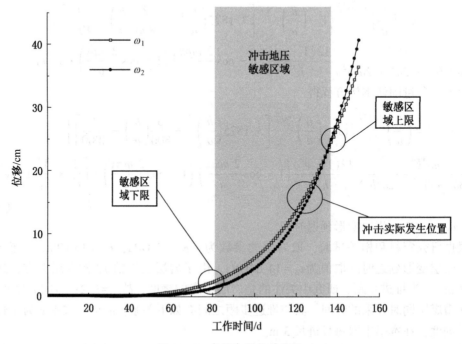

图3-16 岩层中部位移曲线

图3-16为岩层中部位移曲线，其中 ω_1 为岩层中心位置最大位移，ω_2 为考虑动载和

黏弹性状态下的岩层中心位置最大位移。由于岩层中部的折断更易诱发岩层整体失稳，故选用该条件进行判定。从图中可看出：岩层在动载作用下随轴 9 槽和轴 10 槽煤层的不断推进，其变形速度不断加快，大约推进至 136 d，顶板中心部位的位移大于正常状态下的岩层位移，说明理论上在此时有可能发生失稳，由于多个煤层同步开采的扰动影响，易诱发大规模的岩层运动，有可能引起冲击地压危险，对井下、地面的设施具有严重危害；从黏弹性状态下的岩层挠度曲线来看，从 80 d 左右开始，变形加速，岩层进入冲击地压敏感区域。开采活动中的任何外部条件突然增强的扰动或者是采区的断层都有可能导致顶板加速变形，提前引发破断失稳的危险。从轴 9 槽和轴 10 槽煤层开采至 80 d 左右开始，粉砂岩层就存在破断失稳的可能性。

现有观测表明，在轴 9 槽和轴 10 槽煤层推进至 321 m 即工作面开采约 107 d 时出现了明显的冲击前兆。结合图 3-16 可知，此时正处于变形速度增幅最大的阶段，在其他工况条件的耦合作用下极有可能发生岩层的破断；在 "4·19" 冲击发生时，轴 9 槽、轴 10 槽工作面大约向前推进了 375 m，即 125 d 前后，此时岩层的断裂引发了多工作面之间的结构失稳并波及地表，产生了冲击。125 d 处于冲击地压敏感区域内（图 3-16），此时的岩层是破断之前变形最快的阶段，易发生破断。

综上所述，自工作面开采 80 d，即轴 9 槽、轴 10 槽工作面推进 240 m 后为岩层破断的危险阶段。实际中，在轴 9 槽和轴 10 槽煤层推进至 321 m 时出现了明显冲击前兆，轴 9 槽、轴 10 槽工作面大约推进 375 m 时发生了 "4·19" 冲击。这在一定程度上阐明了冲击发生的位置以及诱发因素。

基于上述研究可知，此次冲击地压主要是由于上覆坚硬岩层突然破断释放能量并将能量通过完好的煤岩体进行传导，轴 13 槽煤层所剩余煤柱是传递能量的良好导体，轴 13 槽与轴 9 槽煤层之间具有承载能力的厚粉砂岩可以很好地储存能量。随工作面推进，粉砂岩层受到轴 9 槽、轴 10 槽煤层的开采扰动，在动载作用下发生破断。破断之后的粉砂岩层将积聚的能量再次释放出来，此次的能量释放不仅包括上覆岩层破断释放的能量，而且包含其本身以及下部轴 10 槽、轴 9 槽煤层开采互扰积聚的能量。粉砂岩层释放的能量通过传导到达距离较近的轴 10 槽煤层，煤岩体内部能量的激增，极易诱发冲击地压事故。

因此，大安山煤矿的此类冲击地压事故与多煤层工作面互扰引起的结构失稳密不可分，因而冲击地压显现要比其他类型的冲击地压显著，甚至会波及地面，瞬间引起多米诺骨牌式的地表沉降而诱发冲击。

3.3 多工作面开采应力扰动判别

3.3.1 义马矿区相邻工作面开采应力互扰规律

3.3.1.1 工作面开采的力学模型构建

当相邻工作面开采时，覆岩垮落范围进一步增加，薄层悬空长度进一步增大，假设后采工作面和先采工作面开采后的上覆薄层悬空长度增长量分别为 Δb 和 Δa，得到单一工作面开采的非对称 "T" 形结构力学模型及边界条件，如图 3-17 所示。

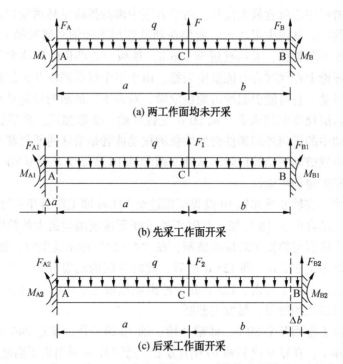

图 3-17 单一工作面开采的非对称"T"形结构力学模型及边界条件

3.3.1.2 先采工作面开采后的应力演化特征

1. 后采工作面垂直压力变化

将式（3-14）代入式（3-12），同时将 $l=a+b$ 代入并化简，最终可得岩梁 B 处所受支反力与两工作面薄层悬顶长度的关系为

$$F_B = \frac{q}{8b}(4b^2 + ab - a^2) \tag{3-45}$$

由式（3-45）可知，两工作面回采过程中，后采工作面煤体对岩梁支撑反力 F_B 与两工作面薄层岩梁悬臂长度 a 和 b 两变量有关，将式（3-45）中 F_B 对变量 a 求偏导，可得

$$\frac{\partial F_B}{\partial a} = \frac{q}{8b}(b - 2a) \tag{3-46}$$

由于先采工作面采空长度始终大于后采工作面，对于某时刻两工作面岩梁悬顶长度 a_0 和 b_0 来说，总有 $a_0 > b_0 > 0$，因此式（3-46）恒为负值，故 F_B 在方向 a 上为减函数。即先采工作面开采后会导致后采工作面垂直压力降低（$F_{B1} < F_B$）。

2. 中间煤柱垂直压力变化

将中间煤柱对上覆砾岩层支撑力 F［式（3-14）］对 a 求偏导，得到：

$$\frac{\partial F}{\partial a} = \frac{q(a + b)^2 (2a - b)}{8a^2 b} \tag{3-47}$$

由于 $a_0 > b_0$，因此式（3-47）恒为正值，故 F 在方向 a 上为增函数，即先采工作面开采后会导致中间煤柱垂直压力升高（$F_1 > F$）。

3.3.1.3 后采工作面开采的应力演化特征

1. 先采工作面垂直压力变化

将式（3-14）代入式（3-11），同时将 $l=a+b$ 代入并化简，最终可得岩梁 A 处所受支反力与两工作面薄层悬顶长度的关系为

$$F_A = \frac{q}{8a}(4a^2 + ab - b^2) \tag{3-48}$$

由式（3-48）可知，先采工作面煤体对薄层岩梁支撑反力 F_A 与两工作面岩梁悬顶长度 a 和 b 两变量有关，将式（3-48）中 F_A 对 b 求偏导，可得

$$\frac{\partial F_A}{\partial b} = \frac{q}{8a}(a - 2b) \tag{3-49}$$

对于某时刻两工作面上覆岩梁悬臂长度 a_0 和 b_0 来说，①当 $a_0 > 2b_0$ 时，式（3-49）恒为正值，故 F_A 在方向 b 上为增函数，即后采工作面开采后会导致先采工作面垂直压力升高（$F_{A1} > F_A$）；②当 $a_0 < 2b_0$ 时，F_A 在方向 b 上为减函数，即后采工作面开采会导致先采工作面垂直压力降低（$F_{A1} < F_A$）。

2. 中间煤柱垂直压力变化

同理，将中间煤柱对上覆薄层支撑力 F［式（3-14）］对 b 求偏导，得到：

$$\frac{\partial F}{\partial b} = \frac{q(a + b)^2(2b - a)}{8b^2 a} \tag{3-50}$$

当 $a_0 > 2b_0$ 时，式（3-50）恒为负值，故 F 在方向 b 上为减函数，即后采工作面开采会导致中间煤柱垂直压力降低（$F_2 < F$）。当 $a_0 < 2b_0$ 时，F 在方向 b 上为增函数，即后采工作面开采会导致中间煤柱垂直压力升高（$F_2 > F$）。

由上述分析可知，$a \geqslant 2b$ 为应力转移先采工作面的临界条件。进一步地，将式（3-2）和式（3-3）代入该判别条件，得到应力能够转移至先采工作面时，后采工作面和先采工作面采空区长度 n 和 m 满足：

$$n \leqslant \frac{m}{2} - \frac{J}{4} + \frac{h\cot\alpha}{2} \tag{3-51}$$

综上所述，对于义马矿区巨厚砾岩控制型结构单元，当先采工作面开采后，后采工作面垂直压力降低，中间煤柱垂直压力增高。当后采工作面开采后，结构单元应力转移对象与两工作面采空长度 m 和 n、中间煤柱宽度 J、覆岩破裂角 α 和煤层至薄层的距离 h 有关。当上述参数满足式（3-51）时，后采工作面开采能够导致先采工作面垂直压力升高，中间煤柱垂直压力降低；反之，后采工作面开采能够导致先采工作面垂直压力降低，中间煤柱垂直压力升高。为了便于后文叙述，将后采工作面回采初期造成的先采工作面应力升高的现象称为相邻面的应力转移效应。

此外，当一侧工作面发生冲击地压后，该位置煤体强度弱化，冲击区域上覆岩体对上方薄层的支撑作用减弱，而极限情况为煤体完全破坏并失去承载能力，因此工作面冲击与工作面开采可视为等同效果，由此认为一侧工作面冲击诱发的应力演化特征与开采相同，此处不再赘述。

3.3.2 大安山煤矿多工作面开采冲击危险性判别

3.3.2.1 多工作面互扰与冲击地压的关联

根据现场"4·19"冲击的能量监测报告知："4·19"冲击是由矿井所处的特殊地质

动力环境、采空区上覆岩层运动、开采工程扰动等多因素耦合作用导致的。轴10槽煤层西一面微震事件曲线及震源如图3-18所示。

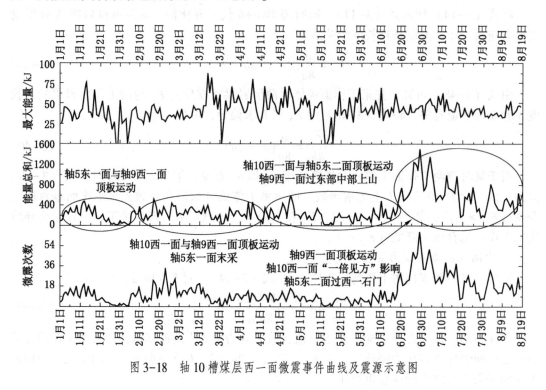

图3-18　轴10槽煤层西一面微震事件曲线及震源示意图

根据图3-18，轴10槽煤层西一面微震事件演化具有明显的周期性，从能量来源来看，轴10槽煤层西一面发生微震事件，其主要能量来源是轴10槽、轴5槽和轴9槽煤层顶板压力的调整。1—8月，一共发生了79次微震事件，其中微震的能量来源轴5槽煤层占30.37%、轴9槽煤层占41.77%、轴10槽煤层占27.86%。故轴10槽煤层西一面发生微震事件的能量主要来源是轴9槽煤层开采所带来的顶板压力调整。轴9槽煤层的开采活动引起的应力扰动对轴10槽煤层产生很大的影响，致使轴10槽煤层处于支承升压区的煤岩体受到应力叠加影响，易发生冲击地压危险。

因此，轴9槽煤层开采对轴10槽煤层产生扰动，引发轴10槽煤层上方的主控层发生联动破断运动，主控层位发生了联动破断运动，会对轴10槽煤层产生一个高扰动应力，为轴10槽煤层冲击地压的发生提供了力源。

随工作面的不断推进，采空区的面积不断扩大，采场上覆岩层移动波及某一高度的覆岩，会使覆岩产生一种在空间上和时间上有规律的移动和变形。结合大安山煤矿轴9槽与轴10槽煤层的分布特征，可得知轴9槽煤层位于轴10槽煤层的下方46 m左右，而且两个槽的倾斜水平均为20°，近似平行。

结合大安山煤矿的现场平面分布特征图，按照轴9槽和轴10槽煤层现场的空间分布特征，建立如图3-19所示的模型分析其相互扰动的作用。由采场上覆岩层规律知，沿煤层走向可分为始采边界影响区、最大下沉区及停采边界影响区；而沿煤层倾斜方向可分为下山边界影响区、最大下沉区及上山边界影响区。

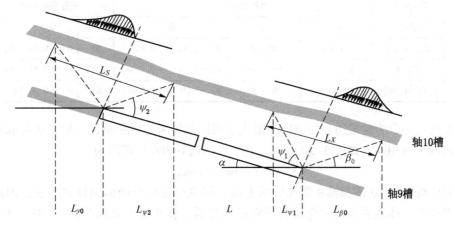

图 3-19　轴 9 槽煤层开采对轴 10 槽煤层的倾向扰动影响示意图

由采场上覆岩层移动特点可知，沿煤层倾斜的方向，自下而上可以分为：下山边界影响区，其斜长以 l_x 表示

$$l_x = H_0 \left[\cot(\alpha + \beta_0) + \cot\psi_1 \right] \tag{3-52}$$

其后下部边界外影响区为

$$l_{\beta_0} = H_0 \frac{\cos\beta_0}{\sin(\alpha + \beta_0)} \tag{3-53}$$

下部边界内影响区为

$$l_\psi = H_0 \frac{\cos(\psi_1 + \alpha)}{\sin\psi_1} \tag{3-54}$$

上部边界影响区，其斜长以 l_s 表示，则

$$l_s = H_0 \left[\cot(\gamma_0 - \alpha) + \cot\psi_2 \right] \tag{3-55}$$

其中上部边界外影响区为

$$l_{\gamma_0} = H_0 \frac{\cos\gamma_0}{\sin(\gamma_0 - \alpha)} \tag{3-56}$$

上部边界内影响区为

$$l_{\psi_2} = H_0 \frac{\cos(\psi_2 - \alpha)}{\sin\psi_2} \tag{3-57}$$

式中　　　　　H_0——煤层间距；

　　　　　　　α——煤层倾角；

　　β_0、γ_0、δ_0——下部、上部、走向边界角；

　　ψ_1、ψ_2、ψ_3——下部、上部、走向充分采动角；

边界角及充分采动角可以根据覆岩性质按照表 3-7 的参数选取。

表 3-7 按覆岩性质区分的典型曲线法待定参数

岩性	覆岩性质	边界角/(°)			充分采动角度/(°)		
	主要岩石	δ_0	γ_0	β_0	ψ_3	ψ_1	ψ_2
坚硬	硬砂岩为主	60~65	60~65	$\delta_0 - [(0.7 \sim 0.8)\alpha]$	55	$\psi_3 - 0.5\alpha$	$\psi_3 + 0.5\alpha$
中硬	石灰岩为主	55~60	55~60	$\delta_0 - [(0.6 \sim 0.7)\alpha]$	60	$\psi_3 - 0.5\alpha$	$\psi_3 + 0.5\alpha$
软弱	页岩等松散层	50~55	50~55	$\delta_0 - [(0.3 \sim 0.5)\alpha]$	65	$\psi_3 - 0.5\alpha$	$\psi_3 + 0.5\alpha$

沿走向可以分为始采边界影响区、最大下沉区和停采边界影响区。始采边界和停采边界影响范围大致相同，如图 3-20 所示。其中走向边界影响区范围为

$$l_z = H_0(\cot\psi_3 + \cot\delta_0) \tag{3-58}$$

大安山煤矿轴 10 槽和轴 9 槽煤层的上覆岩层主要是以坚硬的细砂岩为主，因此根据大安山煤矿的具体地质条件和煤层及顶底板的性质，将相关参数取为：$\alpha = 20°$、$\delta_0 = 60°$、$\gamma_0 = 60°$、$\beta_0 = 44°$、$\psi_1 = 45°$、$\psi_2 = 65°$、$\psi_3 = 55°$。

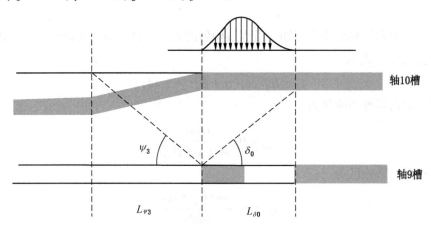

图 3-20 轴 9 槽煤层开采对轴 10 槽煤层的走向扰动影响示意图

根据上述相关公式计算出各个影响区范围：

下山边界影响区的斜长 l_x 为

$$l_x = H_0[\cot(\alpha + \beta_0) + \cot\psi_1] = 46 \times [\cot(20° + 44°) + \cot45°] = 68.448 \text{ m} \tag{3-59}$$

下部边界外影响区为

$$l_{\beta_0} = H_0 \frac{\cos\beta_0}{\sin(\alpha + \beta_0)} = 46 \times \frac{\cos44°}{\sin(20° + 44°)} = 36.79 \text{ m} \tag{3-60}$$

下部边界内影响区为

$$l_{\psi_1} = H_0 \frac{\cos(\psi_1 + \alpha)}{\sin\psi_1} = 46 \times \frac{\cos(45° + 20°)}{\sin45°} = 27.50 \text{ m} \tag{3-61}$$

上部边界影响区，其斜长以 l_s 表示，则

$$l_s = H_0[\cot(\gamma_0 - \alpha) + \cot\psi_2] = 46 \times [\cot(60° - 20°) + \cot65°] = 117.67 \text{ m} \tag{3-62}$$

其中上部边界外影响区为

$$l_{\gamma_0} = H_0 \frac{\cos\gamma_0}{\sin(\gamma_0 - \alpha)} = 46 \times \frac{\cos 60°}{\sin(60° - 20°)} = 35.77 \text{ m} \tag{3-63}$$

上部边界内影响区为

$$l_{\psi_2} = H_0 \frac{\cos(\psi_2 - \alpha)}{\sin\psi_2} = 46 \times \frac{\cos(65° - 20°)}{\sin 65°} = 35.90 \text{ m} \tag{3-64}$$

沿走向可以分为始采边界影响区、最大下沉区和停采边界影响区。其中走向边界影响区范围为

$$l_z = H_0(\cot\psi_3 + \cot\delta_0) = 46 \times (\cot 55° + \cot 60°) = 58.76 \text{ m} \tag{3-65}$$

将图 3-19 中的始采边界煤柱和停采边界煤柱视为轴 9 槽煤层工作面当前所推进的位置。经计算知，当工作面处于下部边界时，此时对轴 9 槽煤层上覆岩层的影响区域 l_x 为 68 m。若此时轴 10 槽煤层的工作面处于该区域，那么轴 10 槽工作面前方的煤岩体将受轴 9 槽煤层开采所带来的强烈扰动，处于一个高应力叠加区。因此，在下部边界区域时，轴 9 槽和轴 10 槽煤层之间的开采间距应当大于 68 m。同理，当工作面处于上部边界时，此时对轴 9 槽上覆岩层的影响区域 l_s 为 118 m；若此时轴 10 槽煤层的工作面处于这个区域，那么轴 10 槽工作面前方的煤岩体将受轴 9 槽煤层开采所带来的强烈扰动，处于一个高应力叠加区；因此，在上部边界区域时，轴 9 槽和轴 10 槽煤层之间的开采间距应当大于 118 m。

由图 3-20 得出，沿工作面走向扰动分析，可得到轴 9 槽煤层开采对上覆岩层的扰动范围为 58 m，处于该区域的煤岩体由于开采扰动而承受高应力作用。

3.3.2.2　多工作面互扰冲击危险性判别

结合前文分析可知，轴 9 槽和轴 10 槽煤层的相互扰动造成轴 10 槽煤层上方的主控岩层发生联动破断运动，导致高应力扰动，从而引发轴 10 槽煤层工作面冲击地压。

针对褶曲控制下的多工作面互扰冲击危险性判别，拟采用尖点突变理论模型来判别冲击地压的危险性。尖点突变理论模型认为：在系统临界点附近，控制参数的微小变化可以从根本上改变系统的结构和功能性质，临界值对系统性质的改变具有根本意义。当控制参数超过临界值时，系统将失去稳定，从一种平衡状态经过某一个非平衡状态过渡到另一个平衡状态，即在临界点附近，可能出现巨大涨落，导致系统发生宏观巨变，它将系统中所有的影响因素归结为两个控制变量。将系统稳定的评价结果采用一个状态变量来表示，当控制变量不越过分歧点集时，系统处于稳定状态，其破坏也是渐变的稳定破坏；当控制变量越过分歧点集时，系统发生突跳，由一种状态突然跳跃到另一种状态，系统状态发生巨大变化。

由于冲击地压发生与煤岩体的应变软化性质密切相关，具有应变软化性质的介质是非稳定的，当其处于平衡状态时，一旦遇到外界微小扰动便可能失稳破坏，从而在瞬间释放大量能量，发生冲击。故在模型中需考虑煤岩体的应变软化性质，采用一个塑性软化元件串联一个弹簧来模拟煤岩体的应变软化性质。煤岩体峰后的塑性软化本构关系为

$$\frac{\sigma}{\sigma_c} = A\left[\left(\frac{\varepsilon}{\varepsilon_c}\right)^3 - 1\right] + B\left[\left(\frac{\varepsilon}{\varepsilon_c}\right)^2 - 1\right] + C\left[\left(\frac{\varepsilon}{\varepsilon_c}\right) - 1\right] + 1 \tag{3-66}$$

$$A = \frac{2(1-n)}{(m-1)(m^2+m-2)}, \quad B = \frac{-3Am}{2}, \quad m = \frac{\varepsilon_g}{\varepsilon_c}, \quad n = \frac{\sigma_g}{\sigma_c}$$

式中　σ_c——煤体的峰值强度，MPa；

　　　ε_c——峰值强度对应的应变；

　　　σ_g——峰后曲线拐点处的应力，MPa；

　　　ε_g——峰后曲线拐点处应力对应的应变。

由于天然岩体自然状态下经历了漫长的地质作用过程，其中存在各种各样的地质构造和软弱结构面，如不整合、褶皱、断层、节理、裂隙等，具有非均质性和各向异性等特征。因此，对顶板岩层无固支梁、悬臂梁等假设进行计算都有一定的局限性。根据工作面推进过程中上覆岩层的结构及运动状态，将顶板岩层简化为简支梁更符合其运动状态。鉴于冲击地压发生在轴 10 槽煤层工作面煤壁处，因此主要取工作面煤壁以及上覆岩梁简化为简支梁进行受力分析，其简化后的力学模型如图 3-21 所示。由于此研究针对的是工作面煤壁及上覆岩梁，与轴 10 槽工作面的整体倾角并没有密切的关联，因此在研究中忽略倾角的影响。

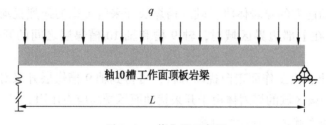

图 3-21　简化梁示意图

首先根据材料力学梁的挠曲线方程求解出梁的弯曲方程为

$$EIy'' = \frac{qx^2}{2} - \left(ql - \frac{F}{2}\right)x \tag{3-67}$$

式中　y——梁的挠度；

　　　x——距右端的距离；

　　　E、I——梁的弹性模量和惯性矩；

　　　F——煤岩体对梁的反作用力。

对式（3-67）求两次积分，并将边界条件代入，可得到梁的挠曲线方程为

$$EIy(x) = \frac{qx^4}{24} - \frac{\left(ql - \dfrac{F}{2}\right)x^3}{6} \tag{3-68}$$

当 $x = l$ 时，$y(l) = y_0$，即梁左端的挠度等于煤岩体的压缩量，将其代入梁的挠曲线方程中，可得

$$y_0 = \frac{ql^4 - Fl^3}{24EI} \tag{3-69}$$

式中　y_0——煤岩体的压缩量。

通过求解上式，可以得到 F 的表达式为

$$F = ql - \frac{24EIy_0}{l^3} \tag{3-70}$$

根据尖点突变理论，需求得系统的总势能以进行下一步系统稳定性分析，系统的总势能包括梁的弯曲应变能 V_1、煤岩体的压缩变形能 V_2 以及外力做的功 W。

根据图 3-22 及梁的挠曲线方程，易求得梁的弯曲应变能为

$$V_1 = \frac{\dfrac{q^2l^5}{45} - \dfrac{Fql^4}{24} + \dfrac{F^2l^3}{48}}{EI} \tag{3-71}$$

$$V_1 = \frac{q^2l^5}{720EI} + \frac{12EIy_0^2}{l^3} \tag{3-72}$$

煤岩体的压缩变形能分为两部分，一部分是弹性变形能 V_E，另一部分是塑性软化应变能 V_S。假设模型煤岩体弹簧的刚度为 K_R，则煤岩体的弹性变形能 V_E 为

$$V_E = \frac{1}{2}K_R y_0^2 \tag{3-73}$$

煤岩体的塑性软化应变能 V_S 为

$$V_S = \iiint v_s \mathrm{d}x\mathrm{d}y\mathrm{d}z \tag{3-74}$$

$$v_s = \sigma_c \int_0^{\varepsilon_z} \left\{ A\left[\left(\frac{\varepsilon}{\varepsilon_c}\right)^3 - 1 \right] + B\left[\left(\frac{\varepsilon}{\varepsilon_c}\right)^2 - 1 \right] + 1 \right\} \mathrm{d}\varepsilon \tag{3-75}$$

即可以得到煤岩体的塑性软化应变能 V_S：

$$V_S = \frac{A\sigma_c}{4H^4\varepsilon_c^3}y_0^4 + \frac{B\sigma_c}{3H^3\varepsilon_c^2}y_0^3 + \frac{1-A-B}{H}y_0 \tag{3-76}$$

则煤岩体的变性能为

$$V_2 = V_E + V_S \tag{3-77}$$

外力所做的功为

$$W = \frac{\dfrac{2q^2l^5}{45} - \dfrac{Fql^4}{24}}{EI} \tag{3-78}$$

$$W = \frac{q^2l^5}{360EI} + y_0 ql \tag{3-79}$$

系统的总势能为

$$V = V_1 + V_2 - W \tag{3-80}$$

$$V = A_0 y_0^4 + B_0 y_0^3 + C_0 y_0^2 + D_0 y_0 + E_0 \tag{3-81}$$

$$A_0 = \frac{A\sigma_c}{4H^4\varepsilon_c^3}, \quad B_0 = \frac{B\sigma_c}{3H^3\varepsilon_c^2}, \quad C_0 = \frac{12EI}{l^3} + \frac{K_R}{2}, \quad D_0 = \frac{1-A-B}{H} - ql, \quad E_0 = -\frac{q^2l^5}{720EI}$$

从系统的总势能函数可知，系统失稳破坏过程属于尖点突变的失稳过程，故采用尖点突变模型来判断煤岩体的失稳破坏发生冲击的危险性是合理的。

根据尖点突变理论，取煤岩体的压缩量 y_0 为状态变量，则平衡曲面方程为

$$\frac{\partial V}{\partial y_0} = 4A_0 y_0^3 + 3B_0 y_0^2 + 2C_0 y_0 + D_0 = 0 \qquad (3-82)$$

由平衡曲面的光滑性质，可知在尖点处有

$$\frac{\partial V}{\partial y_0} = 24A_0 y_0 + 6B_0 = 0 \qquad (3-83)$$

通过求解上式，可得平衡曲面的尖点为

$$y_1 = -\frac{B_0}{4A_0} \qquad (3-84)$$

将平衡曲面方程在 y_1 处进行泰勒级数展开，并将尖点值代入其中。为了保证计算准确，并且计算简单，截取泰勒展开式的前三项不影响方程的定性性质，取无量纲量为 $x = (y_0 - y_1)/y_1$。

将无量纲量 x 代入泰勒展开式中，可以将平衡曲面方程简化为

$$\frac{\partial V}{\partial y_0} = 4x^3 + 2px + q = 0 \qquad (3-85)$$

$$p = \frac{16A_0 C_0}{B_0^2} - 6, \quad q = \frac{32A_0(B_0 C_0 - 2A_0 D_0)}{B_0^2} - 8$$

将 A_0、B_0、C_0、D_0 的值代入上式中，可以得到 p、q 的表达式为

$$p = \frac{18AH^2 \varepsilon_c (24EI + k_R l^3)}{B^2 \sigma_c l^3} - 6$$

$$q = \frac{12ABH^2 \sigma_c \varepsilon_c (24EI + k_R l^3) - 72A^2 l^3 \sigma_c (1 - A - B - qlH)}{B^2 H^3 l^3 \sigma_c \varepsilon_c^2} - 8 \qquad (3-86)$$

对简化后的平衡曲面方程求解二次导数，可得系统的突变点集方程为

$$\frac{\partial^2 V}{\partial y_0^2} = 12x^2 + 2p = 0 \qquad (3-87)$$

联立式（3-85）和式（3-87），消去 x 后可以得到系统的分叉点集方程为

$$8p^3 + 27q^2 = 0 \qquad (3-88)$$

通过尖点突变模型分析可以得到，发生冲击地压的必要条件是

$$p < 0 \qquad (3-89)$$

即

$$p = \frac{18AH^2 \varepsilon_c (24EI + k_R l^3)}{B^2 \sigma_c l^3} - 6 < 0 \qquad (3-90)$$

求解上式可得

$$l^3 > \frac{72AH^2 EI \varepsilon_c}{B^2 \sigma_c - 3AH^2 k_R \varepsilon_c} \qquad (3-91)$$

通过上式可得，煤岩体发生失稳破坏而引起冲击危险与煤样本身性质、工作面宽度以及顶板坚硬程度密切相关。

将岩层顶板和煤体相关力学参数代入式（3-91）中，计算后可得 $l > 34.2035$ m，计

算结果表明：当极限岩梁的长度 l 大于 34.2 m 时，煤岩体和顶板组成的稳定系统可能发生失稳破坏，并造成工作面煤壁片帮等冲击危险。

根据式（3-91），通过改变顶板厚度 H 的值，可以计算得到系统发生失稳破坏时极限岩梁的长度与顶板厚度的关系，如图 3-22 所示。从图 3-22 中可以得知，当顶板厚度变大时，煤岩体发生失稳破坏的极限岩梁越长；当顶板厚度变小时，极限岩梁越短，煤岩体更易失稳破坏，冲击危险性会随之升高。

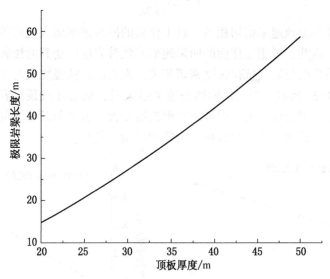

图 3-22 临界极限岩梁长度随顶板厚度变化曲线

分别取顶板岩层的弹性模量为 20 MPa、30 MPa、40 MPa、50 MPa、60 MPa，绘出临界极限岩梁长度随顶板厚度的变化曲线（图 3-23）。从图中可以得到，临界极限岩梁长度

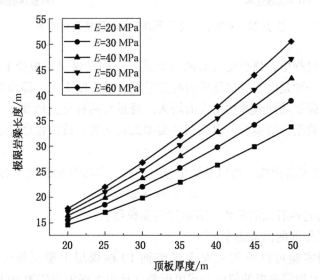

图 3-23 不同顶板弹性模量下临界极限岩梁长度随顶板厚度变化曲线

都是随着顶板厚度的变大而变大。而顶板岩层的弹性模量变大时，临界极限岩梁的长度也随之增大。简而言之，顶板岩层的弹性模量越大，可抵抗冲击的能力会相应增强，发生冲击破坏时的极限岩梁越长。

极限岩梁长度 l 是工程中的可变量，与岩层的抗拉强度和受到的均布荷载相关，其表达式为

$$l = 2h\sqrt{\frac{R_t}{3q}} \tag{3-92}$$

式中岩石抗拉强度和加载速率密切相关，且工作面的回采速率增大近似等效于岩层所受到的加载速率增大。因此，可用工作面的回采速率来代替岩层所受到的加载速率。

由于岩梁极限长度与岩层抗拉强度密切相关，而岩层抗拉强度又与工作面的回采速率呈正相关，如图 3-24 所示。当工作面回采速率过大时，就会导致顶板岩层的抗拉强度变大，进而导致极限岩梁长度变大。而极限岩梁长度变大，就会积蓄更多的弹性势能，也会变得更加不稳定，易造成系统失稳破坏，引发冲击地压危险。

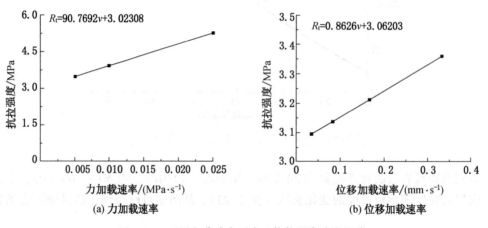

图 3-24　不同加载速率下岩石抗拉强度演化规律

在工作面回采过程中，顶板受力有两种形式：一种是煤层顶板受上覆岩层力的作用，即力加载速率；另一种是由于煤层顶板自身受采动影响不断下沉，即位移加载速率。而研究表明，岩石抗拉强度随加载速率增大而增大。通过对两种类型加载下不同加载速率时岩石抗拉强度的试验数据进行拟合，得到两种类型加载下岩石抗拉强度随加载速率增大而呈线性增大趋势。

通过图 3-24 的拟合曲线，可以总结出岩石的抗拉强度和加载速率的关系为

$$R_t = mv + n \tag{3-93}$$

式中　m、n——与岩性有关的常数，需通过实验获得；

　　　　v——工作面的回采速率。

通过巴西劈裂实验可以得知大安山煤矿轴 10 槽煤层上覆顶板的单轴抗拉强度为 8.427 MPa。通过力加载速率的拟合公式可近似计算出大安山煤矿轴 10 槽煤层顶板的力加载速率（即工作面回采速率）为 0.06 MPa/s。

将式（3-93）和式（3-92）代入极限岩梁长度表达式（3-91），可得工作面回采速率对煤岩体失稳破坏发生冲击危险的影响。

$$v > \frac{9AH^2 E \varepsilon_c h q}{2B^2 m \sigma_c - 6AH^2 m k_R \varepsilon_c} - \frac{n}{m} \tag{3-94}$$

将大安山煤矿的相关地质参数代入其中，计算后可以得到

$$v > 0.0544 \text{ MPa/s} \tag{3-95}$$

通过式（3-95）可知，大安山煤矿轴 10 槽煤层开采过程中，发生冲击危险的临界力加载速率（可理解为工作面回采速率）为 0.0544 MPa/s。而大安山煤矿轴 10 槽煤层顶板的力加载速率为 0.06 MPa/s，明显超出了其临界值。因此，轴 10 槽煤层的工作面回采速率过大，导致轴 10 槽煤层发生冲击显现。

根据式（3-94）分析了不同顶板厚度下工作面的临界回采速率，分析结果如图 3-25 所示。从图 3-25 中可以看出，顶板厚度越大，发生冲击地压时回采速率越大，即顶板厚度越大，工作面可承受更快的回采速率。

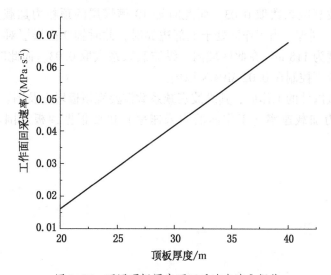

图 3-25　不同顶板厚度下回采速率演化规律

由式（3-94）可见，当工作面回采速率过大时，可能发生冲击危险。而当顶板厚度较大时，工作面发生冲击地压的临界回采速率会相应变大。因此，针对不同顶板厚度工作面，需选取合适的工作面回采速率。

上述分析是单纯考虑轴 10 槽煤层工作面发生冲击地压的判据，为了考虑轴 9 槽与轴 10 槽煤层之间开采扰动作用对冲击地压的影响，引入应力波来解释开采扰动的影响。岩体结构发生破坏后会以应力波的形式向周围传播，应力波将会对传播介质产生应力扰动从而形成动载。在研究动载的作用时，通常引入纵波对岩石强度的影响。由此可得

$$q' = \rho g h \gamma = \rho g h \frac{(1 + \mu)(1 - 2\mu)}{1 - \mu} C_p \nu_{pp} \alpha \tag{3-96}$$

式中，ν_{pp} 为砂岩的纵波频率，此处仅为影响因子，作为单位处理，取值 2.4；C_p 根据弹

性波理论有 $C_P = [(\lambda + 2G)/\rho]^{1/2}$；$\alpha$ 为纵波衰减系数，随岩层悬露空间增大，其裂隙不断增多，传播频率降低。

将式（3-96）代入式（3-94）中，可以得到考虑轴9槽煤层开采扰动的情况下，轴10槽煤层工作面发生冲击地压的临界顶板力速率为

$$v' > \frac{9AH^2 E\varepsilon_c hq'}{2B^2 m\sigma_c - 6AH^2 mk_R\varepsilon_c} - \frac{n}{m} \tag{3-97}$$

轴10槽煤层受轴9槽煤层的开采扰动影响，处于高应力集中区的煤岩体裂隙较多，综合考虑后其纵波衰减系数取值为0.03。将其代入式（3-97）中可以得到轴9槽煤层扰动后轴10槽煤层顶板的临界力加载速率为

$$v' > 0.021 \text{ MPa/s} \tag{3-98}$$

结合第3.3.2.1节的分析，可以得知，当工作面处于下部边界时，此时轴9槽煤层开采对上覆岩层及轴10槽煤层的影响区域为68 m。在这个区域中，轴10槽煤层的煤岩体受到高扰动应力的影响，顶板破坏较严重，所以纵波衰减较大，传播频率降低幅度大。因此在此区域内，纵波衰减系数取0.03。而此时轴10槽煤层的顶板力加载速率应当控制在0.02 MPa/s以内。同理，当工作面处于上部边界时，此时轴9槽煤层对上覆岩层及轴10槽煤层的影响长度为118 m。在此区域内，纵波衰减系数取0.03。而此时轴10槽煤层的顶板力加载速率应当控制在0.02 MPa/s以内。

而处于此区域以外的工作面，其纵波衰减系数需要视顶板岩石及围岩的破坏情况进行取值。而顶板的力加载速率（工作面的回采速率）也要根据顶板及围岩破坏情况进行控制。

4 巨厚砾岩和褶曲控制下多工作面 开采全时空扰动规律模拟研究

第3章从力学角度得出了巨厚砾岩和褶曲控制条件下多工作面开采互扰的过程，其构建的结构单元物理模型是对实际岩层一定程度简化后的结果，与实际煤系地层存在一定的出入。不仅如此，力学模型立足的基本结构为覆岩垮落后的结果，未将两工作面开采扰动作为邻面互扰的考量因素。因此，为了验证理论的有效性，同时对结构中的空间与时间条件进一步拓展，弄清多工作面全时空开采条件下的互扰过程，本章对义马矿区单一煤层相邻工作面开采和大安山煤矿多煤层多工作面开采互扰过程分别展开相似模拟和数值模拟研究。

4.1 巨厚砾岩控制下相邻工作面开采时空互扰规律研究

4.1.1 相似模拟方案设计

4.1.1.1 试验装置

相似模拟试验的模型架采用河南理工大学能源学院自制的采矿工程平面应力相似模拟试验装置。该试验装置由模型框架、约束侧板、压力加载装置等组成，最大模型块体尺寸为 4 m×0.3 m×2 m（长×宽×高），配置 13 个均匀布置的压力加载装置，使用静态伺服液压控制系统，可实现模型垂向加载和侧向约束。模型上部可长期稳定垂向加载 0~0.2 MPa 恒压以补偿上覆岩层重量。该模型适用于不同深度、小比例采场上覆岩层运移规律、矿压变化、顶板垮落变形、地表沉陷和巷道围岩变形等相关工程采掘过程的应力和变形试验研究。该试验装置如图 4-1 所示。

4.1.1.2 相似模拟比例设置

1. 长度相似比

经统计，义马矿区工作面走向平均长度为 900~1000 m，开采过程中留设不同类型的煤柱宽度为 50~300 m。由于两相邻工作面走向长度及两面中间煤柱之和过大，受限于相似模拟试验台长度条件，对于真实现场尺寸较难还原，但适当缩小现场尺寸且设置合理的开采步骤亦可得到义马矿区巨厚砾岩控制条件下低位覆岩垮落特征、高位岩层联动特征及其对下方工作面应力扰动的特征。模型尺寸设计过程中充分考虑以下因素：①若边界煤柱和中间煤柱越大，稳定性越高，但其过大的尺寸导致工作面尺寸受压缩；②若煤柱尺寸过小，煤柱强度降低，开挖过程中煤柱易

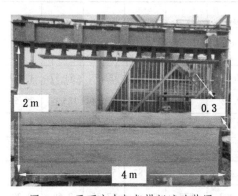

图 4-1 平面应力相似模拟试验装置

受压破坏从而导致相似模型整体垮塌。在充分考虑对于联动及扰动特征还原程度和试验顺利开展的前提下，最终确定相似模拟试验的长度相似比例为

$$a_L = \frac{L_m}{L_p} = 1 : 400$$

式中　L_m——模型尺寸；

　　　L_p——原型尺寸。

其中，缩小的现场尺寸为：两工作面走向长度分别为 800 m 和 500 m，中间煤柱宽度为 100 m，与现场原型中工作面的实际推进长度和煤柱宽度较为接近。模型整体铺装尺寸为 4 m×0.3 m×1.72 m(长×宽×高)，两边界和中间煤柱留设长度为 25 cm，两工作面长度分别为 200 cm 和 125 cm。

2. 其他力学参数相似系数

(1) 容重相似比：通常而言现场岩层容重约为 $2.5×10^4$ N/m^3，经测定相似模型材料的容重为 $1.5×10^4$ N/m^3，则容重相似比为

$$a_r = \frac{\gamma_m}{\gamma_p} = 0.6$$

式中　γ_m——模型容重；

　　　γ_p——原型容重。

(2) 强度相似比：

$$a_\sigma = \frac{\sigma_m}{\sigma_p} = \frac{\gamma_m \times L_m}{\gamma_p \times L_p} = a_r \times a_L = 0.0015$$

(3) 弹性模量相似比：

$$a_E = a_r \times a_L = 0.0015$$

3. 相似材料配比

模型以跃进煤矿和常村煤矿深部交界区域实际地层情况为原型进行铺设，煤岩层参数依据跃进煤矿 2004 号钻孔柱状进行选取，在模型中对煤岩层进行一定的简化。模型主要由 24 层煤岩层组成，各岩层物理力学参数及相似材料配比见表 4-1。

表 4-1　工作面煤层和各岩层相似材料配比

序号	岩层	厚度/m	模拟厚度/cm	抗压强度/MPa	模拟抗压强度/kPa	视密度/(g·cm^{-3})	材料配比号	总重/kg	细沙/kg	碳酸钙/kg	石膏/kg
24	砂砾岩	23.94	6	38.89	58.335	2.67	682	608.76	521.79	69.57	17.39
23	上位巨厚砾岩	260.16	65	57.03	85.545	2.72	773	2121.60	1856.40	185.64	79.56
22	下位巨厚砾岩	173.44	43	57.03	85.545	2.72	773	1403.52	1228.08	122.81	52.64
21	粉砂岩	16.8	4.2	38.89	58.335	2.67	682	134.57	115.34	15.38	3.84
20	粗砾岩	8.07	2	26.95	40.425	2.493	873	59.83	53.18	4.65	1.99
19	粗砾岩	13.33	3.3	26.95	40.425	2.493	873	98.72	87.75	7.68	3.30

表4-1（续）

序号	岩层	厚度/m	模拟厚度/cm	抗压强度/MPa	模拟抗压强度/kPa	视密度/$(g \cdot cm^{-3})$	材料配比号	总重/kg	细沙/kg	碳酸钙/kg	石膏/kg
18	粉砂岩	22.2	5	38.89	58.335	2.67	682	160.2	137.31	18.31	4.58
17	细粒砂岩	12.8	3.2	61.28	91.92	2.5	473	96.00	76.80	13.44	5.76
16	粗砾岩	11.2	2.8	26.95	40.425	2.493	873	83.76	74.45	6.51	2.79
15	细粒砂岩	4.8	1.2	61.28	91.92	2.5	473	36.00	28.80	5.04	2.16
14	粗砾岩	19.8	5	26.95	40.425	2.493	873	149.58	132.96	11.63	4.99
13	细粒砂岩	7.25	1.8	38.89	58.335	2.67	682	57.67	49.43	6.59	1.65
12	粉砂岩	6.55	1.5	38.89	58.335	2.67	682	48.06	41.19	5.49	1.37
11	粗砾岩	5.9	1.5	26.95	40.425	2.493	873	44.87	39.88	3.49	1.50
10	粗砾岩	8.7	2.1	26.95	40.425	2.493	873	62.82	55.84	4.89	2.09
9	砂岩	6.5	1.6	38.89	58.335	2.67	682	51.264	43.94	5.96	1.46
8	粗砾岩	8	2	26.95	40.425	2.493	873	59.83	53.18	4.65	1.99
7	粗砾岩	5	1	26.95	40.425	2.493	873	29.92	26.60	2.33	1.00
6	砂岩	5.7	1.4	38.89	58.335	2.67	682	44.86	38.45	5.12	1.28
5	砾岩	24	6	26.95	40.425	2.493	873	179.50	159.56	13.96	5.98
4	泥岩	28	7	14.8	22.2	2.41	982	202.44	182.20	16.20	4.05
3	2-1煤	24	6	13.08	19.62	1.36	782	97.92	85.68	9.79	2.45
2	泥、黏土岩互层	30.04	7.5	14.9	22.35	2.405	982	216.45	194.81	17.32	4.33
1	细砂岩	11.65	2.9	38.89	58.335	2.67	682	92.916	79.64	10.62	2.65

4.1.1.3　模型铺设及监测布置

1. 模型铺设过程

相似模拟试验材料包括细沙、碳酸钙和石膏，按表4-1确定的配比来模拟岩层。首先对试验材料进行称重，按照配比称好一定质量的试验材料倒入搅拌机，加入适量水并搅拌均匀，水中预先加入适量硼砂，保证对模型的缓凝作用。搭建模型时，为了保证低位岩层垮落和高位岩层联动效果，每层岩层均匀铺设并充分压实，采用云母片作为岩层与岩层之间的层理，制作完成后在模型前后表面加挡板并干燥1周，随后逐渐拆除两侧护板，直至干燥至达到试验要求。

2. 监测布置

1）监测仪器简介

采场巨厚砾岩联动特征的监测设备包括近景工业摄影测量系统、应变测试系统和全信息声发射测试分析系统。

（1）近景工业摄影测量系统。近景工业摄影测量系统（以下简称 XJTUDP 系统）是以透视几何理论为基础，利用拍摄的图片，采用前方交会方法计算三维空间中被测物体几何参数的一种测量手段。其测量原理是观测者使用摄影设备从不同的观察角度对被测物体进行拍摄，测量软件通过拍摄图片和点法线计算出离散目标点的三维坐标。该系统由标记设备（编码点和非编码点）、摄影设备（单反相机）和计算机软件组成，如图 4-2 所示。

图 4-2　XJTUDP 系统

（2）应变测试系统。该系统由程控静态电阻应变仪（以下简称 XL2101C）和压力计组成。XL2101C 是一款采用高精度 24 位 A/D 转换器和高性能 ARM 处理器等技术手段的应变测量仪器，其采用现代应变测试中常用的自动桥路平衡方法，可组成 1/4 桥、半桥和全桥，能够实现各种力学试验中各测点应力变化的实时观测。压力计体积小，重量轻，方便布设。XL2101C 和压力计如图 4-3 所示。

(a) XL2101C　　　　　　　　　　　　　(b) 压力计

图 4-3　应变测试系统

（3）全信息声发射测试分析系统。全信息声发射测试分析系统由声发射仪（以下简称 DS5）、放大器、探头和声发射分析软件组成，如图 4-4 所示。DS5 能够实现全波形采集，所有通道可以连续存储数小时的波形数据，连续数据通过率为 65.5 MB/s，波形数据通过率为 48 MB/s，共 8 个通道。

2）测点布置

（1）XJTUDP 系统。在模型表面布置测点，测点自粘贴于模型外表面，后使用图钉固

图 4-4 全信息声发射测试分析系统

定。模型外表面自上而下共布置 10 条测线，测线编号分别为 1～10，第 1 层测线位于砂砾岩层与上位巨厚砾岩交界处，第 2 层和第 3 层测线位于上位巨厚砾岩层表面，第 4 层位于上位巨厚砾岩和下位巨厚砾岩交界处，第 5 层位于下位巨厚砾岩中部，第 6 层位于下位巨厚砾岩与砂岩砾岩互层交界处，第 7～10 层测线位于下方砂砾互层内；1～6 层测线 Z 方向间距均为 20 cm，6～10 层测线 Z 方向间距均为 10 cm。每条测线布置 20 个测点，最左侧测点和最右侧测点距离试验模型架左边界和右边界均为 10 cm，测点 X 方向水平间距均为 20 cm。

（2）应变测试系统。在煤层底板共布置 23 个压力计，压力计受压面向上，水平放置于模型底板内部，上方岩层均匀铺设，保证其受压均匀。压力盒从右向左分别编号为 1～23，其中 1～3 号位于右侧边界煤柱下方，1 号距离右侧边界 5 cm，1～4 号相邻两压力计间距均为 10 cm；4～20 号位于两工作面和中间煤柱下方，相邻两压力计间距为 20 cm；21～23 号位于左侧边界煤柱下方，23 号距离左侧边界 5 cm，21～23 号相邻两压力盒间距均为 10 cm。

（3）全信息声发射测试分析系统。在模型前后表面共布置 8 个探头，均布置于上位巨厚砾岩层外表面，编号为 1～8 号。其中，1～4 号探头位于左侧工作面上方，5～8 号探头位于右侧工作面上方；1 号、2 号、5 号和 6 号探头位于模型前表面，3 号、4 号、7 号和 8 号探头位于模型后表面。为了避免探头在空间 3 个方向上的规则布置而出现较大的定位误差情况，应尽可能保证探头在不同方向上存在一定的错距。由于探头布设表面能够较好地接收岩层破断和运动产生的振动波，探头布置时在垂直于模型表面的 Y 方向上无错距，在 X 和 Z 方向上，1 号和 3 号、2 号和 4 号、5 号和 7 号、6 号和 8 号探头水平错距分别为 40 cm、40 cm、25 cm、25 cm；垂直错距均为 24 cm。

相似模拟试验监测仪器布置如图 4-5 所示。

3）监测步骤

试验过程中，为了便于后期试验数据的分析与整理，同时在考虑试验仪器性能的基础上，设置如下监测步骤：

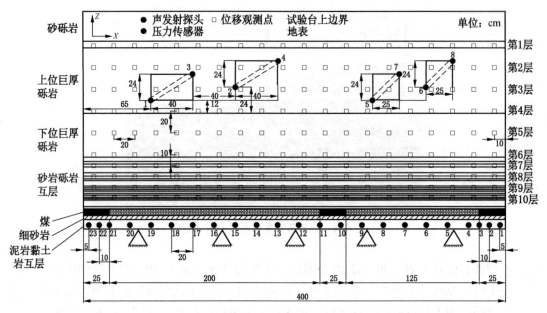

图4-5 相似模拟试验监测仪器布置示意图

（1）试验未开始前，开启应变仪，监测频率设为1 s/次，采集整个试验过程中的微应变数据。

（2）约定开挖时间，并做好相关试验记录，按照约定时间，开挖的同时开启声发射装置，声发射采样率设为3 MHz，硬件模拟滤波器设置为直通。每次开挖完毕，保持声发射仪开启状态，继续监测直至无声发射事件。

（3）模型静置一段时间，待模型沉降稳定后，使用XJTUDP系统的数码相机拍摄模型表面，最终解算出标记点位移。

4.1.1.4 开挖设置

在尽可能保证模拟试验与现场条件相似性还原的基础上，同时研究重点聚焦于采场上覆岩层结构及巨厚砾岩的联合运动规律，因此未细致考虑综放开采采煤工艺特征，开挖过程使用一次开挖整层煤的方法进行煤层开采。

现场两工作面开切眼均位于中间煤柱，回采方向为相背方向，因此左侧工作面开挖方向为从右向左，右侧工作面开挖方向为从左向右。为了保证开挖时具备一定的研究性质，将回采步骤设置为：左侧工作面率先开挖120 cm，此后两工作面交替开挖或同时开挖直至右侧开挖75 cm，最后右侧继续开挖剩余的50 cm，直至开挖至模型边界处结束。由于几何相似比过大，模型开挖步距难以与现场实际进尺保持一致，为了实现开挖的可操作性，同时充分确保开挖活动对于高位岩层的扰动，将相似模型的开挖步距适当放大。先采工作面率先回采期间、两面同时回采前中期以及后采工作面最后回采后期的开挖步距设置为5 cm，模拟实际煤层开采步距20 m；大约2小时开挖一个步距；两面同时回采后期和右侧工作面最后回采初期的开挖步距设置为10 cm，模拟实际煤层开采步距40 m，大约4小时开挖一个步距。

综上所述，具体开挖步骤设置见表4-2，试验开始至结束共分为3个时期，包括48个开挖步骤。其中，步骤1~24为左侧工作面率先回采时期，步骤25~40为两工作面同时回采时期，步骤41~47为右侧工作面最后回采时期。此外，模型全部开挖完毕静置1天并测量沉降变化，编号为48步。开挖过程使用锯条作为开挖工具，同一工作面每次开挖保证匀速，且两工作面同时开挖时，开挖速度保持一致，模型开挖过程和最终两工作面分时期的开挖范围如图4-6和图4-7所示。

表4-2 开挖设置

步骤	拍照时期	先采工作面/cm	后采工作面/cm	开挖方式	时期划分	步骤	拍照时期	先采工作面/cm	后采工作面/cm	开挖方式	时期划分
1	1	5	0			25	24	120	5	开挖后采工作面	
2	2	10	0			26	25	120	10		
3	3	15	0			27	26	125	10	开挖先采工作面	
4	4	20	0			28	27	130	10		
5	5	25	0			29	28	135	15		
6	6	30	0			30	29	140	20		
7	7	35	0			31	30	145	25		
8	8	40	0			32	31	150	30	两面同挖	两面同时回采时期
9	9	45	0			33	32	155	35		
10		50	0			34	33	160	40		
11	10	55	0			35		165	45		
12	11	60	0	开挖先采工作面	先采工作面率先回采时期	36	34	170	45	开挖先采工作面	
13	12	65	0			37	35	175	45		
14	13	70	0			38		185	55		
15	14	75	0			39	36	195	65	两面同挖	
16	15	80	0			40	37	200	75		
17	16	85	0			41		200	85		
18	17	90	0			42	38	200	95		
19	18	95	0			43		200	105		后采工作面最后回采时期
20	19	100	0			44	39	200	110	开挖后采工作面	
21	20	105	0			45		200	115		
22	21	110	0			46		200	120		
23	22	115	0			47	40	200	125		
24	23	120	0			48	41	200	125	无	静置

图 4-6　开挖过程

图 4-7　分时期的开挖范围示意图

4.1.2　巨厚砾岩全空间联动规律

4.1.2.1　覆岩空间结构演化规律

1. 覆岩破断特征

1）先采工作面率先回采时期

先采工作面率先回采时期（1~24 步），上覆岩层的破坏和空间形态如图 4-8 所示。由图 4-8 可知，当先采工作面回采至 30 cm 时，直接顶泥岩与上覆岩层之间出现离层。开采至 35 cm 时，模型内部的直接顶泥岩垮落，而靠近表面的外部直接顶离层进一步增大。回采至 40 cm 时，直接顶泥岩初次垮落。回采至 45 cm 时，直接顶泥岩发生周期性垮落。回采至 50 cm 时，随着直接顶垮落范围的不断增加，上覆砂砾互层薄层悬露面积不断增大，此时上覆 4.6 cm 砂砾互层突然垮落，形成规则排列的砌体梁结构。回采至 60 cm 时，垮落岩层继续向上方发育，上覆 6.4 cm 砂砾互层继续垮落，且从图 4-8d 可明显看出，垮落岩层与边界未断裂岩层间形成铰接结构。回采至 80 cm 和 100 cm 时，覆岩离层进一步向上方发育，砂砾互层断裂带前后方均形成铰接结构，断裂的砂砾互层与上方岩层离层量减小，裂隙形态逐渐由大离层的月牙形向"一"字形转变；同时，随着靠近下位巨厚砾岩的砂砾互层逐渐沉降，由开采导致岩层垮落的影响范围首次发育至下位巨厚砾岩，下位巨厚砾岩与砂砾互层之间开始出现轻微离层。当左侧工作面回采至 120 cm 时，砂砾互层与下位巨厚砾岩之间出现明显离层，当静置半小时后（图 4-8h），砂砾互层进一步发生弯曲变形沉降，导致离层量增大。

2）两面同时回采时期

该时期仅后采工作面回采时（25~28 步），后采工作面开挖长度均较小（10 cm），直接顶泥岩未垮落，先采工作面继续开挖 10 cm 后未发生明显垮落现象，覆岩空间形态与先采工作面开挖 120 cm（24 步）时近似，此处不再赘述岩层破断及覆岩形态特征。

（1）两面同时回采。两面同时回采时（29~35 步），上覆岩层的破坏和空间形态如图 4-9 所示。由图 4-9a 可知，先采工作面开挖 135 cm，后采工作面开挖 15 cm 后，左侧工作面直接顶泥岩发生周期性垮落，上方砂砾互层岩梁破断不明显，砂砾互层边界形成宏观断裂裂隙但未向上发育至上位砂砾互层，此时后采工作面直接顶泥岩仍未垮落。图 4-9b 中，先采工作面开挖 160 cm，后采工作面开挖 40 cm 后，后采工作面直接顶泥岩与上覆砂

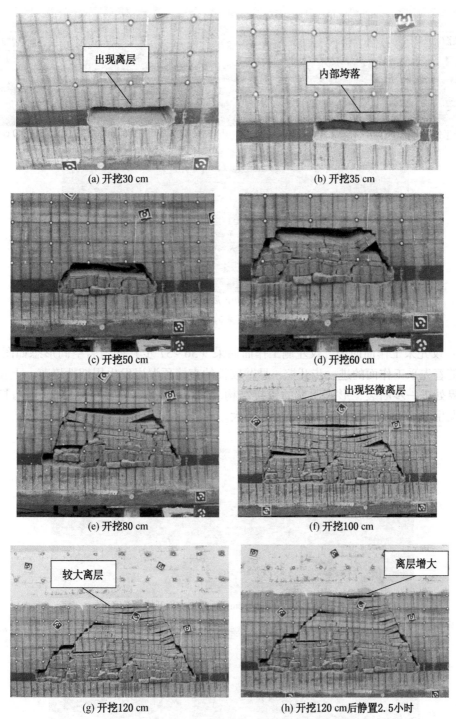

图 4-8　先采工作面率先回采时期岩层垮落特征

砾互层之间形成离层但未垮落，而先采工作面开挖 165 cm，后采工作面开挖 45 cm 时，后采工作面直接顶泥岩发生大范围初次垮落（图4-9c）。

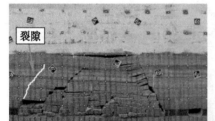
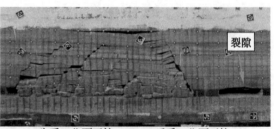

(a) 先采工作面开挖135 cm，后采工作面开挖15 cm　　(b) 先采工作面开挖160 cm，后采工作面开挖40 cm

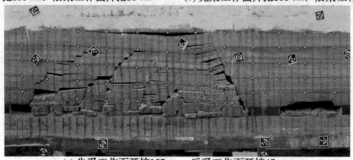

(c) 先采工作面开挖165 cm，后采工作面开挖45 cm

图4-9　两面同时回采时的岩层垮落状态

（2）仅先采工作面回采。仅左侧工作面回采（36~37步）的覆岩空间形态如图4-10所示，随着先采工作面的进一步开挖，悬臂较长的直接顶泥岩发生周期性垮落，上覆砂砾互层边界处进一步断裂，形成明显的铰接结构（图4-10a）。随后左侧继续开挖过程中，岩层未发生明显破断，覆岩空间形态变化不大。

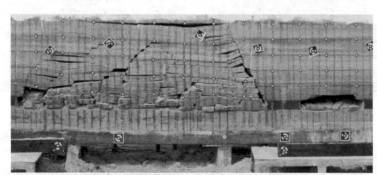

(a) 先采工作面开挖170 cm，后采工作面开挖45 cm

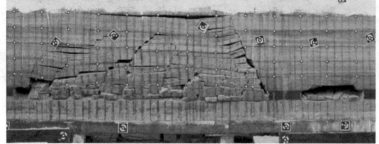

(b) 先采工作面开挖175 cm，后采工作面开挖45 cm

图4-10　仅先采工作面回采时的岩层垮落状态

（3）两面同时回采。两面再次同时回采（38～39 步）时覆岩空间形态如图 4-11 所示。由图 4-11a 可知，先采工作面开挖 185 cm，后采工作面开挖 55 cm 时，随着先采工作面采空长度的增大，直接顶泥岩和砂砾互层发生断裂与垮落；当先采工作面开挖 195 cm，后采工作面开挖 65 cm 时，先采工作面上覆砂砾互层首次大面积垮落，形成规则排列的砌体梁结构（图 4-11b）；此时先采工作面上覆砂砾互层周期性断裂，上覆巨厚砾岩悬露长度进一步增大，下位巨厚砾岩沉降作用使其中部附近达到抗拉强度后首次出现拉伸裂纹。但裂纹未贯通整层下位巨厚砾岩，同时下位巨厚砾岩靠近沉降影响的左侧边界处也出现拉伸裂纹。该裂纹与水平方向的夹角基本与垮落角保持一致。此外，下位巨厚砾岩与上位巨厚砾岩之间首次出现两条离层，下部离层长度较大而上部离层长度较小。先采工作面开挖至预设边界且后采工作面开挖至 75 cm 时（40 步），两工作面岩层未发生明显破断，覆岩空间形态变化不大，故不再给出岩层的垮落形态图示。

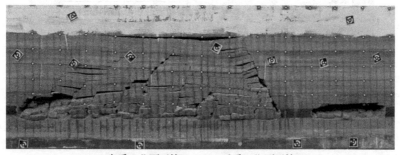

(a) 先采工作面开挖185 cm，后采工作面开挖55 cm

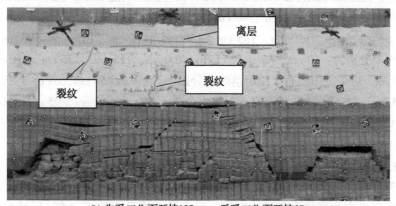

(b) 先采工作面开挖195 cm，后采工作面开挖65 cm

图 4-11 两面再次同时回采时的岩层垮落状态

3）后采工作面最后回采时期

后采工作面最后回采期间，覆岩明显破断发生于开挖 42 步和 44 步，上覆岩层的变形破坏及空间形态如图 4-12 所示，41、43、45～48 步岩层未发生明显破断，覆岩空间形态变化不大，因此不再给出。由图 4-12a 可知，先采工作面开挖 200 cm，后采工作面开挖 95 cm 时（42 步），后采工作面垮落岩层继续向上方发育，高位垮落的砂砾互层边界形成铰接结构，未垮落岩层与垮落岩层之间离层呈现出月牙形。先采工作面开挖 200 cm，后采工作面开挖110 cm 时（44步，图4-12b），后采工作面上覆砂砾互层发生大范围垮落，垮落范围首次发育至下位巨厚砾岩，砂砾互层与下位巨厚砾岩之间出现明显离层。

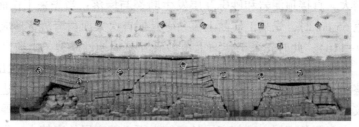

(a) 先采工作面开挖200 cm，后采工作面开挖95 cm

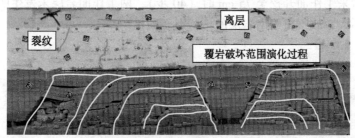

(b) 先采工作面开挖200 cm，后采工作面开挖110 cm

图4-12　后采工作面最后回采时期岩层垮落状态

综上所述，先采工作面开始回采至后采工作面停止回采过程中，先采工作面直接顶垮落时期对应的回采长度分别为：35 cm、40 cm、45 cm、50 cm、60 cm、70 cm、75 cm、85 cm、95 cm、100 cm、115 cm、120 cm、135 cm、150 cm、170 cm、185 cm、195 cm；基本顶砂砾互层垮落时期分别为：50 cm、60 cm、75 cm、100 cm、115 cm、135 cm、150 cm、170 cm、185 cm、195 cm。后采工作面直接顶垮落时期分别为：45 cm、55 cm、65 cm、85 cm、95 cm、110 cm、125 cm；基本顶砂砾互层垮落时期分别为：65 cm、85 cm、95 cm、110 cm（首次至巨厚砾岩）。顶板宏观大范围垮落后覆岩破坏范围演化过程如图4-12b 所示。

2. 覆岩空间结构演化过程

1）先采工作面率先回采时期

先采工作面率先开采120 cm 后，顶板垮落范围发育至下位巨厚砾岩，大面积悬露的下位巨厚砾岩已具有相当的下行运动空间，形成的一侧采空的半"T"形结构构成了联动发生的初始运动条件。同时下位巨厚砾岩与上位巨厚砾岩之间无离层，二者厚度较大，整体强度较高，在自重应力作用下可能发生大范围联动响应。

2）两面同时回采时期

该时期随着两工作面的回采，后采工作面顶板垮落范围逐渐增大，中间煤柱及其上覆未垮断岩层逐渐形成，非对称"T"形结构支点开始出现（图4-11b）；左侧工作面一侧巨厚砾岩悬露面积和离层量不断增加，而后采工作面一侧未悬露，悬露长度差异的增加表明"T"形结构的非对称程度逐渐增强，进一步增加了高位岩层联动发生的可能性。

3）后采工作面最后回采时期

为了清晰化联动效应发生的覆岩结构特征，将垮落与断裂的直接顶泥岩和砂砾互层清出模型，最终形成的覆岩空间结构形态如图4-13所示。由图4-13可知，随着后采工作面回采长度的增加，顶板垮落范围逐渐发育至下位巨厚砾岩，覆岩空间形成完整的非对称"T"形结构，下位和上位巨厚砾岩梁为"T"的"—"，中间煤柱及上覆未破断岩层为"T"的"丨"，对垮落后形成的垮落角测量可知，两工作面垮落角约为66°和64°。

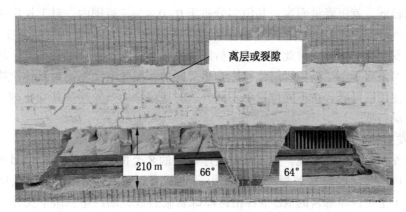

图4-13　两工作面回采结束后覆岩空间结构形态

4.1.2.2　下位巨厚砾岩联动特征

1. 先采工作面率先回采时期

1）测点沉降特征

先采工作面率先开挖后（1~24步），第6层测线沉降量如图4-14所示。其中图4-14a表示该时期先采工作面从0 cm至120 cm所有开挖进度下测点沉降情况。为了清晰化个别开挖进度下高位顶板沉降和联动特征，图4-14b给出了该阶段后期左侧回采75 cm、80 cm、95 cm、100 cm、115 cm、120 cm时测点沉降量变化情况。

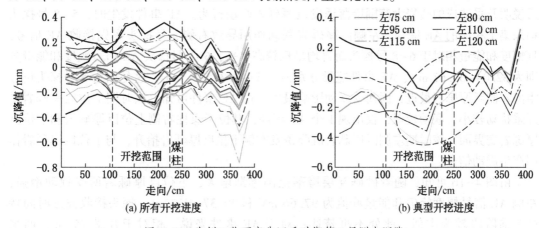

图4-14　左侧工作面率先回采时期第6层测点沉降

由图 4-14a 可知，仅开挖左侧工作面时，由于开挖 120 cm 时断裂岩层初次发育至下位巨厚砾岩且巨厚砾岩悬露长度较小，整体强度较高，整体上来看，该时期沉降量较小，无明显规律性变化，沉降量多在 ±0.4 mm 范围内波动。由图 4-14b 可知，当左侧工作面推进度由 115 cm 增至 120 cm 时，垮落岩层初次发育至下位巨厚砾岩，此时下位巨厚砾岩出现明显联动现象，即虚线圈范围内左侧下沉而右侧明显抬升。

需要说明的是，该时期第 6 层测点多个开挖进度下均存在地表下沉量为正值的现象，该时期由于左侧采空范围较小，且上下巨厚砾岩整体强度较高，因此开采活动对于高位岩层沉降影响较弱。就沉降量而言，其值多分布于 0~0.4 mm 范围内，对于长度 4 m 尺度的模型而言，沉降变化过小，可能由于在较高温度的影响下，相似模型材料发生膨胀变形，导致近地表发生微弱抬升，因此单一地分析沉降值大小意义不大。尽管如此，环境温度和材料属性等因素对于整层高位岩层位移影响是等同的，因此下文不再对具体沉降值展开详细分析，而使用巨厚砾岩在不同位置和不同开采时期位移的差异性及其变化规律来表征巨厚砾岩的联动特征。

2）声发射特征

对于声发射信号来源来说，位于上位巨厚砾岩的 8 个探头采集的 AE 信号可能由开挖煤体、顶板垮落和巨厚砾岩破裂或联动作用产生。因此，单一 AE 事件无法区分具体来源，但定位于上位巨厚砾岩的 AE 事件由巨厚砾岩破裂或运动产生，故下文不再详细分析 AE 参数变化规律，而着重说明上述定位事件空间位置及时间特征。

该时期先采工作面开采 75 cm 和 115 cm（开挖 15 步和 23 步）时，两侧声发射所有探头均监测到波形信号且上位巨厚砾岩存在 AE 事件，而其余时期仅先采工作面上方 1~4 号探头监测到 AE 信号，且无定位事件，因此与巨厚砾岩联动关系不大，不再分析。先采工作面回采 75 cm 和 115 cm 时，AE 事件幅度和能量随时间变化以及声发射定位如图 4-15 和图 4-16 所示。该时期回采完毕模型静置期间 AE 事件如图 4-17 所示。

由图 4-15 可知，先采工作面回采过程中低位砂砾互层发生大范围垮落，对左侧巨厚砾岩产生相当的扰动，上位巨厚砾岩的 AE 事件发生于 43 s，该时刻前 AE 信号幅度和能量出现峰值，达到 69.89 mV 和 69.67 mV·ms，峰值波形均为 2 号探头监测得到，时间先后说明开采造成的覆岩大范围垮落诱发巨厚砾岩联动行为。AE 事件发生时，5~8 号探头均采集了相应的 AE 信号，左侧巨厚砾岩联动作用导致右侧 5 号探头率先接收 AE 信号，且幅度和能量相对于 6~8 号探头而言均呈现较高水平，6~8 号探头 AE 信号幅度和能量分别为 32.04~39.67 mV、AE 事件能量分别为 0.29~0.37 mV·ms，这是因为 5 号探头位置距离左侧巨厚砾岩最近，因而受联动影响最大。由 AE 事件可知，该时期上位巨厚砾岩受开采扰动较小，联动较弱，仅出现 1 个 AE 事件，其位于煤柱右侧上位巨厚砾岩和下位巨厚砾岩交界面，该时期左侧巨厚砾岩沉降诱发右侧下位巨厚砾岩抬升，与上位巨厚砾岩作用产生震动信号。

由图 4-16 可知，随着砂砾互层垮落范围逐渐增大，下位巨厚砾岩所受扰动增强，左侧 AE 信号幅度峰值和能量峰值为 97.66 mV 和 20.37 mV·ms，探头接收波形时间特征与前阶段较为类似，此处不再赘述；对于 AE 事件来说，相对于开采 75 cm，回采115 cm 时 AE 事件位置距离中间煤柱更远，层位更高，说明此时联动强度更大，影响范

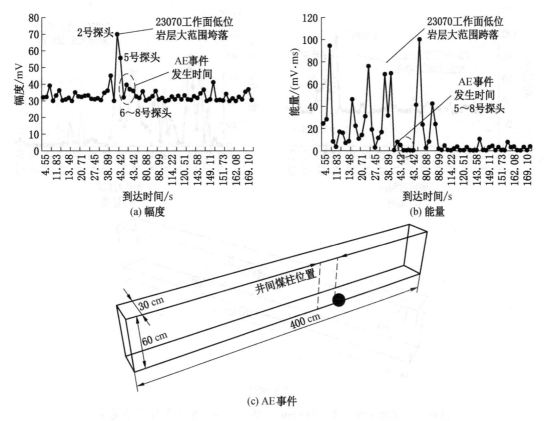

图 4-15 先采工作面回采 75 cm 时 AE 事件参数变化及 AE 事件定位

围更远。

由图 4-17 可知，先采工作面停止回采后，垮落岩层发育至下位巨厚砾岩，此时 AE 信号均由巨厚砾岩整体运动产生。左侧巨厚砾岩整体持续下沉，AE 事件较高；由于下位巨厚砾岩联动作用较明显，某一范围内右侧下位巨厚砾岩与上位巨厚砾岩作用，导致 AE 事件相对较低，且整体低于左侧。

2. 两面同时回采时期

1）测点沉降特征

该时期第 6 层测点沉降如图 4-18 所示，图 4-18a~图 4-18f 分别给出了 3 种不同开挖方式（右侧回采、左侧回采、同时回采）下的下位巨厚砾岩沉降变化情况。

该时期内仅后采工作面回采时（图 4-18a），巨厚砾岩联动作用导致其发生轻微"回转"现象。当后采工作面从 0 推进至 5 cm 时，右侧圈内出现明显的下沉现象；当后采工作面从 5 cm 推进至 10 cm 时，左侧圈内出现明显的抬升现象。

该时期两面同采时（图 4-18b~图 4-18d），左侧采空长度大于右侧，开采扰动下仍可能发生联动效应，见图 4-18b 的 29~31 步，图 4-18c 的 32~33 步，图 4-18d 的 39~40 步。

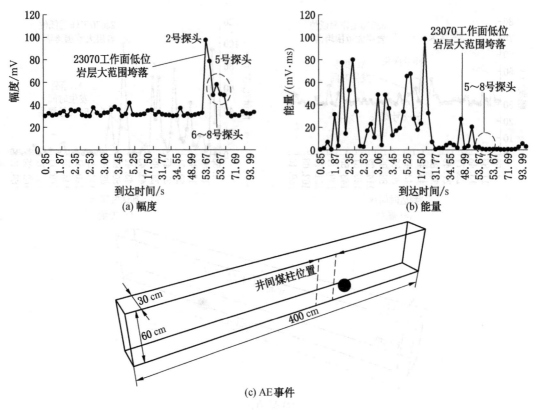

图 4-16　先采工作面回采 115 cm 时 AE 事件参数变化及 AE 事件定位

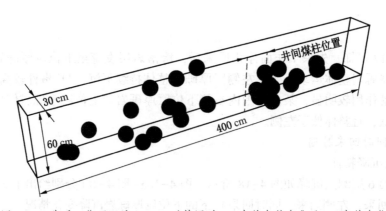

图 4-17　先采工作面回采 115 cm 后静置时 AE 事件参数变化及 AE 事件定位

　　仅先采工作面回采时（图 4-18e 和图 4-18f），左侧开采范围继续扩大，"T"形结构非对称性增强，联动效应更加明显，左侧圈内出现明显下沉而右侧圈内出现明显抬升。

　　2）声发射特征

　　（1）仅后采工作面回采。该时期仅开挖后采工作面时，AE 信号幅度、能量随时间变化以及 AE 事件定位如图 4-19 所示。由图 4-19 可知，该时期后采工作面直接顶未垮落，

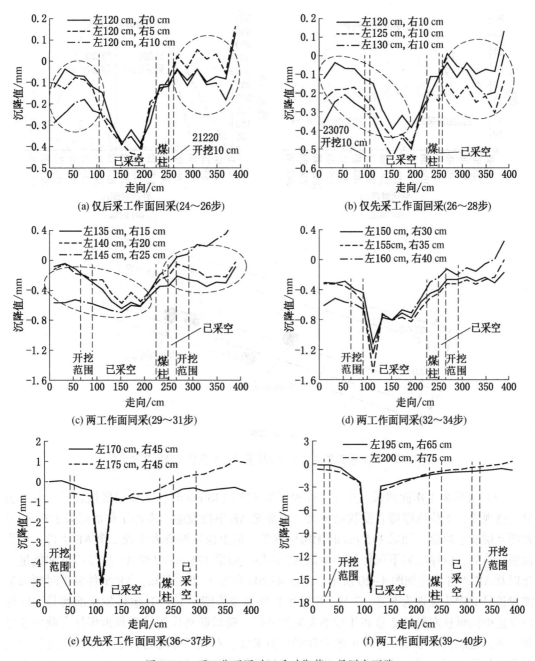

图4-18　两工作面同时回采时期第6层测点沉降

AE信号高幅度与高能量事件由开采活动产生，该时期3次AE事件发生时刻为10 s、79 s和223.6 s，发生之前AE信号幅度和能量均出现峰值，时间先后特征说明剧烈开采扰动诱发了非平衡态的巨厚砾岩活化，从而使其产生联动行为。由AE事件定位可知，右侧定位事件较低而左侧事件较高，结合图4-19a，认为右侧巨厚砾岩回转下沉产生层位较低的AE事件。

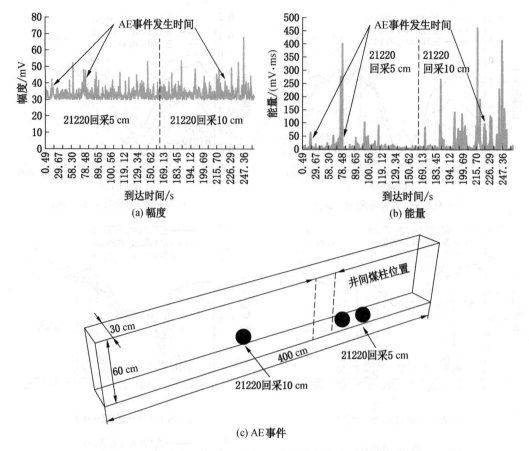

图 4-19　仅后采工作面回采时 AE 事件参数变化及 AE 事件定位

（2）仅先采工作面回采。先采工作面回采 125~130 cm 时，工作面低位岩层未发生明显垮落现象，上位巨厚砾岩受扰动不大，内部无 AE 事件发生。左侧工作面回采 170 cm 时砂砾互层发生垮落，回采 175 cm 时无垮落现象，但上位巨厚砾岩出现 2 个 AE 事件，认为顶板垮落后，巨厚砾岩下沉作用产生该 AE 事件。回采 175 cm 时期 AE 信号幅度和能量变化以及 AE 事件定位如图 4-20 所示。由图 4-20a 和图 4-20b 可知，AE 事件发生时刻采集波形信号的探头分别为 5 号、7 号、6 号和 8 号（虚线圈示），AE 事件发生前均是巨厚砾岩靠近中间煤柱左侧的 2 号和 4 号率先采集波形，随后联动作用导致靠近煤柱右侧的 5 号和 7 号，最后为 6 号和 8 号。由幅度和能量值来看，左侧巨厚砾岩初始运动产生波形的幅度和能量均较高，联动诱发右侧砾岩产生波形的幅度和能量较低。由图 4-20c 可知，上位巨厚砾岩左侧 AE 事件低于右侧，这与该时期左沉右升的运动趋势保持一致。

（3）两面同时回采。先采工作面和后采工作面回采长度由 135 cm 和 15 cm 分别增长至 165 cm 和 45 cm 时（开挖 29~35 步），AE 事件定位如图 4-21 所示。由图 4-21 可知，随着两侧采空范围逐渐增大，后采工作面回采对右侧砾岩影响增强，左侧砾岩 AE 事件逐渐升高而右侧砾岩逐渐降低，左右两侧 AE 事件距离上位巨厚砾岩下部边界的高度分别为 5 cm、15 cm、18 cm 和 44 cm、35 cm、2 cm，尤其开挖 35 步时后采工作面直接顶发生初

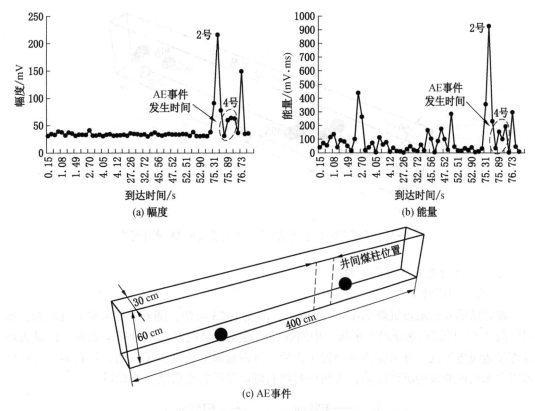

图 4-20　开挖 37 步时 AE 事件参数变化及 AE 事件定位

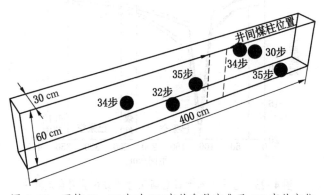

图 4-21　开挖 29~35 步时 AE 事件参数变化及 AE 事件定位

次垮落,导致右侧 AE 事件降幅较大。左侧和右侧回采长度由 185 cm 和 55 cm 分别增长至 200 cm 和 75 cm 时(开挖 38~40 步),AE 事件定位如图 4-22 所示。图 4-22 中,上位巨厚砾岩左侧事件高度降低而右侧升高,左右两侧 AE 事件高度分别为 25 cm、9 cm、3 cm 和 2 cm、18 cm、30 cm、40 cm。同时,由于两面回采进度为 195 cm 和 65 cm 时,左侧工作面下位巨厚砾岩中部出现拉伸裂纹,且两层巨厚砾岩之间出现离层,故上位巨厚砾岩左侧 AE 事件多集中于中部附近。

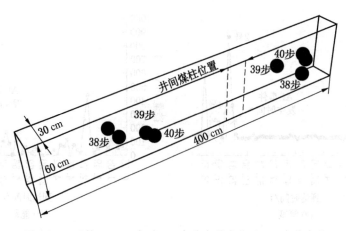

图 4-22 开挖 38~40 步时 AE 事件参数变化及 AE 事件定位

3. 后采工作面最后回采时期

1）测点沉降特征

该时期第 6 层测点沉降如图 4-23 所示。由图 4-23 可知，随着右侧采空长度增加，覆岩空间 "T" 形结构逐渐趋于平衡，中间煤柱附近无明显的右沉左升联动现象，而是表现为逐步地缓慢下沉。开采完毕并静置 1 天后，虽左侧采空长度多于右侧，但右侧下位巨厚砾岩中部出现明显的沉降凹陷，说明该时期右侧巨厚砾岩受联动影响较弱。

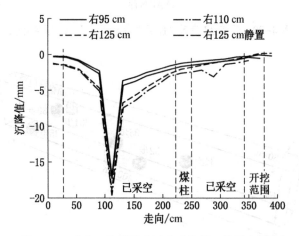

图 4-23 后采工作面最后回采时期第 6 层测点沉降

2）声发射特征

后采工作面回采长度由 75 cm 增长至 125 cm 时（开挖 41~47 步），AE 信号幅度和能量变化以及 AE 事件定位如图 4-24 所示。由图 4-24 可知，回采 42 步至 43 步时，右侧 AE 事件高度有上升趋势，4 个 AE 事件高度分别为 15 cm、15 cm、33 cm 和 39 cm；回采 43 步至 44 步时，左侧 AE 事件上升而右侧 AE 事件下降，左侧 AE 事件高度分别为 9 cm、24 cm、40 cm 和 41 cm，右侧 AE 事件高度分别为 39 cm、33 cm 和 4 cm，这与该时期上位巨厚砾岩运动趋势吻合。从 AE 事件分布范围来看（煤层走向），随着开采范围逐渐增大，巨厚砾岩大范围运动波及模型边界，在左右边界均有 AE 事件出现。

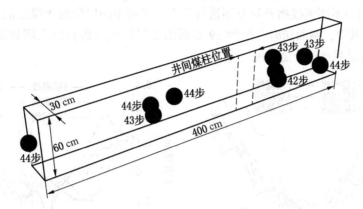

图 4-24　后采工作面最后回采时期 AE 事件参数变化及 AE 事件定位

4.1.2.3　不同层位巨厚砾岩联动特征

1. 不同层位砾岩联动程度对比

由前文可知，由于两侧采空长度的差异导致高位厚硬岩层有可能发生一侧沉降诱发另一侧抬升的联动效应，如先采工作面开挖后（开挖 27~28 步），第 1 层测线发生的明显撬动上升现象（图 4-25a）。某种程度上来说，若岩层抬升量越高，其对下方煤层垂直应力环境的影响则越大。为了对联动程度展开定量化分析，使用抬升量近似表征巨厚砾岩联动效应对煤体应力的影响，简化的沉降形态模型及抬升量计算方法如图 4-25b 所示。

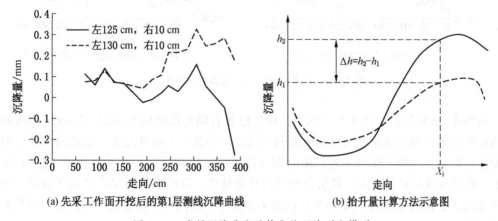

(a) 先采工作面开挖后的第1层测线沉降曲线　　(b) 抬升量计算方法示意图

图 4-25　岩层沉降曲线及简化的沉降形态模型

图 4-25b 中，工作面开采过程中巨厚砾岩的抬升量计算方法如下：

$$\Delta h = h_2 - h_1$$

式中，h_1 和 h_2 分别为同一测点 X_i 处在前一次开挖与后一次开挖后对应的下沉量；Δh 为正值时，表示开挖过程中高位岩层发生了抬升现象，反之则下沉。

经统计，先采工作面开挖（23~24步和27~28步）、后采工作面开挖（25~26步）和两面同时开挖过程中（39~40步），巨厚砾岩的各层测点均发生了明显的抬升现象。对上述4个分步时期的不同测线抬升量分别进行计算，得到不同层位对于煤层的扰动影响，如图4-26所示。其中，两面同时开挖的39步后第2层测点未解析出沉降数据，因此图4-26d中未列出该层测点抬升情况。

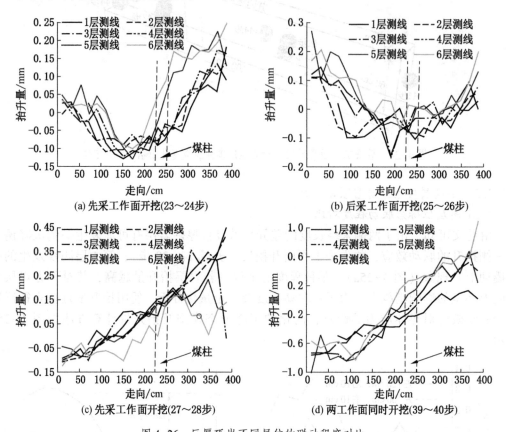

图4-26 巨厚砾岩不同层位的联动程度对比

由图4-26可知，上述5个时期中，在煤柱及右侧局部区域范围内，1~6层测线抬升量均存在正值，说明该范围内巨厚砾岩的不同层位均发生了抬升现象。就相同水平位置处的抬升量而言，左侧工作面率先回采时期（图4-26a）和两工作面同时回采末期（图4-26d），6层测线抬升量最大，且层位越高抬升量越少，说明下位巨厚砾岩对下方煤岩的影响程度高于上位巨厚砾岩。图4-26b和图4-26c中，相同水平位置处，不同层位的抬升量差别不大。

2. 巨厚砾岩联动的扰动范围

由前文分析可知，巨厚砾岩联动行为能够对滞后回采工作面高位顶板产生相当的扰动。为了深入研究左侧回采对右侧巨厚砾岩的扰动范围，对整个回采期间煤柱右侧高位岩层沉降情况展开详细分析，图4-27a~图4-27f分别为第1~6层测线的不同测点沉降变化。

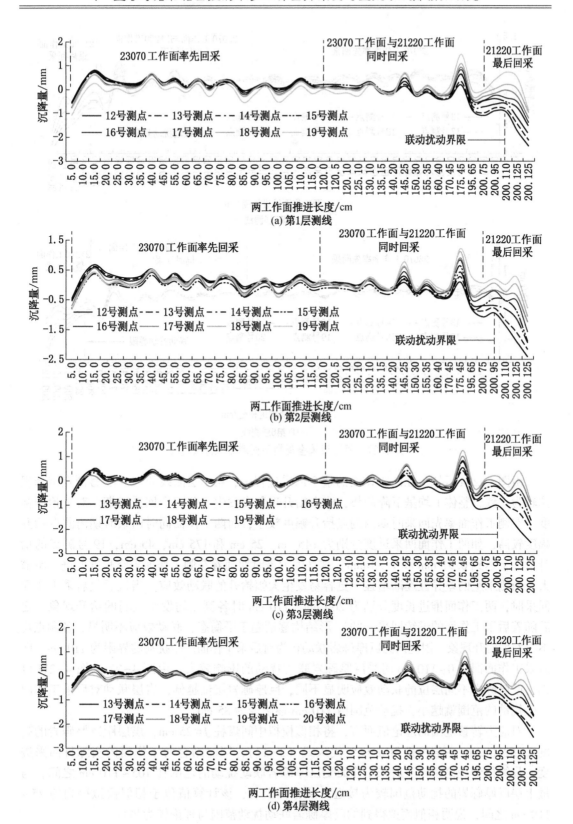

(a) 第1层测线

(b) 第2层测线

(c) 第3层测线

(d) 第4层测线

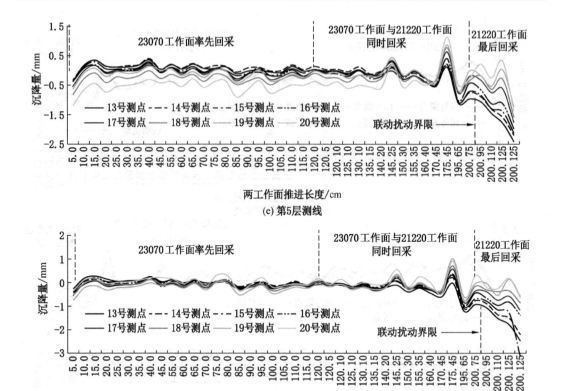

图 4-27　邻面回采全周期不同测线沉降量变化

由图 4-27a 可知，在两工作面的整个回采过程中，第 1 层测线的 12~19 号测点沉降规律较为一致，整体上均呈下降趋势；测点抬升现象多发生于前两个回采时期。对于抬升幅度，左侧工作面率先回采时期内测点抬升幅度较小，而两工作面同时回采时期内测点抬升幅度较高，如两工作面回采进度分别为 145 cm、25 cm 和 175 cm、45 cm，19 号测点的抬升量甚至达到 0.91 mm 和 1.33 mm。这是因为该时期随着左侧工作面采空长度的进一步增大，两侧采空的差异性逐渐增强，更容易发生大幅抬升的联动效应。当最后仅后采工作面回采时，两工作面推进长度分别为 200 cm、110 cm 时各测点均发生较弱的抬升现象。之后随着后采工作面的继续回采，"T"形结构逐渐趋于平衡态，联动效应不明显，各测点均不再发生抬升现象。因此认为巨厚砾岩联动行为对后采工作面产生扰动的界限为 110 cm，即后采工作面回采 0~110 cm 时受巨厚砾岩联动扰动的影响较大。由图 4-27b~图 4-27f 可知，巨厚砾岩不同层位的联动效应明显不同，巨厚砾岩层位越低，岩层联动对后采工作面产生扰动的范围就越小，扰动范围由 110 cm 逐渐变为 85 cm。

对应力转移范围的理论值而言，将相似模拟中间煤柱 $J=25$ cm，煤层距巨厚砾岩的高度 $h=52.6$ cm，覆岩垮落角 $\alpha=65°$ 代入式（3-17），同时结合两工作面的实际日回采进度，最终得到理论条件下后采工作面受巨厚砾岩联动扰动的范围在 105~110 cm 之间，与最上层巨厚砾岩的扰动范围较为接近。从整体上看，该计算值位于相似模拟得到的 75~110 cm 之间，说明相似模拟得到的巨厚砾岩联动扰动范围与理论较为吻合。

4.1.3　相邻工作面垂直应力互扰规律

4.1.3.1　先采工作面对后采工作面的扰动

1. 先采工作面率先回采时期

根据前文可知，该时期先采工作面上覆巨厚砾岩下沉作用对后采工作面高位岩层影响较大，因此该时期主要分析先采工作面不同回采进度下，后采工作面测点底板压力变化特征，如图 4-28 所示。图 4-28a～图 4-28f 分别为测点 1~6 的微应变变化。需要说明的是，微应变（$\mu\varepsilon$）与应力（σ）的关系为：$\sigma = \mu\varepsilon E \times 10^6$。对于某一测点而言，低位开采活动和岩层垮落直接影响某一时刻底板垂直应力值的大小，而巨厚砾岩层位高，整体运动时间长、范围广。本节旨在获取高位岩层联动对下方煤体垂直应力的扰动行为，因此下文着重

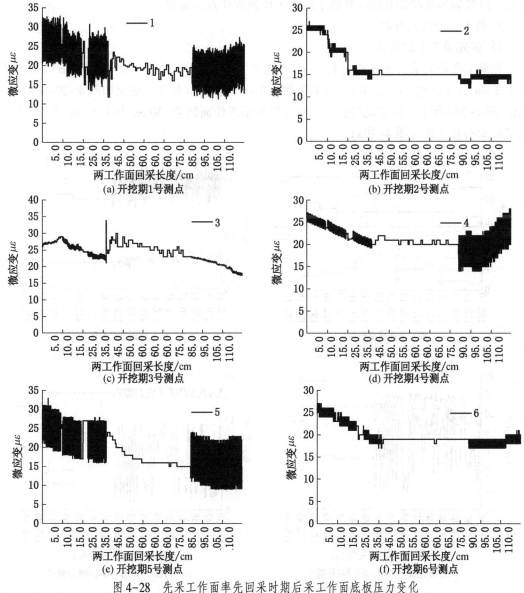

图 4-28　先采工作面率先回采时期后采工作面底板压力变化

分析回采时期内应力整体变化规律，不再详细说明某一时刻单一具体的应力值特征。此外，由上式可知，某测点垂直应力与其监测得到的微应变成正比关系，两物理量的变化趋势一致，因此下文使用微应变演化特征描述煤层底板垂直应力变化。

由图4-28a、图4-28c、图4-28e可知，在左侧工作面率先回采期间，由于该时期高位巨厚砾岩的联动作用，如先采工作面开采15 cm、40 cm、55 cm、65 cm、75 cm、95 cm和110 cm时，后采工作面巨厚砾岩发生了明显的抬升现象（图4-28a）。1号、3号和5号测点的垂直应力整体上变化趋势相似，均呈下降趋势，且在上述巨厚砾岩抬升时期均出现应力降低现象；2号、4号和6号测点垂直应力变化趋势近似，当先采工作面回采长度低于40 cm时，应力下降较明显，回采长度高于40 cm时，应力整体变化不大。上述现象表明，巨厚砾岩联动抬升运动降低了后采工作面煤体垂直应力。

2. 两面同时回采时期

1）仅先采工作面回采

先采工作面回采长度分别由120 cm增长至130 cm（开挖27~28步）和165 cm增长至175 cm时（开挖36~37步），后采工作面1~6号测点底板压力变化如图4-29a和图4-29b~图4-29d所示。需要说明的是，该时期先采工作面回采130 cm和175 cm时，砾岩发生了联动抬升现象（图4-29a）。

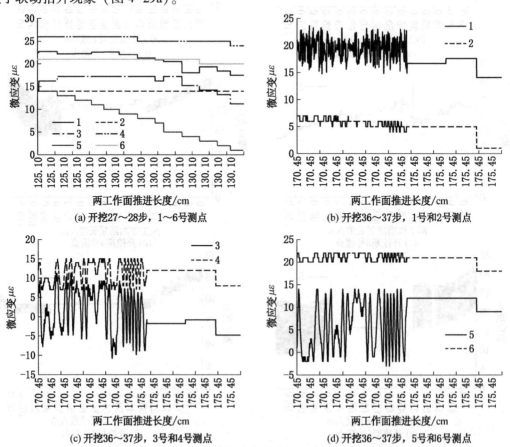

(a) 开挖27~28步，1~6号测点

(b) 开挖36~37步，1号和2号测点

(c) 开挖36~37步，3号和4号测点

(d) 开挖36~37步，5号和6号测点

图4-29　后采工作面底板压力变化

由图4-29a可知，先采工作面回采130 cm时，除2号测点外，1号、3号和5号测点垂直应力整体有降低趋势，4号和6号测点存在小幅度突降现象；由图4-29b~图4-29d可知，回采175 cm时，1~6号测点也均存在小幅度突降现象。上述现象同样表明，开采诱发的砾岩抬升弱化了后采工作面垂直应力。

2）两面同时回采

（1）开挖29~35步。先采工作面和后采工作面回采长度由135 cm和15 cm分别增长至165 cm和45 cm时（开挖29~35步），后采工作面未开采煤体底板压力变化如图4-30所示。

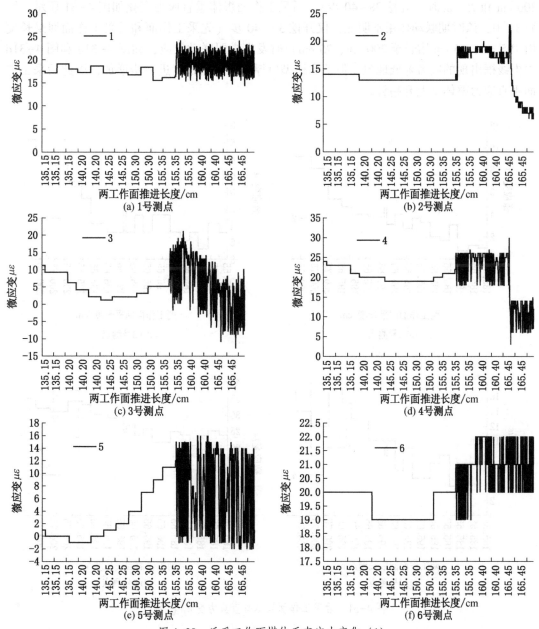

图4-30　后采工作面煤体垂直应力变化（1）

由图 4-30 可知，1~6 号测点变化规律较一致，即后采工作面压力升高与降低现象交替出现，这是因为随着先采工作面的回采，巨厚砾岩联动导致后采工作面垂直应力降低，然而后采工作面的回采使后采工作面巨厚砾岩悬露增加，其重量由两侧煤体和中间煤柱承担，整体上压力升高，因此压力交替升高降低。此外，该时期先采工作面回采 145 cm 时，1 号、3 号、4 号和 6 号测点垂直应力出现小幅降低现象，也说明了联动卸压的影响。

（2）开挖 38~40 步。先采工作面和后采工作面回采长度由 185 cm 和 55 cm 增长至 200 cm 和 75 cm 时（开挖 38~40 步），后采工作面煤体垂直应力变化如图 4-31 所示。图 4-31 中，该时期联动作用不明显，仅开挖 39~40 步（先采工作面和后采工作面回采长度由 195 cm、65 cm 增长至 200 cm、75 cm）时发生微弱联动效应，如图 4-31c 和图 4-31d 中虚线框出现的应力降低现象，但整个模型巨厚砾岩悬露长度进一步增加，因此后采工作面垂直应力整体呈上升趋势。

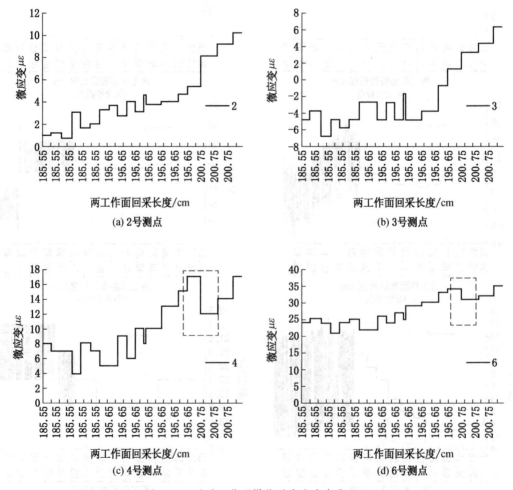

图 4-31 后采工作面煤体垂直应力变化（2）

4.1.3.2 后采工作面对先采工作面的扰动

1. 两工作面同时回采时期

1）仅后采工作面回采

后采工作面回采长度由 0 cm 增长至 10 cm 时（开挖 25~26 步），先采工作面未开挖煤体下方测点为 17~23 号，其底板压力变化如图 4-32 所示。由图 4-32 可知，先采工作面

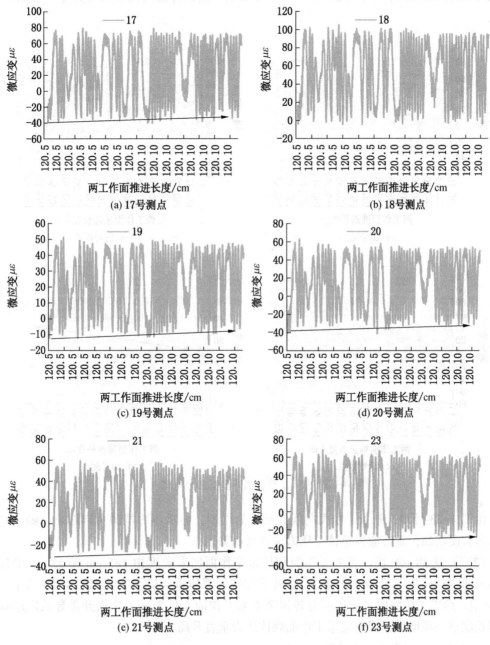

图 4-32 先采工作面底板压力变化

煤体所受垂直应力波动较大，从波动谷值来看，除了18号外的测点整体上存在较小幅度的增长现象，18号测点压力整体变化不大。由于该时期右侧回采长度较小，对上覆巨厚砾岩扰动不大，因此右侧开采导致应力转移至左侧的效应较弱。

2）两工作面同时回采

（1）开挖29~35步。先采工作面和后采工作面回采长度由135 cm和15 cm分别增长至165 cm和45 cm时（开挖29~35步），先采工作面未开采煤体底板压力变化如图4-33所示。

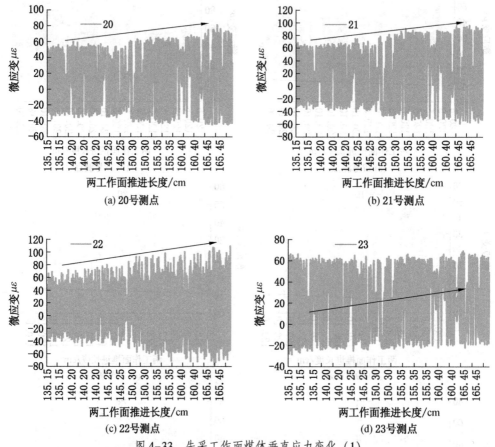

(a) 20号测点

(b) 21号测点

(c) 22号测点

(d) 23号测点

图4-33 先采工作面煤体垂直应力变化（1）

由图4-33可知，先采工作面曲线波动较为剧烈，但从压力峰值可以看出，随巨厚砾岩悬露长度增加，垂直应力整体上压力呈升高趋势。

（2）开挖38~40步。先采工作面和后采工作面回采长度由185 cm和55 cm增长至200 cm和75 cm时（开挖38~40步），先采工作面煤体垂直应力变化如图4-34所示。图4-34中，后采工作面回采导致应力转移至先采工作面，且先采工作面开采导致巨厚砾岩悬露长度进一步增加，因此先采工作面煤体压力垂直升高。

2. 后采工作面最后回采时期

后采工作面回采长度由75 cm增长至125 cm时（开挖41~47步），中间煤柱下方10~

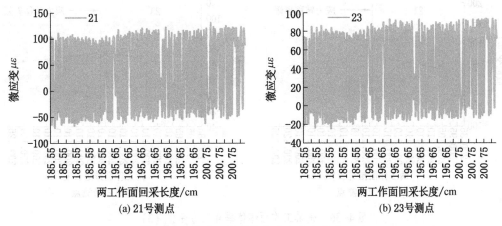

(a) 21号测点   (b) 23号测点

图 4-34 先采工作面煤体垂直应力变化 (2)

11 号测点和先采工作面未开采煤体下方 21~23 号测点的底板压力变化情况如图 4-35 和图 4-36 所示。当后采工作面回采长度小于 110 cm 时，应力转移至先采工作面而未转移至中间煤柱，如 10~11 号测点压力曲线无论是否出现波动，整体上均呈降低趋势；21~23 号测点压力波动较大，整体存在较小的升高趋势。当回采长度超过 110 cm 后，"T" 形结构向平衡态过渡，应力转移至中间煤柱而未转移至先采工作面，如 10~11 号测点波动较大的曲线和波动较小的曲线也均呈现上升趋势；21~23 号测点整体存在降低趋势。该应力转移对象的特征与理论分析结果保持一致。

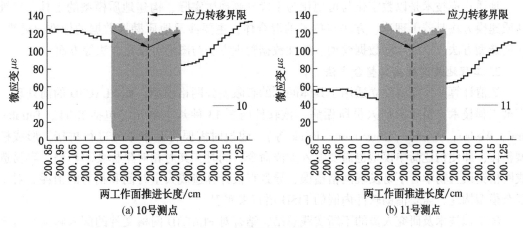

(a) 10号测点   (b) 11号测点

图 4-35 中间煤柱垂直应力变化

对应力转移范围来说，根据上述中间煤柱和先采工作面煤体垂直应力变化特征，认为先采工作面回采 200 cm 时，能够发生应力转移的后采工作面累计回采长度为 110 cm，即仅存在后采工作面回采且其回采长度小于 110 cm 时，有可能诱发先采工作面应力升高现象。对应力转移范围的理论值而言，将相似模拟中间煤柱 $J = 25$ cm，煤层距巨厚砾岩的高

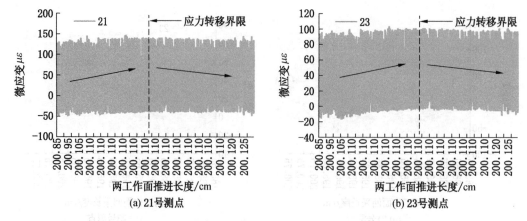

(a) 21号测点   (b) 23号测点

图 4-36　先采工作面煤体垂直应力变化 (3)

度 $h = 52.6$ cm，覆岩垮落角 $\alpha = 65°$ 代入式（3-17），同时结合两工作面的实际日回采进度，最终得到理论条件下后采工作面受巨厚砾岩扰动的临界距离在 105~110 cm 之间。这说明相似模拟得到的应力转移实测值与理论分析得到的值较为吻合。

4.2　褶曲控制下多工作面开采互扰规律研究

4.2.1　工程地质数值建模方法

4.2.1.1　工程地质建模方法概述

1. 工程地质建模体系

地质建模技术是以数字化与可视化为手段刻画地质实际、构建地质模型的工具，三维地质建模方法是若干理论、方法与技术的混合体，主要涉及地质勘探数据的标准化处理、几何造型方法、三维空间数据模型、属性数据管理方法与图形可视化方法等方面。

2. 工程地质建模接口整合方法

数值计算前，需要建立适用于具体问题的有限差分网格模型，而 FLAC3D 的前处理一直被工程技术人员和科研人员所诟病。该软件内置 13 种基本单元（包括 Brick，Tetrahedral，Wedge，Pyramid，Degenerate-Brick 等），建模时需要将基本单元进行拼接，形成模型整体，即使构建简单模型也需要输入大段命令；同时，其对相对坐标要求严格，容易造成网格错误且初学者不易发现网格错误，导致直接计算造成大量时间和精力的消耗。对于复杂模型构建，需要借助软件内嵌的 FISH 语言来实现。

经工程技术及研究人员的不断实践总结，结合对 FLAC3D 网格文件的深入解读并对比标准 CAE 网格文件数据类型，提出了基于 CAD、ANSYS 建模导入 FLAC3D 法、基于 Midas 建模导入 FLAC3D 法、基于 Abaqus 建模导入法等第三方建模导入方式，以解决复杂模型的建立难题。该过程需先将拟建模型的二维平面图在 CAD 中绘制完成，然后形成封闭面域，再由 ANSYS 打开，删除重复线段重新建立面域。通过 VDRAG、NA1、NA2 等命令将二维平面沿指定路径拖拽成体。对于复杂模型，可以在 ANSYS 中进行交集、并集、差集的运算。

为保证导入 FLAC3D 可以进行分组，需要在 ANSYS 中对每个个体定义单元属性（包括单元类型/实常数/材料属性），此时参数赋值，仅仅是为了可以在导入 FLAC3D 后形成目标分组。单元类型一般选择实体单元（solid 45 等），ANSYS 中每种单元类似于 FLAC3D 中的内置 13 种单元体，因此实体单元选择要考虑与 FLAC3D 单元节点总数和网格剖分方式；在选用实体单元时，需要查询 ANSYS 手册进行确定。实常数和材料属性可以任意赋值用以区分分组。

赋值完毕进行网格剖分工作，ANSYS 网格划分方式有三种，通过 MSHKEY、KEY 命令来实现，KEY 值可取 0、1、2。MSHKEY 中 0 代表自由网格划分（Free Meshing），只要满足单元定义和材料赋值按照 ANSYS 内置的网格剖分算法即可完成网格剖分，无单元形状限制也无固定模式，适用于复杂的面和体，但网格划分可能会存在畸形网格。MSHKEY 中 1 代表映射网格划分（Mapped Meshing），映射网格划分要求单元形状为四边形或三角形，体要求为六面体，适用于较为规则的面或体。网格剖分按照对边网格尺寸一致的原则进行（一般由 Leisize 命令来控制，也可采用 Kesize 和 Esize 来设定，但精度低于 Leisize）。MSHKEY 中 2 代表如果可能则采用映射网格划分，否则采用自由网格划分。此外，还可采用体扫略的方式进行网格划分。由于 ANSYS 的默认全局坐标系与 FLAC3D 的默认全局坐标系不一致，网格剖分后将模型进行旋转，运行 ANSYS 动态数组提取节点和单元命令，生成节点文本和单元文本。最终，在根目录中进行 ANSYS-TO-FLAC3D.exe 插件；FLAC3D 读入生成的 .flac3d 网格文件后，重新进行分组命名和赋予材料参数即可进行计算。ABAQUS 及 MIDAS 建模方式与 ANSYS 类似，但网格数据转换插件不同。

4.2.1.2　煤矿工程地质模型构建

1. 煤矿工程地质建模流程

地质数据来源很多，可靠程度不一，数据具有离散型分布不均匀性，建模时需要根据实际用途进行分析与处理，形成合理有效的信息源。以大安山煤矿为例，大安山煤矿三维地质模型数据来源主要为钻孔剖面图和采掘平面图等煤矿开采的工程图纸，以构建地质仿真模型，从而便于进行数值计算。由于大安山地区地质条件复杂，为了通过数值计算得到大安山煤矿多煤层开采的一般规律，结合已有矿区资料和三维建模理论体系，采用断面建模和线框建模相结合的办法，建立三维地质模型，具体流程如图 4-37 所示。

2. 模型三维轮廓建立

地质建模时，根据煤系地层的沉积状况，采场周围围岩地质赋存具有一定规律性可单独建模，而受地形地貌及冲刷影响，地表高程不一，需独立进行模型构建。

1）地表模型构建

地表模型的构建是三维地质模型建立的关键步骤，也是模型整体造型中比较重要的部分，地表模型构建应符合实际的地形地貌特征。

（1）地表模型构建时利用地表等高线数据，生成具有纵深方向的三角网格，然后利用软件内置的曲面布帘工具，对生成的三角网进行差分，形成平滑的四边形网格，建模时选取大安山煤矿第九勘探线和第十三勘探线之间的地形等高线，将地形等高线 .dxf 文件导入犀牛软件中，地形等高线可通过地质勘测资料获取，也可通过全球等高线生成网站（或

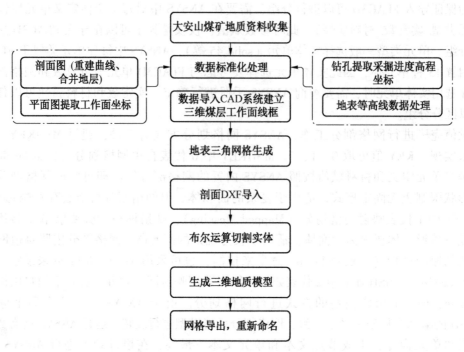

图 4-37　大安山煤矿三维地质模型建模流程

LSV 软件）下载（但精度相对较低），或通过其他 GIS 软件获取。通过曲线工具生成点物件，将等高线曲线进行分段，等高线处理时可以手动删去等高线中长度较短和拟建区域外部冗余部分，删除较短等高线的目的是保证生成地表面层模型时不产生奇异区域，少数数据的删除并不影响整个地表的造型。分段尺寸影响网格尺寸大小，分段时可以选择按长度分段和按总数分段自由确定。

（2）点物件建立后，利用 Mech Patch 命令建立网格。网格默认格式为三角网，建立新图层将生成的网格放入新图层中，选择全部点，将点删除。

（3）用布尔运算对已经形成的网格进行切割，打开隐藏的边界图框，利用网格编辑工具布尔运算中的切割命令，将建立好的网格进行分割，切割范围根据建立模型的目标尺寸确定。

（4）使用布帘工具进行优化网格操作，将自动生成的三角网格插值生成四边形网格，布帘的区域为建立模型尺度的区域。大安山煤矿三维地质模型尺寸为 3600 m×1700 m，只需要输入对角点坐标，区域即可自动确定。

（5）选择生成的地形网格，复制边框，运用曲面挤出整个体工具。运用拟建模型边框切割三维实体，此时整个模型三维轮廓建立完成。

2）工作面围岩模型构建

在大安山煤矿采掘平面图中，利用多段线沿工作面周边和开采进度线，通过 list 命令或 AutoCAD 插件拾取工作面点坐标 (x, y, z)，XY 坐标可直接获取，由于缺乏单一钻孔的钻孔柱状图，故 Z 坐标采用对应剖面图和工作面附近钻孔数据综合确定。将数据存入

Excel 表格中，存储格式为 . csv 格式。点坐标可采取两种方式处理：一种是将点坐标导入 AutoCAD civil 3D 中，通过该软件的曲面生成功能生成工作面曲面，每个煤层工作面需建立两个面，面与面之间形成体。生成后文件储存为 . dxf 格式，可直接导入犀牛软件中进行处理。另一种方式是直接在犀牛软件中通过命令输入点坐标，然后在犀牛软件中手动绘制线、面、体。

3）高精度工程地质模型网格划分

选取已建立好的煤矿三维模型，由于工作面较多，人工划分满足 BR 划分网格标准的四面体与六面体工作量较大，因此采用 Griddle 插件的 G-surf 和 G-vol 命令配合进行网格划分。

以大安山煤矿为例，先用犀牛软件自带的网格划分工具进行网格划分，并检查错误。对于外漏网格边缘（自由边缘）错误，采用填补漏洞或者衔接网络边缘的方式，如未能解决则采用边缘分析和嵌入单一面的方式来解决。对于退化网格，可采用删除退化网格面的方式进行解决；对于重复网格面错误，采用 Extract Duplicate Mesh Faces 命令删除重复网格面；对于孤立网格顶点错误，采用抽离的方式进行错误修正；对于非流形网格边缘错误，采用 Extract Non Manifold Mesh Edges 命令进行删除，网格错误的解决方式并不单一，应该多种方式配合使用，直至网格无错误为止。此时才可使用 Griddle 进行面网格划分 G-surf，面网格划分时选择网格最终的划分形式，分为四面体或者六面体或者四面体与六面体的混合形式。

随后，利用体网格划分工具 G-vol 生成整体网格。最终生成 FLAC3D 文件，将生成的 . flac3d 文件打开，按照网格文件组成的原则，拟建立的各个分组进行重命名，以便于后期计算使用；最后将修改好的 . flac3d 文件导入 FLAC3D 软件内即可进行运算和后处理。

4.2.2 数值模拟方案设计

4.2.2.1 模拟参数设置

1. 数值模型参数

大安山井田内煤系地层总厚 494.5~802.0 m，平均厚度为 559.5 m，主要由粉砂岩（49.71%）、砂岩（34.14%）、煤（4.53%）、火山碎屑岩及变质岩（11.62%）组成。地层合并后划分为 9 层。

1）模型尺寸

X 方向为工作面走向，Y 方向为工作面倾向，Z 方向为高程方向，沿工作面走向模型长度为 3600 m，沿工作面倾向模型宽度为 1700 m，最大高度为 1650 m。

2）力学模型

FLAC3D 中描述岩土体材料破坏的基本准则是莫尔-库仑准则，其把剪切破坏面看作直线破坏面：$\phi_\sigma = \sigma_1 - \sigma_3 N_\phi + 2 \times \sqrt{N_\varphi}$，式中 $N_j = (1+\sin\varphi)(1-\sin\varphi)\sigma_1$ 为最大主应力，σ_3 为最小主应力。当 $f_s < 0$ 时岩土材料进入剪切屈服阶段，发生剪切破坏，达到屈服极限后，材料在恒定的应力水平下产生塑性变形。在拉应力状态下，若拉应力超过材料的抗拉极限强度，材料将发生破坏。一般来说，大多数岩层均可视为弹塑性介质，在一定应力水平下表现为线弹性，超过此限即表现为塑性。对于岩石类材料，塑性变形具有明显的体积变形，须考虑体积应力影响，因此计算覆岩采用弹塑性本构模型，屈服准则采用莫尔-库仑

准则。计算莫尔-库仑塑性模型所涉及的岩石力学参数包括：抗拉强度、体积模量、剪切模量、内聚力、内摩擦角与密度等。

3）边界条件设定

位移边界：由于是模拟在山体内部工作面开挖过程，故将模型侧面施加水平方向约束，即 $X=0$ 和 3600 侧面上 X 方向的约束；Y 方向在 $Y=0$ 和 1700 两个面施加约束；Z 方向在 $Z=0$ 面施加 XYZ 三个方向约束，即底部水平和竖直位移均为 0。

4）应力边界

由于建立 1：1 全尺寸数值计算模型，且水平方向充分考虑了力学计算的影响范围，模型 $X=0$、$X=3600$ 和 $Y=0$、$Y=1700$ 面及底面不设置应力，只计算在重力作用下的力学响应问题。

5）网格划分

根据上述建模思路和网格生成技术，结合大安山煤矿数值计算模型尺寸和精度要求，划分模型网格为四面体单元，节点总数为 680113 个，单元总数为 3787004 个，网格划分在包含工作面的地层（数值计算模型中命名为 DC7）及工作面部分进行加密。模型内部工作面网格尺寸为 5 m，外围网格尺寸按照比例进行扩大，最大尺寸为 40 m，如图 4-38所示。

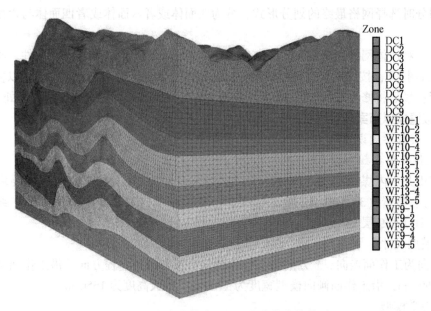

图 4-38 大安山煤矿 FLAC3D 数值计算模型

大安山煤矿属于多煤层群井田，采用多工作面同时开采形式，回采时间见表 3-4。时间区间叠加代表两个工作面为同时开采，FLAC3D 模拟同时回采，将两部分煤层同时开采，进行求解计算，直至达到收敛标准。

2. 煤岩力学参数

轴 9 槽和轴 10 槽顶底板岩层分布特征见表 4-3 和表 4-4，对 FLAC3D 软件中莫尔-库仑力学模型中各个地层和煤层的体积模量（Bluk Modulus）、剪切模量（Shear Modulus）、内聚力（Conhesion）、内摩擦角（Friction）、抗拉强度（Tension），以及岩土体的密度（Density）进行赋值，各煤层统一赋值不区分具体数值大小，赋值参数见表4-5，赋参后进行初始应力平衡计算。

表4-3　轴10槽煤层岩层情况

顶底板	岩石名称	厚度/m	岩 性 特 征
基本顶	中、细砂岩	10~24	深灰色，厚层状，含石英脉，胶结致密，岩石硬度大
直接顶	粉砂岩	1.8~10.00	灰黑色，中厚层状，层理较发育，硬度中等
伪顶	炭质粉砂岩	0.05~0.30	灰黑色，薄层状，层理较发育，大部破碎，易垮落
伪底	炭质粉砂岩	0~0.50	灰黑色，薄层状，层理较发育，含炭较高，多破碎
直接底	粉砂岩	5~16	灰黑色，中厚层状，层理较发育，硬度中等
基本底	粉砂岩	5~10	黑灰色，中厚~厚层状，硬度较大

表4-4　轴9槽煤层岩层情况

名称	岩石名称	厚度/m	岩 性 特 征
基本顶	细砂岩	10~24	深灰色，厚层状，含石英，胶结致密，岩石硬度大
直接顶	粉砂岩	3.00~6.00	灰黑色，中厚层状，层理较发育，硬度中等
伪顶	炭质粉砂岩	0.00~0.30	灰黑色，薄层状，层理较发育，松软易垮落
伪底	炭质粉砂岩	0.00~0.20	灰黑色，薄层状，层理较发育，含炭高，多破碎
直接底	粉砂岩	5~16	灰黑色，中厚层状，层理较发育，硬度中等
基本底	粉砂岩	8~10	黑灰色，中厚~厚层状，硬度较大

表4-5　数值模拟参数赋值表

地层岩性	体积模量/GPa	剪切模量/GPa	内聚力/MPa	摩擦角/(°)	抗拉强度/MPa	密度/(kg·m⁻³)
地层一/DC1	0.24	0.17	5.418	33.3	1.92	2000
地层二/DC2	1.56	1.04	2.11	33.3	1.58	2388
地层三/DC3	1.35	1.14	2.211	33.3	1.68	2288
地层四/DC4	1.56	1.17	2.211	35.3	1.68	2188
地层五/DC5	1.68	1.34	2.51	35.3	1.90	2038
地层六/DC6	10.83	8.125	2.75	38	4.01	2750
地层七/DC7	10.83	8.125	2.75	37	7.91	2620
地层八/DC8	2.23	1.67	1.89	36	5.6	2400
地层九/DC9	1.89	1.47	1.9	36	1.25	2400
煤层	4.97	2.008	32	1.25	2.686	1876

大安山煤矿多煤层联动开采计算时，首先进行地应力平衡计算，选用弹性求解法进行，将材料的本构模型设置为弹性模型，体积模量和剪切模量设定为比实际岩层大的值，

施加重力和边界条件，进行求解计算。

4.2.2.2 多煤层开采方式设置

在以轴 10 槽煤层西一面为核心区域，同时覆盖轴 9 槽及轴 13 槽煤层的相关区域，周边区域对应还原包含大安山井田受 NW～SE 向挤压构造应力、SW～NE 向复式褶曲构造及断层、采空区的影响区域，分析 WF10-1 工作面和 WF9-1、WF9-2 工作面同时回采在上覆轴 13 槽煤层采空区和区域正断层 F28 共同影响下的力学响应问题，建立了包含褶皱、断层、上覆采空区多因素数值计算模型，如图 4-39 所示。

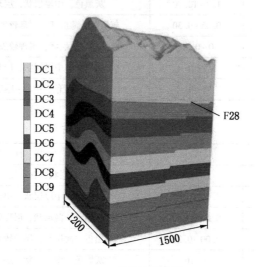

(a) FLAC3D数值计算模型

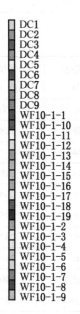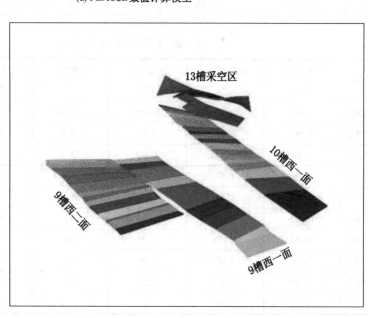

(b) 工作面空间关系图

图 4-39　西一面重点研究区域数值计算模型

断层为 F28 正断层，走向 60°，倾向为 NE，倾角为 78°。地质报告表明，断层落差最大值为 4.7 m，最小断层落差为 0.3 m，平均落差为 2.5 m，断层位于轴 10 槽、轴 13 槽煤层工作面南侧，轴 9 槽煤层工作面北侧，自轴 10 槽煤层开切眼附近至回收眼附近，与断层距离逐渐靠近。切割埋深为 +550 m 水平以下，延展长度为 1100 m。该断层对轴 9~14 槽煤层回采造成了不同程度的影响。模型尺寸：X 方向为工作面走向，Y 方向为工作面倾向，Z 方向为重力方向，工作面走向长 3600 m，倾向长 1700 m，最大高度为 1650 m。模拟计算力学模型采用莫尔-库仑模型。采用底面 $Z=0$ 固定约束，$X=0$ 和 $X=1500$、$Y=0$ 和 $Y=1200$ 侧向约束，顶部自由无约束，数值计算模型如图 4-39a 所示，工作面空间位置关系及回采进度如图 4-39b 所示。

按照采掘计划，先行开采 WF13 工作面，待计算收敛稳定后，依次开采轴 9 槽煤层工作面：WF9-1-1 到 WF9-1-4，继而同时开采 WF9 和 WF10，即从轴 9 槽煤层西一面 2017 年 3 月回采段与轴 10 槽煤层西一面 2017 年 3 月回采段开始，至轴 9 槽煤层西一面 2017 年 10 月回采段，随后回采 WF9-2-1 至 WF9-2-11 即 2017 年 11 月至 2018 年 9 月回采段。最后回采 WF9-2-12 和 WF9-2-13，每个月同时开采部分视为互扰同采，开采顺序见表 4-6。

表4-6　模拟计算采掘顺序表

数值模拟工作面	回采工作面	开采次序
WF9-1-1	+400 m 水平轴 9 槽煤层西一面	1
WF9-1-2	+400 m 水平轴 9 槽煤层西一面	2
WF9-1-3	+400 m 水平轴 9 槽煤层西一面	3
WF9-1-4	+400 m 水平轴 9 槽煤层西一面	4
WF9-1-5/WF10-1-1	+400 m 水平轴 9 槽煤层西一面/+550 m 水平轴 10 槽煤层西一面	5
WF9-1-6/WF10-1-2	+400 m 水平轴 9 槽煤层西一面/+550 m 水平轴 10 槽煤层西一面	6
WF9-1-7/WF10-1-3	+400 m 水平轴 9 槽煤层西一面/+550 m 水平轴 10 槽煤层西一面	7
WF9-1-8/WF10-1-4	+400 m 水平轴 9 槽煤层西一面/+550 m 水平轴 10 槽煤层西一面	8
WF9-1-9/WF10-1-5	+400 m 水平轴 9 槽煤层西一面/+550 m 水平轴 10 槽煤层西一面	9
WF9-1-10/WF10-1-6	+400 m 水平轴 9 槽煤层西一面/+550 m 水平轴 10 槽煤层西一面	10
WF9-1-11/WF10-1-7	+400 m 水平轴 9 槽煤层西一面/+550 m 水平轴 10 槽煤层西一面	11
WF9-1-12/WF10-1-8	+400 m 水平轴 9 槽煤层西一面/+550 m 水平轴 10 槽煤层西一面	12
WF9-2-1/WF10-1-9	+400 m 水平轴 9 槽煤层西二面/+550 m 水平轴 10 槽煤层西一面	13
WF9-2-2/WF10-1-10	+400 m 水平轴 9 槽煤层西二面/+550 m 水平轴 10 槽煤层西一面	14
WF9-2-3/WF10-1-11	+400 m 水平轴 9 槽煤层西二面/+550 m 水平轴 10 槽煤层西一面	15
WF9-2-4/WF10-1-12	+400 m 水平轴 9 槽煤层西二面/+550 m 水平轴 10 槽煤层西一面	16
WF9-2-5/WF10-1-13	+400 m 水平轴 9 槽煤层西二面/+550 m 水平轴 10 槽煤层西一面	17
WF9-2-6/WF10-1-14	+400 m 水平轴 9 槽煤层西二面/+550 m 水平轴 10 槽煤层西一面	18
WF9-2-7/WF10-1-15	+400 m 水平轴 9 槽煤层西二面/+550 m 水平轴 10 槽煤层西一面	19
WF9-2-8/WF10-1-16	+400 m 水平轴 9 槽煤层西二面/+550 m 水平轴 10 槽煤层西一面	20

表4-6（续）

数值模拟工作面	回采工作面	开采次序
WF9-2-9/WF10-1-17	+400 m水平轴9槽煤层西二面/+550 m水平轴10槽煤层西一面	21
WF9-2-10/WF10-1-18	+400 m水平轴9槽煤层西二面/+550 m水平轴10槽煤层西一面	22
WF9-2-11/WF10-1-19	+400 m水平轴9槽煤层西二面/+550 m水平轴10槽煤层西一面	23
WF9-2-12	+400 m水平轴9槽煤层西二面	24
WF9-2-13	+400 m水平轴9槽煤层西二面	25

4.2.3　关键区域多煤层同采扰动特征

4.2.3.1　应力演化特征

1. 轴9槽煤层西一面单独回采段应力分析

+400 m水平轴9槽煤层西一工作面回采自2016年11月（即WF9-1-1段），11月计划回采平均走向长度为18 m。回采工作自西向东进行。回采时下巷距离上覆轴13槽煤层采空区最近水平距离为130 m，最近垂直距离为120 m。模拟计算应力云图表明，在WF9-1-1工作段（即轴9槽煤层西一面2016年11月回采段）底部出现范围较小的应力集中区，应力集中值为47.5 MPa。此时轴13槽煤层采空区顺槽附近应力集中值约为67.17 MPa（图4-40a），最大应力集中值之比为1.41。

2016年12月回采进入第二阶段即WF9-1-2段，该段走向长度为29 m。回采时下巷距上覆轴13槽煤层采空区水平距离为133 m，垂直距离为115 m，倾斜工作面底部和顶部顺槽均出现应力集中现象，应力集中值为52.5 MPa，此时轴13槽煤层采空区顺槽附近应力集中最大值为69.1 MPa，应力集中最大值之比为1.31。

2017年1月回采进入第三阶段即WF9-1-3段，该段走向长度为29 m。回采时下巷距上覆轴13槽煤层采空区水平距离为142 m，垂直距离为116 m，倾斜工作面底部和顶部顺槽均出现应力集中现象，应力集中值为57.5 MPa，此时轴13槽煤层采空区顺槽附近应力集中最大值为73.6 MPa，应力集中最大值之比为1.28。

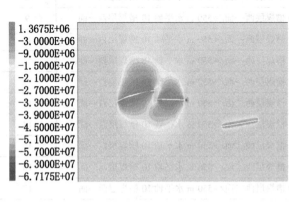

(a) WF9-1-1局部应力云图　　(b) 应力集中变化曲线

图4-40　轴9槽煤层西一面单独开采的应力演化特征

2017 年 2 月回采进入第四阶段即 WF9-1-4 段，该段走向长度为 24 m。回采时下巷距上覆轴 13 槽煤层采空区水平距离为 149 m，垂直距离为 125 m，倾斜工作面底部和顶部顺槽均出现应力集中现象，应力集中值为 62.5 MPa，此时轴 13 槽煤层采空区顺槽附近应力集中最大值为 62.9 MPa，应力集中最大值之比为 1.01。

轴 9 槽煤层 1-4 工作面（WF9-1-1 到 WF9-1-4）回采过程受轴 13 槽煤层采空区和 F28 断层群共同影响，表现出在顺槽两侧的应力集中程度不断加大现象，此段回采沿走向长度为 24 m。在相同的地质条件下，随着推进距离增加，顺槽两侧表现出应力集中程度增加现象。应力集中峰值演化规律如图 4-40b 所示。

2. 轴 9 槽煤层西一面与轴 10 槽煤层同采应力分析

自轴 9 槽煤层回采至 WF9-1-5（即轴 9 槽煤层西一段 2017 年 3 月回采段）时，同时回采轴 10 槽煤层 WF1-1-1（即轴 10 槽煤层西一段 2017 年 3 月回采段），此时两者相距 466 m。此时轴 9 槽煤层此段回采长度为 35 m，轴 10 槽煤层此段回采长度为 12 m。轴 9 槽煤层当月回采两者之间的相互影响忽略不计，轴 10 槽煤层 WF10-1-1 工作面回采时，受上部轴 13 槽煤层采空区影响很大，加之 F28 断层群位于其东侧，工作面底部表现出高应力集中现象，如图 4-41 所示。轴 9 槽煤层 WF9-1-5 工作面应力集中峰值为 63.9 MPa，轴 10 槽煤层 WF10-1-1 工作面应力集中峰值为 40.8 MPa。

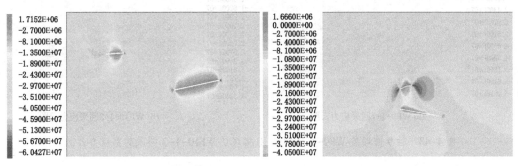

(a) WF9-1-5回采应力云图　　　　　　　　(b) WF10-1-1回采应力云图

图 4-41　轴 9 槽煤层 WF9-1-5 和轴 10 槽煤层 WF10-1-1 同采局部应力云图

轴 9 槽煤层工作面回采至 WF9-1-6（轴 9 槽煤层西一面 2017 年 4 月回采段）时，轴 10 槽煤层 WF1-1-2（轴 10 槽煤层西一段 2017 年 4 月回采段）同时回采，两者距离约为 470 m，如图 4-42 所示。轴 9 槽煤层此段回采长度为 47 m，轴 10 槽煤层此段回采长度为 27 m。轴 9 槽煤层西一面 2017 年 4 月回采段应力集中峰值为 60.3 MPa，轴 10 槽煤层 WF10-1-2 工作段底部受断层群影响应力集中情况较为严重，应力集中最大值约为 49.6 MPa。工作面上端，应力集中区域与上覆轴 13 槽煤层采空区应力集中区域出现连通情况，上部采空区对下部工作面回采造成影响。

轴 9 槽煤层工作面回采至 WF9-1-7（轴 9 槽煤层西一面 2017 年 5 月回采段）时，轴 10 槽煤层 WF1-1-3（轴 10 槽煤层西一面 2017 年 5 月回采段）同时回采，两者距离约为 475 m，如图 4-43 所示。轴 9 槽煤层此段回采长度为 33 m，轴 10 槽煤层此段回采长度为 25 m。轴 10 槽煤层上巷和上部采空区轴 13 槽煤层下巷之间应力集中区域贯通，应力集中

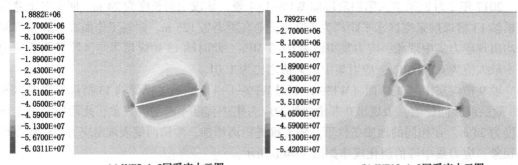

(a) WF9-1-6回采应力云图　　　　　　　　(b) WF10-1-2回采应力云图

图 4-42　轴 9 槽煤层 WF9-1-6 和轴 10 槽煤层 WF10-1-2 同采局部应力云图

峰值为 50.9 MPa，此时轴 9 槽煤层西一面 2017 年 5 月回采段回采范围已经超过了上覆轴 13 槽煤层采空区回收眼区域，应力集中峰值约为 60.8 MPa。

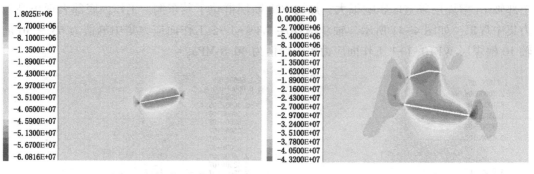

(a) WF9-1-7回采应力云图　　　　　　　　(b) WF10-1-3回采应力云图

图 4-43　轴 9 槽煤层 WF9-1-7 和轴 10 槽煤层 WF10-1-3 同采局部应力云图

　　轴 9 槽煤层工作面回采至 WF9-1-8（轴 9 槽煤层西一面 2017 年 6 月回采段）时，轴 10 槽煤层 WF1-1-4（轴 10 槽煤层西一面 2017 年 6 月回采段）同时回采，两者距离约为 471 m。轴 9 槽煤层此段回采长度为 37 m，轴 10 槽煤层此段回采长度为 30 m。同时开采相互影响程度较小，WF9-1-8 应力集中峰值为 59 MPa，此时已经远离上覆轴 13 槽煤层采空区，采空区对此段回采造成的影响不大。轴 10 槽煤层 WF1-1-4 回采时，同时受到上次轴 13 槽煤层采空区和断层影响，下巷附近应力集中情况较严重，应力集中峰值为 58.5 MPa。

　　轴 9 槽煤层工作面回采至 WF9-1-9（轴 9 槽煤层西一面 2017 年 7 月回采段）时，轴 10 槽煤层 WF1-1-5（轴 10 槽煤层西一面 2017 年 7 月回采段）同时回采，两者距离约为 466 m。轴 9 槽煤层此段回采长度为 37 m，轴 10 槽煤层此段回采长度为 35 m。两者距离相距较远，同时开采相互影响程度较小，此时 WF9-1-9 应力集中峰值为 58 MPa，峰值距 F28 断层的距离较上一个回采段更近一些，沿倾向剖面应力集中程度底部和顶部相差无几。轴 10 槽煤层 WF1-1-5 回采时，同时受到上次轴 13 槽煤层采空区和断层影响，下巷附近应力集中情况较严重，应力集中峰值为 56 MPa。

　　轴 9 槽煤层工作面回采至 WF9-1-10（轴 9 槽煤层西一面 2017 年 8 月回采段）时，

轴 10 槽煤层 WF1-1-6（轴 10 槽煤层西一面 2017 年 8 月回采段）同时回采，两者距离约为 426 m。轴 9 槽煤层此段回采长度为 42 m，轴 10 槽煤层此段回采长度为 35 m。从切面云图来看，同时采动时两者之间由于距离较远不构成影响，此时轴 9 槽煤层 WF9-1-10 工作段应力集中峰值为 57.78 MPa，轴 10 槽煤层 WF1-1-6 应力集中峰值为 52.5 MPa。轴 10 槽煤层上覆轴 13 槽煤层采空区顺槽附近的应力集中区域与轴 10 槽煤层应力集中区域出现连通情况，此时采空区和断层对轴 10 槽煤层 WF1-1-6 回采影响较大。

轴 9 槽煤层工作面回采至 WF9-1-11（轴 9 槽煤层西一面 2017 年 9 月回采段）时，轴 10 槽煤层 WF1-1-7（轴 10 槽煤层西一面 2017 年 9 月回采段）同时回采，两者距离约为 453 m。轴 9 槽煤层此段回采长度为 12 m，轴 10 槽煤层此段回采长度为 34 m。此时轴 9 槽煤层 WF9-1-11 工作段距离上部轴 13 槽煤层采空区较远，两槽回采相距距离也较远，回采时彼此不会造成影响。轴 9 槽煤层 WF9-1-11 应力集中峰值为 58.5 MPa。

轴 9 槽煤层工作面回采至 WF9-1-12 时，轴 10 槽煤层 WF1-1-8 同时回采，两者距离约 424 m。WF9-1-12 应力集中峰值为 62.3 MPa，此时轴 10 槽煤层回采 WF1-1-8 工作段，由于上覆采空区以及断层共同作用导致该部分应力集中释放，应力值为 47.5 MPa。

通过提取位于各个工作段端部的应力集中监测点数值，绘制应力集中峰值曲线（图 4-44），同采期间轴 10 槽煤层工作面各个阶段应力集中峰值表现为连续增大现象，轴 9 槽煤层各段应力集中峰值表现为先减小后增大的抛物线形状。

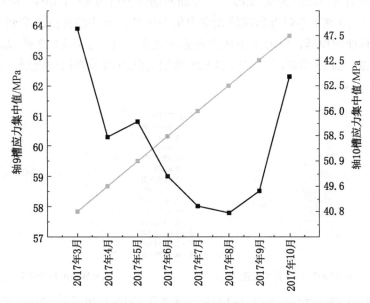

图 4-44 轴 9 槽煤层西一面与轴 10 槽煤层同采应力集中变化特征

3. 轴 9 槽煤层西二面与轴 10 槽煤层西一面同采应力分析

从 2017 年 9 月开始，轴 9 槽煤层开始回采 +400 m 水平西二面，即模拟开采中的 WF9-2-1 至 WF9-2-11。此时轴 10 槽煤层同时开采 WF10-1-9 至 WF10-1-19 区段。回采时间自 2017 年 9 月开始至 2018 年 7 月为止。轴 9 槽煤层 WF9-2-1 回采长度为 9 m，顺槽附近出现应力集中，应力集中峰值为 58.4 MPa，轴 10 槽煤层 WF10-1-9 回采长度为 38 m，此时已经回采至整个工作面的中间部分，应力值为 47.5 MPa，应力集中情况不明显，采空区和断层的存在导致该部分应力集中释放（图 4-45）。

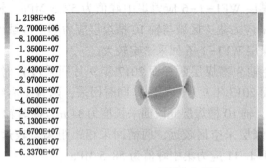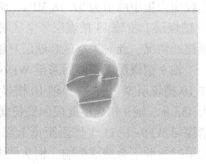

(a) WF9-2-1回采应力云图　　　　　　　　(b) WF10-1-9回采应力云图

图 4-45　轴 9 槽煤层 WF9-2-1 和轴 10 槽煤层 WF10-1-9 同采局部应力云图

随着回采工作的进行，轴 9 槽煤层开挖到 WF9-2-2 工作段，回采长度为 30 m，同时轴 10 槽煤层回采到 WF10-1-10 工作段，回采长度为 28 m，此时 WF9-2-2 工作面在下巷附近的应力集中情况不明显，而是与已采空的 WF9-1 工作面之间部分出现相对较大的应力集中情况，应力集中峰值为 96 MPa，工作面两端应力值为 62.3 MPa。同时回采的轴 10 槽煤层 WF10-1-10 在下巷附近出现较大应力集中区域，上巷部分由于受到 F28 断层影响且属于倾斜工作面的顶部，应力集中区出现弥散现象，且与上部轴 13 槽煤层采空区应力集中区形成贯通，轴 13 槽煤层采空区和 F28 断层对此段回采的扰动剧烈，应力集中峰值为 52.5 MPa（图 4-46）。

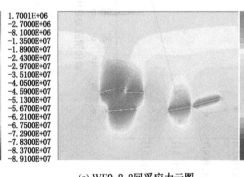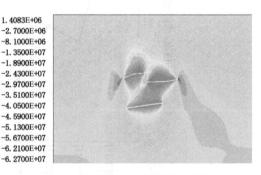

(a) WF9-2-2回采应力云图　　　　　　　　(b) WF10-1-10回采应力云图

图 4-46　轴 9 槽煤层 WF9-2-2 和轴 10 槽煤层 WF10-1-10 同采局部应力云图

轴 9 槽煤层开挖到 WF9-2-3 工作段，回采长度为 30 m，同时轴 10 槽煤层 WF10-1-11 工作段回采，回采长度为 26 m，轴 9 槽煤层 WF9-2-3 回采后应力集中发生在与 WF9-1 工作面之间部分和上巷附近，应力集中峰值为 66.3 MPa。同时回采的轴 10 槽煤层 WF10-1-11 工作段应力集中与上阶段一致，应力集中程度并不明显，原因是上部采空区存在造成的应力卸载，此时在工作面右侧远端出现了小范围的应力集中区域，应力集中峰值为 57.5 MPa，是由于 F28 断层的存在造成的。

轴 9 槽煤层开挖到 WF9-2-4 工作段，回采长度为 22 m，轴 10 槽煤层 WF10-1-12 工作段同时回采，回采长度为 18 m。轴 9 槽煤层 WF9-2-4 工作段回采后应力集中发生在工作面两端的顺槽部分，应力集中峰值为 77.3 MPa，倾斜工作面下端部分应力集中区域与轴 13 槽煤层采空区应力集中区域有联通趋势，造成该区域的应力集中程度变大。同时回采 WF10-1-12 工作段，回采长度为 17 m，由于上部采空区起到的应力释放效应，以及月进尺较短的原因，应力集中情况并不明显。

轴 9 槽煤层开挖到 WF9-2-5 工作段，回采长度为 23 m，轴 10 槽煤层 WF10-1-13 工作面同时回采，回采长度为 15 m，WF9-2-5 工作面顺槽附近没有出现较明显的应力集中区域，应力集中发生在与 WF9-1 相邻部分，应力集中峰值为 93.8 MPa，工作面两端应力峰值为 71.5 MPa。轴 10 槽煤层 WF10-1-13 应力分布规律与上一阶段类似，无明显应力集中区域，工作面两端的应力值为 52.5 MPa，由于上部采空区存在造成的应力释放效应导致。

轴 9 槽煤层开挖到 WF9-2-6 工作段，回采长度为 11 m，轴 10 槽煤层 WF10-1-14 工作面同时回采，回采长度为 12 m，两个工作段回采均无明显的应力集中，只在 WF9-2-6 与 WF9-1 之间形成高应力集中，应力集中峰值为 108 MPa。

轴 9 槽煤层开挖到 WF9-2-7 工作段，回采长度为 9 m，轴 10 槽煤层 WF10-1-15 工作面同时回采，回采长度为 31 m，两段工作面 WF9-2-7 与 WF9-1 之间出现了明显的应力集中区域，应力集中峰值为 108 MPa。

轴 9 槽煤层开挖到 WF9-2-8 工作段，回采长度为 10 m，轴 10 槽煤层 WF10-1-16 工作面同时回采，回采长度为 20 m，WF9-2-8 回采后顺槽两端形成应力集中区，应力集中峰值为 60.4 MPa。WF10-1-16 回采后的情况与前面工作段类似，没有出现明显的应力集中区，但顺槽两侧的应力值较大，达到 70 MPa 级别。该工作段与轴 9 槽煤层西一工作面应力集中区域连通，认为上覆轴 13 槽煤层采空区、轴 9 槽煤层西一面采空区和断层的存在加剧了 WF10-1-16 的应力集中情况。

轴 9 槽煤层开挖到 WF9-2-9 工作段，回采长度为 22 m，轴 10 槽煤层 WF10-1-17 工作面同时回采，回采长度为 7 m，WF9-2-9 回采后应力集中峰值为 73.9 MPa，且应力集中区域由于上覆采空区和断层的共同影响导致轴 9 槽煤层西一面与轴 10 槽煤层之间的应力集中区出现连通现象，认为这部分区域应力较大，不利于稳定。WF10-1-17 工作面回采后没有明显应力集中区域，但与轴 9 槽煤层西一面之间的应力达到 80 MPa 应力数值较大，不利于工作面稳定。

轴 9 槽煤层开挖到 WF9-2-10 工作段，回采长度为 18 m，轴 10 槽煤层 WF10-1-18 工作面同时回采，回采长度为 21 m。WF9-2-10 回采后应力集中峰值为 76 MPa，应力集中区域受轴 13 槽煤层采空区、断层影响与轴 10 槽煤层工作面之间形成贯通。WF10-1-18 回采后工作面顺槽附近应力集中峰值为 84 MPa，与轴 9 槽煤层工作面之间形成应力集中贯通区域，该区域位于本倾斜工作段上部，原因显然是由于上部轴 13 槽煤层采空区和 F28 断层造成的。

轴 9 槽煤层开挖到 WF9-2-11 工作段，回采长度为 19 m，轴 10 槽煤层 WF10-1-19

工作面同时回采，回采长度为 20.5 m。WF9-2-11 回采后应力集中峰值为 72.4 MPa，此时轴 9 槽煤层西一面与轴 10 槽煤层应力集中区域出现大范围贯通，此区域应力水平较高，会引起围岩不稳定行为的发生。WF10-1-19 回采后应力集中峰值为 86.8 MPa，应力集中程度很高，且与轴 9 槽煤层采空区形成应力集中叠加区域，围岩处于不稳定状态。

通过提取此阶段计算结果中的应力集中值绘制的应力集中值曲线（图 4-47），发现轴 9 槽煤层应力集中值呈现出先增大，回采到 2018 年 4 月时出现应力集中峰值骤降的现象。轴 10 槽煤层应力集中值表现出阶段性增长现象。在 2018 年 1 至 3 月表现出应力集中值发展趋于稳定，随采动进行，应力集中表现出迅速增长现象。

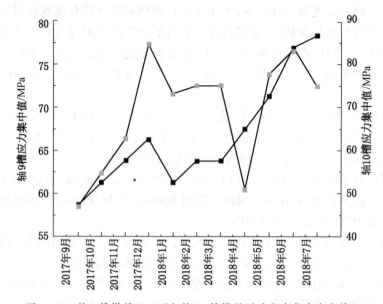

图 4-47　轴 9 槽煤层西二面与轴 10 槽煤层同采应力集中变化特征

4.2.3.2　位移演化特征

1. 轴 9 槽煤层西一面单独回采段位移分析

按照采掘顺序（表 4-6），轴 9 槽煤层西一面单独回采时（WF9-1-1 至 WF9-1-4 区段，2016 年 11 月至 2017 年 2 月），表现为顶板位移基本稳定，维持在 125 cm 左右，底板位移表现出逐渐增加趋势（图 4-48）。

2. 轴 9 槽煤层西一面与轴 10 槽煤层同采位移分析

轴 9 槽煤层西一面和轴 10 槽煤层西一面同时回采阶段（WF9-1-5 至 WF9-2-13，2017 年 3 月至 2017 年 9 月；WF10-1-1 至 WF10-1-19，2017 年 3 月至 2018 年 7 月），表现为随着开采的进行顶底板位移逐渐增大。轴 9 槽煤层回采到 WF9-1-5 时已经到达中段，顶板位移约 135 cm，底板位移为 64 cm，此时同时回采的轴 10 槽煤层 WF10-1-1 为轴 10 槽煤层第一回采段，顶板位移为 25 cm，底板位移为 0（图 4-49）。

轴 9 槽煤层回采到 WF9-1-6 阶段（轴 9 槽煤层西一面 2017 年 4 月回采段），顶板位移约为 160 cm，底板位移为 60 cm，此时轴 10 槽煤层 WF10-1-2（轴 10 槽煤层西一面 2017 年 4 月回采段）顶板位移为 180 cm，底板位移为 20 cm。

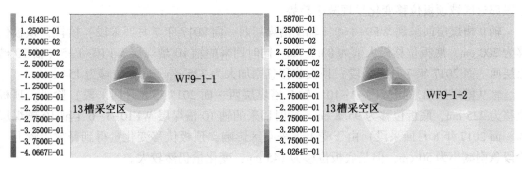

(a) WF9-1-1位移云图　　　　　　　　　(b) WF9-1-2位移云图

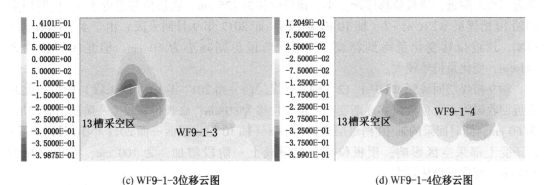

(c) WF9-1-3位移云图　　　　　　　　　(d) WF9-1-4位移云图

图4-48　轴9槽煤层西一面单独回采位移云图

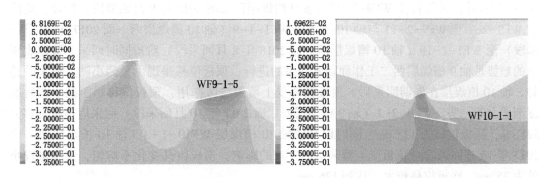

(a) 轴9槽煤层WF9-1-5位移云图　　　　　(b) 轴10槽煤层WF10-1-1位移云图

图4-49　轴9槽煤层WF9-1-5和轴10槽煤层WF10-1-1同采位移云图

　　轴9槽煤层回采到WF9-1-7（轴9槽煤层西一面2017年5月回采段）阶段，顶板位移为170 cm，底板位移为50 cm，同时回采的轴10槽煤层WF10-1-3（轴10槽煤层西一面2017年5月回采段）顶板位移为220 cm，底板位移为64.9 cm。

　　轴9槽煤层回采到WF9-1-8（轴9槽煤层西一面2017年6月回采段）阶段，顶板位移为190 cm，底板位移为83.5 cm，同时回采的轴10槽煤层WF10-1-4（轴10槽煤层西一面2017年6月回采段）顶板位移为200 cm，底板位移为50 cm。受到上部采空区影响，该段部分区域顶板位移变化呈现减小趋势。

轴 9 槽煤层回采到 WF9-1-9 (轴 9 槽煤层西一面 2017 年 7 月回采段) 阶段, 顶板位移为 200 cm, 底板位移最大值为 83.5 cm, 同时回采的轴 10 槽煤层 WF10-1-5 (轴 10 槽煤层西一面 2017 年 7 月回采段) 顶板位移急剧加大为 325 cm, 底板位移为 154 cm。

轴 9 槽煤层回采到 WF9-1-10 (轴 9 槽煤层西一面 2017 年 8 月回采段) 阶段, 顶板位移为 225 cm, 底板位移为 95.8 cm, 同时回采的轴 10 槽煤层 WF10-1-6 (轴 10 槽煤层西一面 2017 年 8 月回采段) 由于受上部采空区影响, 顶板位移变化量得到释放, 较上一阶段急剧减小为 50 cm, 但是底板位移为 145 cm, 变化量仍然较大。

轴 9 槽煤层回采到 WF9-1-11 (轴 9 槽煤层西一面 2017 年 9 月回采段) 阶段, 此时靠近回收眼附近, 顶板位移逐渐变小, 顶板位移为 125 cm, 底板位移趋近于 0, 同时回采的轴 10 槽煤层 WF10-1-7 (轴 10 槽煤层西一面 2017 年 9 月回采段) 由于受上部采空区影响, 顶板位移变化量得到释放, 较上一阶段急剧减小为 50 cm, 但是底板位移为 141 cm, 变化量仍然较大。

轴 9 槽煤层回采到 WF9-1-12 (轴 9 槽煤层西一面 2017 年 10 月回采段) 阶段, 此时靠近回收眼附近, 顶板位移逐渐变小, 顶板位移为 60 cm, 底板位移较上一阶段稍有增加, 为 60 cm, 同时回采的轴 10 槽煤层 WF10-1-8 (轴 10 槽煤层西一面 2017 年 10 月回采段) 由于受上部采空区影响, 顶板位移变化量较上一阶段增加, 为 100 cm, 底板位移为 140 cm, 变化量仍然较大。

3. 轴 9 槽煤层西二面与轴 10 槽煤层西一面同采位移分析

回采进入第三阶段, 即 +400 m 水平西二面轴 9 槽煤层 WF9-2-1 (轴 9 槽煤层西二面 2017 年 10 月回采段) 至 WF9-2-13 (轴 9 槽煤层西二面 2018 年 9 月回采段) 阶段, 此阶段 WF9-2-1 至 WF9-2-11 与轴 10 槽煤层 WF1-1-9 (轴 10 槽煤层西一面 2017 年 10 月回采段) 至 WF1-1-19 (轴 10 槽煤层西一面 2018 年 8 月回采段) 阶段同时回采。整体表现出的趋势是轴 9 槽煤层西二工作面随着回采的进行, 顶板位移呈现由大到小随后增大的趋势。轴 10 槽煤层在先期回采后, 顶板位移受上覆采空区作用, 顶板位移趋于减小, 后期逐渐增大的趋势。WF9-2-1 (轴 9 槽煤层西二面 2017 年 10 月回采段) 回采后顶板位移为 325 cm, 底板位移为 125 cm, 同时回采的轴 10 槽煤层 WF10-1-9 (轴 10 槽煤层西一面 2017 年 10 月回采段) 顶板受上覆采空区存在的影响, 顶板位移变化不均匀, 位移量较小处为 25 cm, 底板位移较大, 达到 126 cm。

轴 9 槽煤层 WF9-2-2 (轴 9 槽煤层西二面 2017 年 11 月回采段) 回采后顶板位移较上一阶段变化较小, 为 225 cm, 由于是倾斜煤层且受到西北侧西一面采空区的影响, 底板位移变化不均匀, 最大值为 25 cm, 同时回采的轴 10 槽煤层 WF10-1-10 (轴 10 槽煤层西一面 2017 年 11 月回采段), 受到轴 13 槽煤层采空区和断层影响顶板位移变化不均匀, 最大值约为 175 cm, 底板位移为 75 cm。

轴 9 槽煤层 WF9-2-3 回采完毕, 顶板位移变化较上一阶段减小最大值为 175 cm, 底板出现底鼓现象, 底鼓位移为 75 cm。同时回采的轴 10 槽煤层 WF10-1-11 (轴 10 槽煤层西一面 2017 年 12 月回采段), 此时已经回采到整个工作面的中间部分, 顶部受到轴 13 槽煤层采空区影响, 南侧受到 F28 断层影响且本身属于倾斜煤层, 顶板位移变化不一致, 最大值为 200 cm，最小值靠近顺槽部分为 50 cm，此段底板位移为 89 cm。

轴 9 槽煤层 WF9-2-4（即+400 m 水平轴 9 槽煤层 2017 年 12 月回采段）回采完毕，顶板位移最大值为 225 cm，底板位移为 73 cm，受北侧 F28 断层影响，在工作面北侧位移变化出现不均匀现象。同时回采的轴 10 槽煤层 WF10-1-12（轴 10 槽煤层 2017 年 12 月回采段）段，受南侧 F28 断层和上部采空区影响，轴 13 槽煤层底板近 F28 断层方向，底板位移与轴 10 槽煤层回采工作面倾向上端顶板位移云图区域出现贯通趋势。此时轴 10 槽煤层顶板位移变化是不均匀的，表现出底部位移大于顶部位移。

轴 9 槽煤层 WF9-2-5（即+400 m 水平轴 9 槽煤层 2018 年 1 月回采段）回采完毕顶板位移最大值为 175 cm，底板位移为 125 cm，受北部轴 9 槽煤层西一面采空区及工作面倾向特征和 F28 断层影响，此段回采工作面底板变形出现不均匀现象。轴 10 槽煤层 WF10-1-13（即轴 10 槽煤层 2018 年 1 月回采段）回采后顶板位移值为 275 cm，倾向上端出现上部轴 13 槽煤层采空区位移导通区，原因是受到南侧 F28 断层群影响，导致该部分围岩在开挖后受到扰动的程度发生变化，此时轴 10 槽煤层西一面下巷附近位移大于上巷附近位移。

轴 9 槽煤层 WF9-2-6（即+400 m 水平轴 9 槽煤层 2018 年 2 月回采段）回采完毕顶板位移最大值为 431 cm，底板位移为 175 cm，此时轴 9 槽煤层西二面回采到了整个工作面的中间部分，顶底板位移均较大。轴 10 槽煤层 WF10-1-14 回采后顶板位移值为 150 cm，此时回采已经接近尾声，受顶部采空区影响呈现减小趋势。

轴 9 槽煤层 WF9-2-7 回采完毕顶板位移最大值为 200 cm，底板位移为 50 cm。轴 10 槽煤层 WF10-1-15（即轴 10 槽煤层 2018 年 3 月回采段）回采后顶板位移值为 175 cm，底鼓为 25 cm。此时回采已经接近尾声，受顶部采空区影响呈现减小趋势。

轴 9 槽煤层 WF9-2-8 回采完毕顶板位移最大值 419 cm，底板位移为 144 cm。轴 10 槽煤层 WF10-1-16（即轴 10 槽 2018 年 3 月回采段）回采后顶板位移值为 175 cm，底板位移为 25 cm，与上一个回采段一致，位移基本稳定。此时回采已经接近尾声，受顶部采空区影响呈现减小趋势。

轴 9 槽煤层 WF9-2-9（即+400 m 水平轴 9 槽煤层 2018 年 5 月回采段）回采完毕顶板位移最大值 250 cm，底板位移为 50 cm。轴 10 槽煤层 WF10-1-17（即轴 10 槽煤层 2018 年 5 月回采段）回采后顶板位移值为 300 cm，底板位移为 50 cm，与上一个回采段相比位移略有增加，原因是靠近回收眼附近应力分布不均匀导致位移变化出现陡增现象。

轴 9 槽煤层 WF9-2-10（即+400 m 水平轴 9 槽煤层 2018 年 6 月回采段）回采完毕顶板位移最大值为 200 cm，底板位移为 50 cm。轴 10 槽煤层 WF10-1-18（即轴 10 槽煤层 2018 年 6 月回采段）回采后顶板位移值为 300 cm，底板位移为 50 cm，与上一个回采段相比位移变化基本一致。

轴 9 槽煤层 WF9-2-11（即+400 m 水平轴 9 槽煤层 2018 年 7 月回采段）回采完毕顶板位移最大值为 200 cm，底板位移为 50 cm，与上一阶段相比基本一致，此时回采靠近回收眼附近顶底板位移发育已经稳定。轴 10 槽煤层 WF10-1-19（即轴 10 槽煤层 2018 年 7 月回采段）回采后顶板位移值为 451 cm，底板位移为 75 cm，此时回采到达回收眼。

回采第三阶段是同采结束后，轴 9 槽煤层西二面 2018 年 8 月和 9 月两个月回采区间，此时位移变化云图与单一煤层开采并无二样，表现出倾斜煤层沿倾向底端位移大于顶端位移，在轴9槽煤层西一面采空区影响下，底端位移有加大趋势。

4.2.3.3 塑性区演化特征

1. 轴9槽煤层西一面单独回采段塑性区分析

多因素影响下的多煤层同时开采塑性区单一工作面回采时表现为类似"X"形状，已有轴13槽煤层采空区塑性区分布表现为两个工作面塑性区出现贯通趋势，且影响下部轴10槽煤层回采过程。2016年11月轴9槽煤层WF9-1-1回采开始，由于该回采段较短，采掘后工作面附近塑性区分布呈现长条状，塑性区与上方轴13槽煤层采空区形成的塑性区并未出现贯通现象，可以认为上部采空区对WF9-1-1塑性区无影响。随着回采工作的推进，在开采WF9-1-3工作段时，塑性区逐渐扩大，并呈现"X"形状，在采空区和断层共同作用下，底部塑性区远端与上部采空区塑性区呈现出小部分贯通趋势。WF9-1-4回采时塑性区继续扩大，底部远端与轴13槽煤层采空区形成的塑性区贯通（图4-50）。

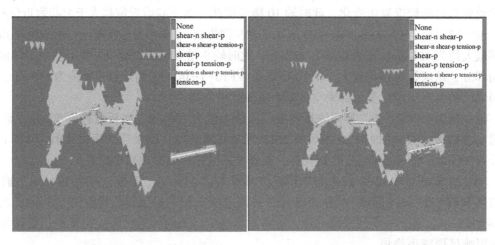

(a) 轴9槽煤层WF9-1-1塑性区   (b) 轴9槽煤层WF9-1-2塑性区

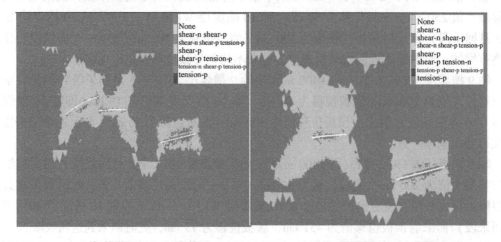

(c) 轴9槽煤层WF9-1-3塑性区   (d) 轴9槽煤层WF9-1-4塑性区

图4-50　轴9槽煤层西一面单独回采塑性区分布图

2. 轴 9 槽煤层西一面与轴 10 槽煤层同采塑性区分析

第二阶段回采是自轴 9 槽煤层 WF9-1-5 至轴 9 槽煤层 WF9-1-11 同时回采 WF10-1-1 至 WF10-19，受上部采空区和断层影响工作面顶板周围塑性区与上部采空区形成的塑性区出现大范围贯通，回采时间为 2017 年 5 月。轴 9 槽煤层西一面 WF9-1-7 与轴 10 槽煤层西一面 WF10-1-3 同时回采，轴 9 槽煤层塑性区呈现"X"形状分布，而轴 10 槽煤层属于典型的上部采空区存在的情况下，回采下部煤层，出现塑性区相互贯通。WF10-1-2 回采时塑性区继续扩展，与上部采空区形成的塑性区联通扩展成"X"形状分布（图 4-51）。回采 WF9-1-8 至 WF9-2-1 表现出的规律与此类似，同时回采的轴 10 槽煤层 WF10-1-4 至 WF10-1-9，回采造成顶部塑性区与上部采空区底部的塑性区出现连通（图 4-51）。轴 9 槽煤层和轴 10 槽煤层的间距为 450 m 左右，同时回采之间的影响并不明显，此时同采工作面稳定。

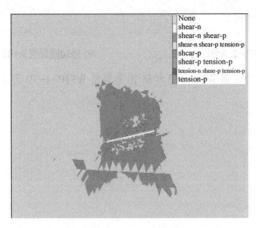

(a) 轴9槽煤层WF9-1-7塑性区

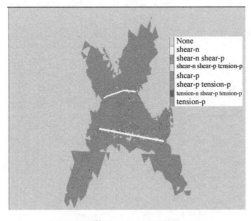

(b) 轴10槽煤层WF10-1-3塑性区

图 4-51　轴 9 槽煤层 WF9-1-6 和轴 10 槽煤层 WF10-1-3 同采塑性区分布图

3. 轴 9 槽煤层西二面与轴 10 槽煤层西一面同采塑性区分析

当回采进行到第三阶段时候，回采轴 9 槽煤层西二面和轴 10 槽煤层西一面，此时轴 9

槽煤层西一面已经形成采空区。回采后表现出轴 9 槽煤层和轴 10 槽煤层之间的塑性区出现了范围逐渐增加的叠加区域（图 4-52）。叠加区域的形态受采空区和 F28 断层影响较大，例如回采到 WF9-2-2 与轴 10 槽煤层之间形成了大范围塑性区贯通，认为此时两者之间互采造成了影响。

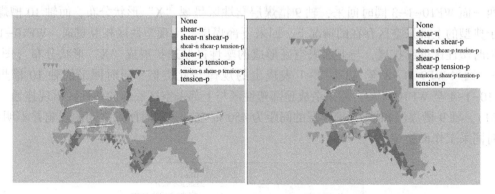

(a) 轴9槽煤层WF9-2-2塑性区   (b) 轴10槽煤层WF10-1-10塑性区

图 4-52　轴 9 槽煤层 WF9-2-2 和轴 10 槽煤层 WF10-1-10 同采塑性区分布图

5 巨厚砾岩和褶曲控制下多工作面 开采互扰致冲机理

由前文研究可知，义马矿区和大安山煤矿多工作面回采过程中存在开采扰动现象，岩层结构作为多工作面开采扰动的主要因素，自然界长期地质作用形成的岩层具有非均质性和各向异性，理论及模拟研究手段对于岩石材料的表征与宏观大尺度的工程岩体仍存在一定的差异性，工程大尺度实际岩体中的开采扰动行为还有待进一步工程验证。此外，开采扰动对于冲击地压的发生有何种关系，还有待进一步深入研究。因此，本章以义马矿区相邻工作面（耿村煤矿 13230 工作面和千秋煤矿 21121 工作面）和大安山煤矿轴 10 槽煤层开采为例，对现场监测数据展开详细分析，在验证多工作面开采条件下应力演化的同时，进一步构建开采扰动与冲击地压显现特征的关系。

5.1 巨厚砾岩控制下相邻工作面互扰致冲机理

5.1.1 相邻工作面工程背景

5.1.1.1 研究区域

结合矿区当前及历史上实际开采条件，耿村煤矿和千秋煤矿井田边界区存在相邻工作面的布置，两工作面为耿村煤矿 13230 工作面和千秋煤矿 21121 工作面，故对该区域的两工作面展开针对性研究。

该区域中，由区域的钻孔柱状和区域砾岩厚度可知，该井间区域巨厚砾岩厚度为 300～500 m，两工作面均开采同一煤层（2-3 煤层），井间区域煤层平均厚度为 23.4 m，平均倾角为 11°，13230 工作面倾斜长 196 m，可采长度为 971 m，其北侧为 13210 采空区，南侧为实体煤，东侧与千秋煤矿 21121 工作面采空区相邻；21121 工作面倾斜长度为 130 m，可采长度为 1220 m，其北部与南部均为采空区，21101、21121 和 21141 工作面分别于 2000 年、2007 年和 2012 年回采完毕。13230 与 21121 工作面间留设宽度为 160 m 的井田边界煤柱，13230 工作面回采方式为井田边界向 13 采区下山方向的后退式回采，日推进度为 0.6 m。

13230 工作面于 2015 年 12 月 1 日开始回采，2015 年 12 月 22 日发生冲击地压事故后停产一年，于 2016 年 11 月 1 日恢复生产。

5.1.1.2 监测布置

为了弄清该区域巨厚砾岩的诱冲作用，对该区域展开了冲击地压的微震事件、矿压及地表监测，监测布置如图 5-1 所示。

其中 13230 工作面采取了以下手段：①在工作面上方地表开展地表沉陷水准观测，沿工作面走向和倾向分别建立一条观测线，各布置 5 个和 28 个水准观测点，编号为 50～54 号和 21～48 号；②工作面支架安装顶板在线监测系统，对顶板压力实施 24 小时连续监测；

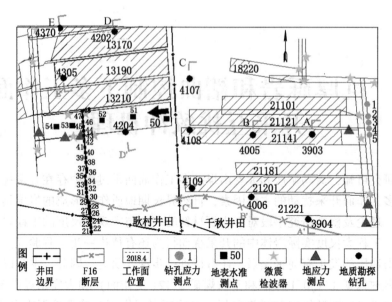

图 5-1 13230 工作面和 21121 工作面监测布置

③使用 ARAMIS 微震监测系统对工作面煤岩体微震活动进行实时连续监测。21121 工作面采取以下手段：①在 21 采区缆车下山不同位置埋设钻孔应力计，对终采线附近煤岩体垂直应力变化进行监测，钻孔位置如图 5-1 所示；②使用 ARAMIS 微震监测系统对采空区进行实时连续监测。

5.1.2 巨厚砾岩联动致冲机理

5.1.2.1 巨厚砾岩运动特征

1. 地表沉降变化

2016 年 12 月 1 日—2019 年 8 月 1 日，13230 工作面走向地表沉降量如图 5-2 所示，由图可知，千秋煤矿 21101、21121 和 21141 工作面充分采动条件下，不同时期 13230 工作面倾向各测点地表沉降量明显不同，整体上均表现为下沉状态，然而部分测点在相邻监测

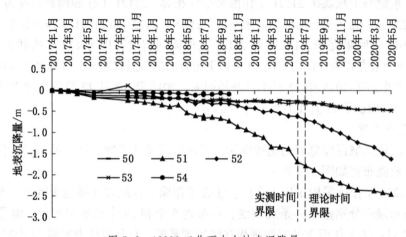

图 5-2 13230 工作面走向地表沉降量

周期内发生了"突跳"的抬升运动。2017年10月1日，53号测点地表沉降量明显大幅上升而其他测点变化不明显，另外此时工作面距离该测点较远，受开采扰动的可能性较小，认为该现象或许是由地面人为干扰等客观因素造成。

工作面回采初期，地表走向多测点、多时期发生抬升运动。如2018年4月1日51~53号测点抬升3~40 mm；2018年7月1日50号、52~54号测点抬升3~59 mm；2018年8月1日51号、53~54号测点抬升13~29 mm；2018年9月1日50号、52~54号测点抬升2~26 mm。

工作面回采中期，地表发生抬升运动的测点数量和抬升量均明显减少，2018年12月1日50号和53号、2019年1月1日53号、2019年3月1日52号、2019年4月1日50号、2019年6月1日53号测点分别抬升9 mm和6 mm、27 mm、26 mm、59 mm、3 mm。

工作面回采后期（2019年7月1日之后），地表各测点均不再发生抬升。

上述现象说明，13230工作面的初期回采可诱发非对称"T"形覆岩结构活化，从而导致其上覆巨厚砾岩某时期的抬升运动；随着工作面的回采，"T"形结构逐渐趋于平衡态，且巨厚砾岩联动范围有限，因此抬升的测点数和抬升幅度逐渐减小，最终变为非抬升的持续下沉状态。

2. 微震事件高度变化

微震检波器在工作面前方布置时，受限于微震设备的空间布置、人为参数设置及监测能力，通常只能监测某一范围内的岩体活动规律而无法反映覆岩空间结构高位岩层的运动情况，就13230工作面实测微震事件高度而言，最高为268 m，最低为-82 m，其中高度为0表示煤层底板初始高度，由地面探测钻孔可知，联动层与煤层距离为358.66 m，说明工作面微震系统无法监测联动层的整体联动行为。由于联动层下沉的"增压"作用使下方较软的直接顶泥岩、煤和直接底泥岩破裂加剧，导致微震事件活动整体层位较低；相反，联动层抬升导致上覆岩层活动占比增加，微震事件层位较高。因此，可使用微震事件的高度间接表征高位岩层联动规律，为了更直观地表达联动层时空演化规律，图5-3给出了2015年11月1日—2019年5月21日13230工作面和千秋煤矿21采区每月所有微震事件的平均高度和2010年4月1日—2012年10月1日21141工作面回采期间每月所有微震事件的平均高度。

由图5-3可知，13230工作面回采初期，受联动效应带来的强应力扰动作用，该工作面发生剧烈的冲击地压事故，事故后"T"形结构逐渐活化，联动作用明显，该时期微震事件平均高度骤然升高，并于2016年2月达到最高值93 m；之后随着回采停止，进入平静期，顶板联动效应减弱，微震事件高度大幅降低；2016年11月复产期间，开采扰动导致12月微震事件高度再次升高；随两侧采空面积的逐渐接近，"T"形结构趋近平衡，较多微震事件产生于高度为0~10 m范围的煤体中。

由千秋煤矿21采区微震事件高度可知，2019年7月1日之前13230工作面微震事件整体上高于东侧千秋煤矿21采区，这与巨厚砾岩联动效应下，耿村煤矿侧巨厚砾岩的抬升状态和千秋煤矿侧下沉状态保持一致。

结合21141工作面微震事件高度来看，当21141工作面回采时，每月微震事件高度在-40~-130 m内波动，其明显低于13230工作面回采期间和千秋煤矿21采区微震事件高度，说明井间"T"形结构先采侧开采时，高位岩层沉降运动导致后采侧抬升，同时随着后采侧

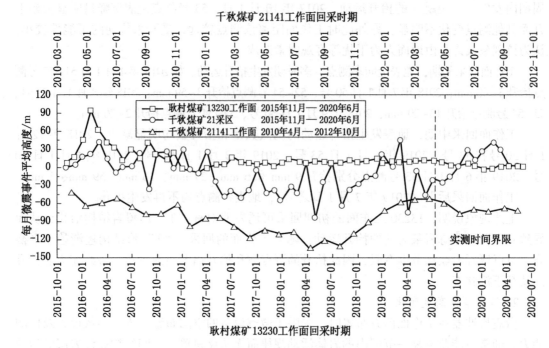

图 5-3　每月所有微震事件平均高度变化

开采长度的增加，其上覆高位岩层反作用于先采侧，导致先采侧高位岩层回转抬升。

3. 顶板压力变化

对易受 13230 开采扰动的千秋煤矿 21 采区缆车下山 1~5 号钻孔（位置见图 5-1）每日监测的压力取均值，得到的井间顶板压力变化如图 5-4 所示。由图 5-4 可知，千秋煤矿 21 采区各测点顶板压力整体下降明显，尤其靠近 13230 工作面易扰动区域中部的 3 号测点，该测点钻孔应力从 4.3 MPa 降低至 1.4 MPa，降幅甚至达到 66.4%。随着 13230 工作面的持续推进，非对称"T"形结构逐渐向平衡态过渡，13230 工作面联动层逐渐由高位向下回转，而 21121 砾岩层由低位向上回转平衡，顶板垂直压力逐渐下降。

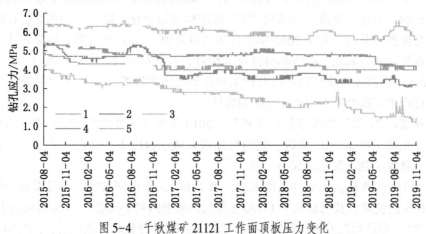

图 5-4　千秋煤矿 21121 工作面顶板压力变化

5.1.2.2 巨厚砾岩扰动范围

1. 地表沉降判断结果

由图 5-2 可知，工作面地表走向各测点于 2019 年 4 月前均出现明显抬升现象，2019 年 4 月—2019 年 7 月，仅 2019 年 6 月 53 号测点抬升了 3 mm，其余测点虽无直接抬升现象，但多测点仍出现后时期较前时期的"持平"（无明显沉降）特征，如 2019 年 4 月 51 号测点仅下降 3 mm，2019 年 6 月 52 号测点仅下降 7 mm，2019 年 6 月 50 号测点仅下降 4 mm，2019 年 7 月 50 号测点仅下降 7 mm，故由地表沉降判断巨厚砾岩联动扰动的临界时间为 2019 年 6 月。

2. 微震事件高度判断结果

由图 5-3 可知，仅对 13230 工作面微震事件而言，2019 年 7 月之前，微震事件月平均高度均存在上升现象，如 2019 年 1 月—2019 年 7 月微震事件平均高度由 5.89 m 上升至 12.17 m，随后明显降低至 5 m 以下，并在 2~8 m 之间波动，因此由微震事件高度判断巨厚砾岩联动扰动的临界时间为 2019 年 7 月。

3. 理论计算结果

对于 13230 工作面至 21121 工作面，该区域中间煤柱宽度 $J=160$ m，弯曲下沉带岩层与煤层距离 $h=358.66$ m，覆岩破裂角 $\alpha=65°$，21121 工作面先采采空长度 $n=1220$ m，将上述参数代入式（3-17），得到 13230 工作面受扰动的回采长度范围为 $0~653.7$ m。结合实际回采进度，2019 年 7 月 7 日和 2019 年 7 月 8 日，13230 工作面累计回采分别为 653.4 m 和 654 m，因此认为 2019 年 7 月 7 日为该面受砾岩扰动的临界时间。

因此，巨厚砾岩联动扰动结果实测值与理论值较为吻合，理论的有效性得以进一步验证。

5.1.2.3 后采工作面冲击机理

1. 联动条件下的煤岩应力环境

使用位于 13230 工作面上中下部的压力表征工作面回采过程中顶板压力变化，其余分站压力变化规律类似，限于篇幅，不再给出。井间后采工作面回采过程中顶板压力变化如图 5-5 所示。

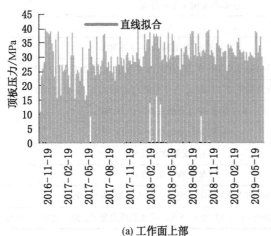

(a) 工作面上部   (b) 工作面中部

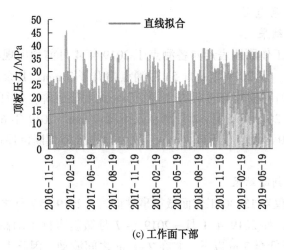

(c) 工作面下部

图 5-5　13230 工作面顶板压力变化

由图 5-5 可知，后采工作面回采初期顶板压力较低而回采后期压力逐渐升高，如 13230 工作面压力峰值呈逐渐上升趋势。这是由于井间率先采空侧诱发了后采侧巨厚砾岩的抬升运动，弱化了 13230 工作面高位岩层的垂向压力作用。

2. 13230 工作面冲击显现特征

13230 工作面回采过程中发生的冲击现象主要包括：巷道煤体滑移，底鼓，支护设备滑移、压沉、变形或损坏，运输设备位移，震感，响声，煤尘飘散，底板落煤，钻孔应力升高等。根据冲击显现的方向，将不同时期水平方向和垂直方向的显现情况进行归纳，具体见表 5-1。其中，2019 年 7 月 23 日至 2020 年 6 月 17 日的冲击显现均无明显的方向性，不再按照方向分类。

表 5-1　13230 工作面回采期间冲击显现特征

日期	冲击显现特征描述	
	水平方向	垂直方向
2015-12-22	巷道宽度由 6.2 m 压缩至 1.8 m	巷道高度由 4.1 m 压缩至 2.1 m
2017-06-10	5 架抬棚滑移 10~20 cm	无
2017-09-24	5 架抬棚滑移 20~30 cm	3 个钻孔应力增加 0.1~0.3 MPa
2017-10-10	1 架抬棚滑移 20 cm	3 个钻孔应力降低 0.18~0.28 MPa，1 个钻孔应力增加 0.39 MPa
2017-10-15	无	1 个钻孔应力降低 0.17 MPa，3 个钻孔应力增加 0.13~0.22 MPa
2017-10-25	无	4 个钻孔应力增加 0.04~0.15 MPa
2017-11-02	无	3 个钻孔应力增加 0.09~0.15 MPa
2018-02-16	2 架抬棚滑移 20 cm	门式支架立柱压死
2018-03-13	14 架抬棚滑移 5~50 cm	1 架抬棚下沉 20 cm
2018-04-29	1 架抬棚滑移 15 cm	24 架门式支架压力突增，最大增幅 10.6 MPa
2018-06-04	17 架抬棚歪斜 5~10 cm	9 个钻孔应力增加 0.11~0.13 MPa，5 架门式支架压力突增，最大增幅 7.9 MPa

表 5-1（续）

日期	冲击显现特征描述	
	水平方向	垂直方向
2019-07-09	10 架抬棚滑移 10~40 cm	1 个钻孔应力增加 1 MPa
2019-07-22	无	1 个钻孔应力增加 0.1 MPa
2019-07-23~ 2020-06-17	共发生 35 次冲击显现，均为声响、煤尘飘散和底板落煤现象	

表现为水平或垂直方向上的冲击显现一定程度上与该方向的应力相关，因此认为煤体滑移和支护设备滑移现象主要由水平应力作用导致，钻孔和支护设备垂直应力增加等现象主要由垂直应力导致。由表 5-1 可知，13230 工作面回采过程中，初期巨厚砾岩联动抬升卸压弱化了煤体纵向约束，导致煤体或支护设备滑移量较高，后期结构的平衡使水平滑移量逐渐降低；巨厚砾岩的作用同样造成垂直方向的冲击显现逐渐剧烈，冲击现象由个别钻孔垂直应力小增幅甚至下降发展为多钻孔、多支架应力高增幅。

此外，从存在滑移显现的时间上来看，2018 年 7 月 9 日之前均存在滑移现象，之后均无滑移现象，因此认为初期的联动抬升效应与后期的无联动抬升效应之间的临界时间为 2019 年 7 月 9 日，这与理论临界时间（2019 年 7 月 7 日）基本吻合。

进一步地，由图 5-2 可知，地表测点发生抬升的典型时期有 2017 年 10 月 1 日、2018 年 3 月 1 日、2018 年 4 月 1 日、2018 年 7 月 1 日和 2019 年 6 月 1 日，表 5-1 中与上述相近日期的冲击显现见表 5-2。表 5-2 中，除 2019 年 6 月 1 日外，其余时期中，地表抬升前一个月均存在冲击显现；除 2018 年 7 月 1 日外，地表抬升后一个月内，工作面均出现冲击显现，结合 13230 工作面持续回采的现象说明，工作面回采或冲击能够诱发后采工作面高位巨厚砾岩的联动抬升，从而进一步诱发工作面水平滑移式冲击显现。

表 5-2 地表抬升与冲击显现的关系

地表抬升日期	冲击显现日期	地表抬升日期	冲击显现日期
	2017-09-24	2018-04-01	2018-04-01
2017-10-01	2017-10-10		2018-06-04
	2018-02-16	2018-07-01	
2018-03-01	2018-03-13	2019-06-01	2019-07-09

3. 致冲过程

根据该井间区域原岩应力测试结果，13230 工作面三个测点最大水平主应力和垂直应力分别为 13.83 MPa 和 15.55 MPa、12.58 MPa 和 15.53 MPa、14.84 MPa 和 14.98 MPa；千秋煤矿 21 采区三个测点最大水平主应力和垂直应力分别为 17.51 MPa 和 15.83 MPa、18.01 MPa 和 18.23 MPa、22.87 MPa 和 19.54 MPa。

仅从应力数值来看，耿村煤矿 13230 工作面下巷的水平应力稍低于垂直应力，千秋煤矿 21 采区水平应力明显高于垂直应力。根据井间区域的 4108 号地质钻孔可知，煤层直接顶为泥岩，直接底为 38 cm 炭质泥岩薄层；由煤岩摩擦滑动的力学试验可知，煤与泥岩的摩擦系数分别为 0.61~0.63 和 0.61~0.65，故摩擦系数按照平均值 0.63 计算，显然煤体所受水平应力明显高于摩擦极限，因此高水平应力为煤体滑移提供了外在的应力条件。

当井间未开采时，原始垂直应力、原始水平应力和煤岩结构面属性具有合理的匹配关系，煤岩体处于力学平衡状态。当井间近距离工作面开采且后采工作面和先采工作面的采空长度（n 和 m）满足 $n \leqslant \dfrac{m}{2} - \dfrac{J}{4} + \dfrac{h\cot\alpha}{2}$ 时，后采工作面开采活动或冲击显现的扰动导致巨厚砾岩联动抬升，从而降低了煤岩体垂直应力，弱化了煤体纵向约束作用，在高水平应力环境下，引发了煤体水平滑移式冲击；随着后采工作面回采长度的增加，高位覆岩结构逐渐趋于"平衡化"，该过程造成垂直应力逐渐升高，增加了垂直方向对于煤体作用的占比，使垂直方向显现的冲击效应逐渐增强。

5.1.3　应力转移致冲机理

5.1.3.1　应力转移特征

1. 应力转移表征方法

图 5-6 为两工作面对同一微震活动的监测过程。从现场两工作面采掘过程中地质构造的揭露情况可知，两工作面间未发育断层和褶皱等地质构造，同时两条传播路径上煤岩体介质差别不大，故可近似认为两条路径上 P 波平均波速 v 大致相当。从图中三角形三边关系可以看到，$vt_2 - vt_1 < L$，两工作面监测的同一微震事件震源发震时间间隔 $t_2 - t_1 < L/v$。

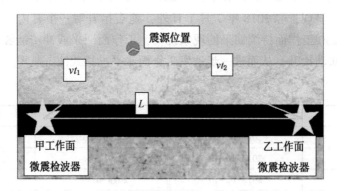

图 5-6　两工作面对同一微震活动的监测过程

两工作面推进过程中，微震检波器位置始终超前工作面 150 m 布置，在极限条件下，即两工作面推至终采线时，井间两检波器距离最远相距 2700 m（布置位置如图 5-1 所示）。根据现场实测结果，P 波在煤、泥岩、砂岩、砾岩中的传播波速分别为 1736 m/s、3816 m/s、4382 m/s、4952 m/s，故平均波速介于 1736~4952 m/s 之间。若按煤层波速计算，可得极限状态下两矿井监测的同一微震活动震源发震时间间隔小于 2 s。对于波速增大或两矿井微震检波器距离减小的其他情况，该时间间隔将更短。因此，将两矿井监测的震源发震时间间隔小于 2 s 的微震事件视为同一震源产生的事件。同时，将两工作面震源发震时间间隔在 2~120 s 内的微震事件称为引发微震事件，认为先发生的微震事件由井间煤柱一侧工作面煤岩体破裂产生，在巨厚砾岩层岩梁作用下，应力转移至井间煤柱另一侧工作面，导致煤体及顶底板破裂，产生时间滞后的微震事件。

2. 应力转移方向性

2015 年 12 月 1 日至 2020 年 6 月 22 日引发微震事件的空间分布如图 5-7 所示，其中以实心和空心标记的微震事件分别为 13230 工作面和千秋煤矿 21 采区监测的微震事件，标记符号的不同颜色表示不同微震能量等级。经统计，该时期共发生 45 组引发微震事件，13230 工作面微震事件分布范围较小，位于该工作面附近，千秋煤矿 21 采区微震事件分布范围较大，部分集中分布于 21 采区下山，其余均匀分布于 21 采区采空区、"刀柄式"煤柱和 13230 采空区内。从震源发震时间先后来看，耿村煤矿 13230 工作面早于千秋煤矿 21 采区的事件共 38 组，其余 7 组事件为千秋煤矿先发生，说明整体上应力由 13230 工作面转移至千秋煤矿 21 采区，尤其是采区下山；从 37 组 13230 工作面引发千秋煤矿 21 采区的微震事件的平均能量来看，13230 工作面事件能量（1.32×10^6 J）约为千秋煤矿 21 采区事件能量（5.69×10^5 J）的 2 倍，说明 13230 工作面初始能量释放较高，而后应力转移诱发 21 采区的微震事件能量较低，这与理论分析及相似模拟中的应力转移结果一致，即后采工作面发生较大的冲击后，先采工作面垂直应力增幅较小。

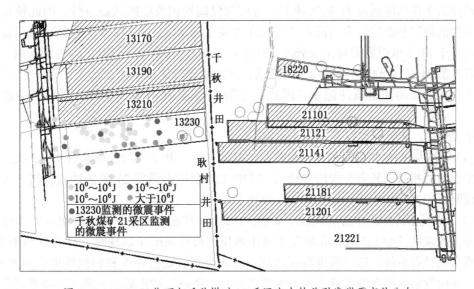

图 5-7 13230 工作面与千秋煤矿 21 采区应力转移引发微震事件分布

3. 应力转移范围

13230 工作面回采过程中，对每月引发的微震事件组数进行统计，得到每月微震事件的组数变化如图 5-8 所示。由图可知，2019 年 7 月之前存在大量的引发微震事件组，认为该时期内存在应力转移现象；随着 13230 工作面回采范围超过临界范围后，2019 年 8 月以及之后的 10 个月内均不存在引发微震事件，因此判断应力转移实测临界时间为 2019 年 7 月，该实测时间与理论时间（2019 年 7 月 7 日）较为接近。

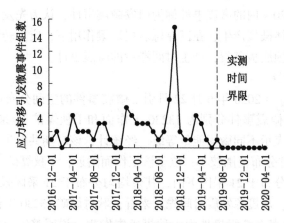

图 5-8　13230 工作面回采期间应力转移引发微震事件组数变化

5.1.3.2　先采工作面冲击机理

1. 引发的冲击显现特征

将井间区域时间接近的冲击显现事件实时记录并统计，得到 13230 工作面诱发千秋煤矿 21 采区冲击显现的特征，见表 5-3。需要说明的是：①13230 工作面发生冲击后，并非所有的冲击事件均能诱发 21 采区冲击，有可能仅诱发相关联的微震事件，因此使用引发微震事件的数量和能量值表示诱发冲击显现的频度与强度；②13230 工作面冲击显现发生时间均早于 21 采区引发的冲击或微震事件 2 s~1 min；③由于 13230 工作面回采时，2018 年 1 月之前 21 采区下山区域存在人员活动，冲击显现时进行了相关记录；而 2018 年 2 月之后不存在人为的冲击事件记录，因此该时期 21 采区冲击显现全部使用引发微震事件表征。

由表 5-3，能够得到以下三点认识：

（1）从井间两侧相关联的冲击显现发生时间来看，共 7 次的关联事件中，2 次关联事件的发生时间相同，其余 5 次均表现为 13230 工作面冲击诱发 21 采区冲击，这一方向性特征说明了应力转移能够诱发先采工作面冲击。

（2）从互相诱发的冲击显现强度来看，13230 工作面冲击显现的强度均高于其诱发 21 采区冲击的强度，如 13230 工作面发生冲击地压事故或强矿压显现时，21 采区仅有震感、响声或高能微震事件。这一强度特征印证了理论分析、数值模拟和相似模拟的相关现象：后采工作面发生煤体全部失稳并失去承载能力的"超强"冲击后，先采工作面垂直应力增幅较低。

（3）后采工作面回采过程中冲击显现越剧烈，诱发的冲击显现就越剧烈。如 2015 年 12 月 22 日—2017 年 10 月 15 日，13230 工作面冲击显现剧烈程度由高到低排序的四个时期分别为 2015 年 12 月 22 日、2017 年 10 月 15 日、2017 年 6 月 10 日和 2017 年 2 月 10 日，对应四个时期的 21 采区被诱发的冲击显现剧烈程度也呈降低趋势，表现为诱发微震事件能量的降低，这一特征印证了第 6 章数值模拟中不同煤厚条件的应力转移结果，即：模拟中使用煤体全部采出表征后采工作面发生冲击，煤层厚度越厚，后采工作面冲击显现就越剧烈，先采工作面应力增量就越大，诱发的先采工作面冲击显现越剧烈。

表 5-3 13230 工作面冲击诱发 21 采区冲击的特征

日期	21 采区（先采）		13230 工作面（后采）	
	时间	冲击显现	时间	冲击显现
2015-12-22	10:42:20	有震感，$E=1.5\times10^7$ J	14:42:20	冲击地压事故，巷道破坏长度 160 m，巷道宽度由 6.2 m 压缩至 1.8 m
2017-02-10	19:36:52	有响声，$E=3.5\times10^2$ J	19:29:10	有响声、震感、煤尘
2017-03-03	06:29:22	$E=7.4\times10^2$ J	06:29:20	有响声、煤尘
2017-06-10	14:38:10	有响声，$E=2.3\times10^3$ J	14:37:39	有震感、煤尘、落煤、锚喷皮掉落现象，3 架门式支架倾斜，5 架液压抬棚滑移 10~20 cm
2017-10-15	23:34:04	有震感、响声，$E=4.9\times10^4$ J	23:31:59	有震感、煤尘大，回采进尺 400 m 处浅孔应力降低 0.17 MPa，深孔增加 0.22 MPa，回采进尺 425 m 处浅孔应力增加 0.13 MPa，深孔增加 0.17 MPa
2018-03-13	14:42:11	$E=1.5\times10^4$ J	14:42:11	有较大响声和较大煤尘，10 架液压抬棚滑移 20~50 cm，14 架液压抬棚滑移 5~30 cm，底鼓 10~26 cm，1 架液压抬棚下沉 20 cm
2018-06-04	14:43:39	$E=1.4\times10^5$ J	14:43:31	底鼓 30~140 cm，17 架液压抬棚向上帮滑移，3 个钻场闭墙倒塌，9 个隔爆水袋掉落，100 m 巷道锚喷皮掉落，9 个钻孔应力增加 0.11~1.3 MPa，4 个门式支架应力增加 7.9 MPa

2. 致冲机理

综合上述分析，义马矿区局部区域的近距离相邻工作面开采时，巨厚砾岩整体控制煤柱两侧工作面的垂直应力环境，当后采工作面和先采工作面的采空长度（n 和 m）满足 $n\leqslant\dfrac{m}{2}-\dfrac{J}{4}+\dfrac{h\cot\alpha}{2}$ 时，后采工作面冲击作用导致其对上覆顶板承载降低，通过巨厚岩层作用造成煤柱两侧工作面应力重新分布，从而导致垂直应力转移至先采工作面，而导致先采工作面微弱冲击。

5.2 褶曲控制下典型区域互扰特征多参量全周期监测分析

5.2.1 监测区域概况

1. "4·19" 事件

由于大安山矿井复杂的地质工程条件，已开始出现了一些较为剧烈的动力显现。2014 年 10 月至 2016 年 4 月，大安山煤矿 +400 m 水平轴 10 槽煤层共出现 26 次动力现象，严重制约着轴 10 槽煤层的安全高效开采。

其中，2016 年 4 月 19 日 1 时 10 分在 +400 m 水平西一轴 10 槽西四面及上下顺槽出现了一次较为剧烈的应力集中显现情况，动力事件发生在工作面接近中部上山阶段，发生时地面有强烈震感，经北京市地震台测定震级为 2.7 级地震，其具体破坏情况可描述为：上顺槽自工作面向外巷道破坏 90 m；下顺槽自工作面向外巷道破坏 15 m；工作面整体煤壁片帮，730 刮板输送机和采煤机抬起。

此次事件中，由于轴 10 槽西四面埋深 700~800 m，本身已处于深部范畴，具备较高的原岩应力水平，且由于地处山区，其原岩应力水平在不同阶段将出现一定程度的波动，动力事件发生时工作面进入原岩应力升高区，提高了工作面的应力集中程度；同时，该推采位置接近中部上山应力集中影响区域和工作面形状不规则区域。上述因素的综合影响，使得应力集中程度在该阶段显著提高，进而形成了一次强烈的动力现象。

自 2016 年 4 月 19 日动力事件发生后，轴 10 槽煤层开采的关注度显著提升，经过慎重论证，决定开采轴 10 槽西一面作为接续。该工作面上覆轴 13 槽采空区，西南侧邻近发生动力事件的西四面，但二者间存在雁列式断层，可用于研究断层对于互扰传导的阻隔作用；同时，工作面东南侧存在轴 9 槽回采工作面，可用于研究连续介质条件下的工作面互扰情况。因此，该区域较为全面地覆盖了本项目的研究需求，故将其作为典型区域开展现场工作。

2. 监测布置

为系统掌握工作面间开采扰动的基本情况，矿井围绕轴 10 槽西一面为中心，以微震监测为主，配合应力、电磁辐射以及 PASAT-M 扫描等手段，进行了区域性监测。轴 10 槽西部采区西一面回采前：+240 m 水平西一轴 10 上槽西部采区上、下巷分别安装 8 台微震监测仪，如图 5-9 所示。工作面开切眼往外 50 m 开始为第一微震测点，以后每隔 40 m 布置 1 个微震测点，上巷共 17 个测点，下巷共 16 个测点，上、下巷超前各安装 8 个拾震器，并随工作面推采逐个后移。

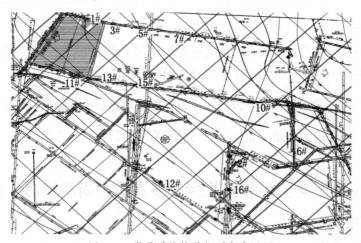

图 5-9　微震系统拾震仪测点布置图

轴 10 槽煤层西部采区西一面回采后：+240 m 水平西一轴 10 上槽煤层西部采区上巷布置 5 台拾震器，下巷布置 4 台拾震器，轴 10 槽煤层以外巷道安装 7 台拾震器，工作面上、下巷超前 4 个测点间距为 70~90 m，随工作面向前推采，上、下巷拾震器逐个后移，超前外 8 个测点为固定测点，24 小时连续不间断监测。该方案实现了针对轴 10 槽煤层及其周边区域微震事件的及时监测。

此外,应力、电磁辐射依据推进度保持一定间距依次后移布置,保证对于开采全过程的覆盖,而 PASAT-M 则依据工作面推进的关键阶段不定期开展扫描探测工作。上述 3 种监测手段的基本布置和探测位置情况如图 5-10 所示。

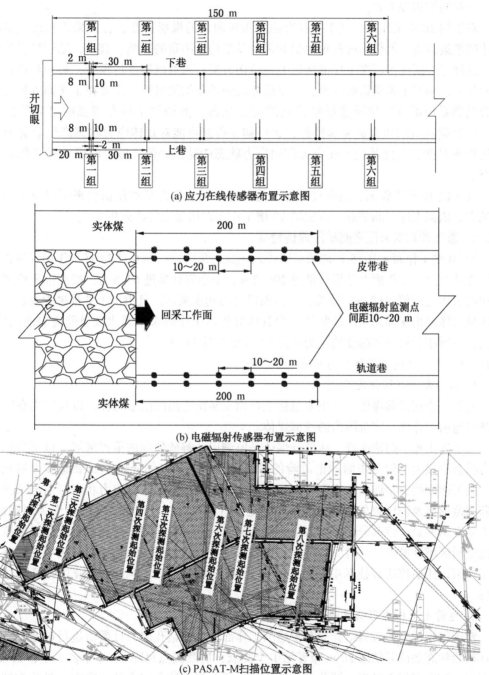

(a) 应力在线传感器布置示意图

(b) 电磁辐射传感器布置示意图

(c) PASAT-M扫描位置示意图

图 5-10 监测系统传感器布置及探测位置示意图

结合冲击地压现有研究结论，对于轴 10 槽西一面，可能对其未来应力状态产生影响的因素大致可分为两类，即采动影响因素以及结构性影响因素。对于采动影响因素，主要包含工作面推进速度、超前支承压力影响范围、支承压力峰值范围等主要由动态的人为因素造成；对于结构性影响因素，主要包含已有的采空区及其遗留煤柱、断层、空巷等静态的已存在的结构性因素。

对于轴 10 槽工作面，基于其具有强冲击倾向性的煤层属性，在开采之初即确定稳态慢速的推进方案，但仍不可避免地受到采动及结构性因素的影响。其中，结构性影响因素由于其静态的属性，可在工作面接近上述结构时提前采取措施进行预防，避免形成过高的应力集中，而对于采动影响因素，由于煤体较强的非均质属性，需要在工作面推进过程中结合监测系统的分析判断进行跟踪式的动态把握，前期并不具有较强的可靠的预测方法，但根据现有的研究成果和经验，仍可初步得到可能对煤体应力状态产生显著影响的关键推进时期，在此基础上配合工作面应力状态的动态评价，可全时段掌握工作面应力状态。

对于轴 10 槽工作面，其推进过程中的关键时期主要为基本顶初次来压以及工作面一次见方。依据上述时间节点，开展轴 10 槽工作面矿压显现特征分析。

5.2.2 直接顶初次来压期间矿压显现特征

轴 10 槽工作面 4 月 15 日调采完毕进入正式回采阶段，至 6 月 14 日工作面保持正常推采已 2 月有余，工作面上巷累计推进 106.2 m，下巷累计推进 63.6 m，按照推进距离及顶板初次来压监测值（68 m）计算，工作面已经历初次来压，且由于上巷推进距离较大，局部区域可能已出现周期来压的特征。为具体分析本工作面来压规律及当前应力演化特征，本次评估所用数据时间跨度确定为 4 月 14 日至 6 月 14 日。

5.2.2.1 工作面浅部煤体应力分布及演化规律

1. 工作面浅部煤体定义

对于工作面浅部煤体，其主要包括工作面支架所监测的浅部煤体，以及应力在线系统监测的超前工作面一定范围内的浅部煤体。

对于冲击地压防治而言，该部分煤体是监测以及解危处理的重点区域，该部分煤体的应力状态直接关系到工作面冲击危险的等级，类似的，该部分煤体如果能够得到充分卸压，则工作面的安全即能够得到较大程度的保障。该部分煤体的应力状态与监测系统的有效监测范围以及卸压解危措施的有效影响范围有关，以二者相对较大的值作为划定标准。但需要强调的是，该部分煤体应力状态的监测为局部区域监测，与之对应的是微震监测系统的空间区域性监测，同时，与优化开拓布置、处理顶板等措施相比，该区域的处理措施处于冲击地压防控成套技术中相对终端的地位，同时是防控冲击地压最具有可操作性的区域。

2. 超前支承压力影响范围及峰值位置

对于该指标分析应当结合分布于超前工作面区域的钻孔应力计数值进行确定，钻孔应力计初始状态超前开切眼 20 m 布置第 1 个测点，后续测点每隔 30 m 布置 1 个，共布置 9 个测点，随着工作面推进，钻孔应力计逐个后移。当前钻孔应力计分布中，最前方钻孔应力计为超前原开切眼 135 m、137 m 测点，该评估期内共后移测点 2 组，分别于 5 月 1 日后移超前原开切眼 77 m、79 m 测点，6 月 6 日后移超前原开切眼 107 m、109 m 测点，分析过程中应在对应时间段内还原上述测点位置。

以月为单位，分别提取 4 月 14 日至 5 月 12 日、5 月 14 日至 6 月 11 日监测数据，可得钻孔应力计数值分布，如图 5-11、图 5-12 所示。

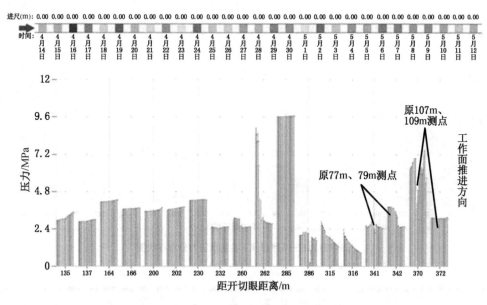

(a) 4月14日—5月12日上巷支承压力分布柱状图

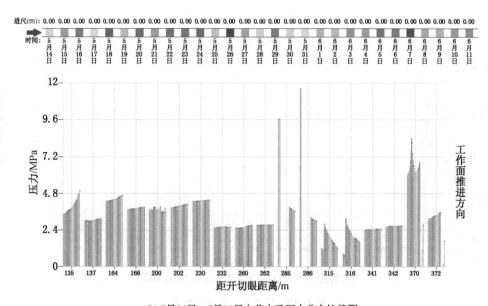

(b) 5月14日—6月11日上巷支承压力分布柱状图

图 5-11　上巷支承压力柱状图

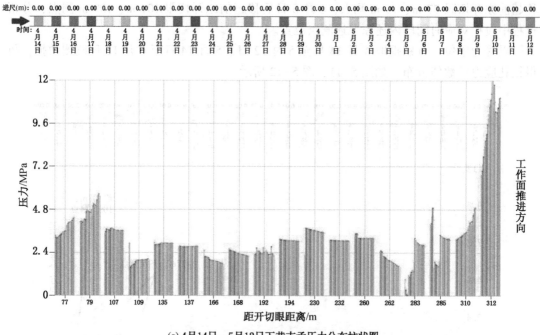

(a) 4月14日—5月12日下巷支承压力分布柱状图

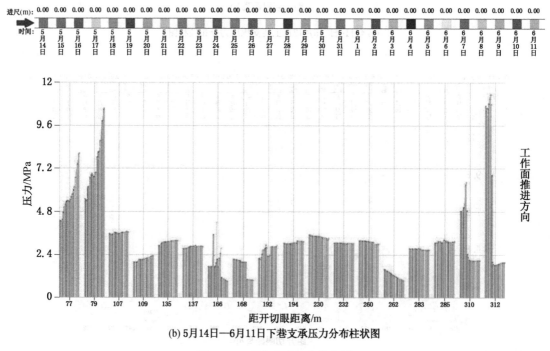

(b) 5月14日—6月11日下巷支承压力分布柱状图

图 5-12 下巷支承压力柱状图

　　对于上巷，原 77 m、79 m 测点后移为超前原开切眼 341 m、342 m 测点，原 107 m、109 m 测点后移为 370 m、372 m 测点。因此，4 月 14 日至 5 月 1 日应以 341 m、342 m 测

点为第 1 测点，以 370 m、372 m 测点为第 2 测点。4 月 14 日上巷累计推进 49.8 m，距离第 1 测点 27.2 m，由图 5-11a 可以看出，该时间段内，第 1 测点 8 m 深测点应力值短暂下降后出现上升现象，而同时 10 m 深测点则总体表现出应力值下降趋势，钻孔应力值出现反复上升和下降表明该区域煤体在上覆荷载的持续作用下出现了反复"破坏-重构"现象。以单轴压缩进行类比，该阶段煤体进入了峰后的应力调整阶段，即煤体已开始丧失承载能力。由此推断，该阶段超前支承压力峰值应位于 27.2 m 之后的附近区域。而与此同时，第 2 测点应力值出现上升现象，该测点超前工作面 57.2 m，与单轴加载类比，该部分煤体处于峰前的稳定应力上升段，具有较好的完整性。考虑到工程尺度具有较大的容差范围，认为工作面类似位置处的煤体属性具有高度相似性，强度等参数以及所处应力环境相近。由该测点处煤体相对完整推断，该位置应力值尚未达到峰值，即超前支承压力峰值应位于该测点之前附近。由此可知，4 月 14 日至 5 月 1 日，超前支承压力峰值位于超前工作面 30~50 m 范围。

5 月 2 日至 6 月 6 日，107 m、109 m 测点作为第 1 测点，后移的 77 m、79 m 测点应力值由于超出支承压力影响范围，开始出现稳定趋势，而 107 m、109 m 测点应力值则开始出现显著上升趋势。至 5 月 10 日 8 m 深测点应力值达到最高值，约为 7.5 MPa，第一次出现应力值下降，即煤体强度开始进入峰后阶段。此时工作面上巷累计推进 72 m，该测点距离工作面 35 m，随后该测点的应力值进入反复上升和下降阶段。而位于 135 m、137 m 处测点应力值则开始出现稳定上升现象，该位置超前工作面 63 m 左右，超前支承压力已开始对该区域产生显著影响，同时煤体保持较好的完整性，推断峰值点位于该位置之前的附近位置，即 5 月 2 日至 6 月 6 日，超前支承压力峰值位于超前工作面 40~60 m 的位置，有所前移。

自 6 月 7 日起，135 m、137 m 测点开始作为第 1 测点，107 m、109 m 测点后移为 370 m、372 m 测点，需要注意的是，移动后测点的数值出现零星缺失现象，应注意该位置处设备工作状态的检查。截至 6 月 14 日，135 m、137 m 处测点的应力值仍处于稳定上升状态，此时对应的累计推进量为 106.2 m，第 1 测点超前工作面 28.8 m，结合目前煤体具有相对较好的完整性，判断超前支承压力峰值仍位于第 1 测点之前，即与工作面煤壁距离小于 28 m。

总结可知，4 月 14 日至 6 月 11 日，超前支承压力峰值在工作面前方 30~50 m、40~60 m 以及小于 28 m 范围内波动，与工作面距离总体呈现出"近-远-近"的演化规律。造成该现象的原因在于，峰值的形成是以煤体完整性为前提，其前移是以煤体开始丧失承载能力为条件，而煤体并非随着工作面的推进及时发生破坏，由此造成了峰值移动相比于工作面推进具有一定的时间差，进而使得峰值与工作面距离表现出远近交替的现象。

上述特征说明：①当前顶板的沉降运移能够破坏近工作面煤体的完整性，避免形成过多的能量积聚；②以远近交替作为判断依据，可大致判断超前支承压力峰值所处位置；③应当注意峰值与工作面距离较近期间的解危措施落实，当判断峰值与工作面距离处于较近的阶段时，应当采取措施破坏煤体完整性，实现峰值前移，降低近工作面煤体的危险性。

采用类似方法分析下巷超前支承压力峰值分布特征，该评估期内下巷同样后移 2 组应力计，分别于 4 月 18 日将原 18 m、20 m 测点后移至超前原开切眼 283 m、285 m，于 5 月 25 日将原 48 m、50 m 测点后移至 310 m、312 m 测点。考虑到 4 月 14 日与 4 月 18 日时间较近，数据相对较少，因此以 4 月 18 日至 5 月 25 日（以 48 m、50 m 处作为第 1 测点）作为第一个分析时间段。

4 月 18 日下巷累计推进 13.8 m，第 1 测点距离工作面煤壁 34.2 m，随着工作面的推进，煤壁与测点距离逐渐缩短，8 m 和 10 m 深测点的应力值在该时期内开始出现上升趋势。需要注意的是，10 m 深测点在工作面推进至 5 月 1 日左右时，开始出现强度下降现象，该时间点工作面下巷累计推进 26.4 m，工作面距离该测点 23.6 m，按照上巷分析方法，超前支承压力峰值位于 23.6 m 前方附近。与此同时，超前原开切眼 77 m、79 m 处测点应力值处于持续上升阶段，该测点在同一时间点超前工作面 52.4 m，推断支承压力峰值位于超前工作面 24~50 m 范围，且由于该时间点钻孔应力计数值刚开始出现下降，因此，峰值应偏向于 24 m 前方附近。

进一步，当工作面推进至 5 月 25 日，48 m、50 m 测点后移至 310 m、312 m 测点，超前原开切眼 77 m、79 m 处成为第 1 测点，此时工作面下巷累计推进 44.4 m，超前工作面煤壁约 34.6 m，且超前支承压力峰值此时应位于该位置之前附近。由此超前支承压力峰值与工作面煤壁的距离表现出"远–近"交替现象，与上巷分析结论相验证。

在分析上巷、下巷钻孔数值时，8 m 与 10 m 深处测点应力值变化趋势并不同步，该现象是由工作面煤体的非均匀性所造成。同时，当前工作面超前支承压力峰值表现出远近交替的移动特征，较近时位于超前工作面 20 m 范围左右，较远时位于超前工作面 30 m 之后范围。在意识到该演化特征的同时，应当注意超前支承压力峰值的分析方法，即寻找钻孔应力计数值开始出现下降的时间点，同时分析同一时间点更远处相邻测点的演化趋势，以应力下降作为峰值点通过的特征，以应力值持续上升作为峰值点尚未到达的特征，将超前支承压力圈定在具体范围内，卸压解危措施的施工应当以对应范围作为重点。

进一步统计锚杆锚索测力计的数值演化趋势，上巷、下巷锚杆锚索测力计的数值演化规律如图 5-13 和图 5-14 所示。

从图 5-13 和图 5-14 中可以看出，上巷、下巷锚杆、锚索荷载数值总体保持较为稳定的发展趋势，采动期间巷道围岩不可能完全保持静止，考虑到锚杆锚索长度及其测力原理，推断大部分锚杆锚索处于整体移动状态，进而未表现出显著的数值波动。但需要注意的是，下巷 318 m 处测点数值在评估期内仍出现了较为明显的波动现象，且后期以数值上升为主。该测点于 6 月 13 日由超前原开切眼 70 m 处移至当前位置，移动时下巷累计推进 62.4 m，该测点的上升趋势开始于 4 月 25 日左右，当时下巷累计推进 21 m，即该处测点数值从距离工作面煤壁 50 m 开始，随推进缩短至 7.6 m 期间，其数值均处于上升状态。锚杆长度为 2 m，由此表明该时期内下巷出现活动迹象的煤体距离煤壁小于 2 m。考虑到该趋势的持续时间较长且数值缓慢上升，因此，判断该现象由煤体应力演化导致，认为在未来的推进过程中，下巷超前工作面 30 m 范围内应当作为重点关注区域。

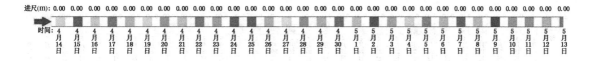

大安山煤矿+240m水平轴10槽西部采区西一面上巷锚杆锚索应力分布曲线图

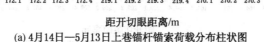

(a) 4月14日—5月13日上巷锚杆锚索荷载分布柱状图

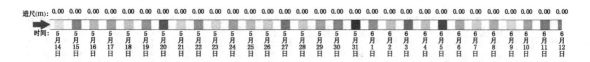

大安山煤矿+240m水平轴10槽西部采区西一面上巷锚杆锚索应力分布曲线图

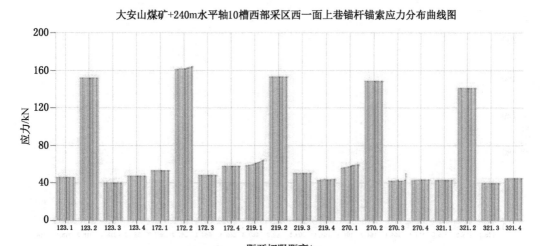

(b) 5月14日—6月12日上巷锚杆锚索荷载分布柱状图

图5-13 上巷锚杆锚索荷载柱状图

3. 工作面来压特征分析

液压支架工作阻力能够反映工作面附近浅部煤体所处应力状态，分别统计4月14日

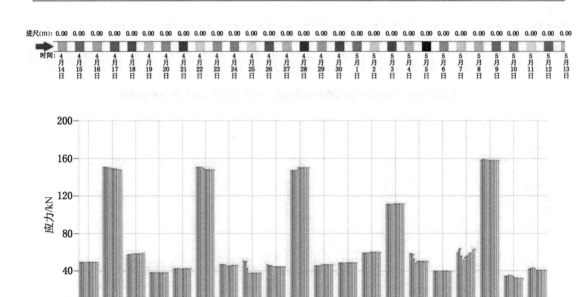

(a) 4月14日—5月13日下巷锚杆锚索荷载分布柱状图

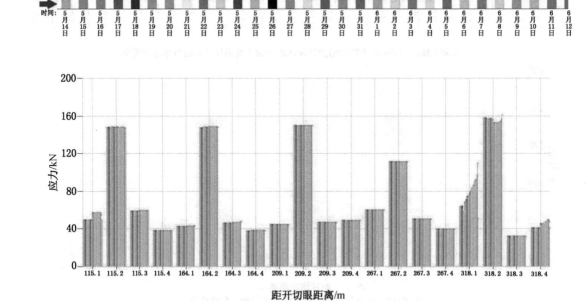

(b) 5月14日—6月12日下巷锚杆锚索荷载分布柱状图

图5-14　下巷锚杆锚索荷载柱状图

至5月13日、5月14日至6月13日工作面支架工作阻力，如图5-15所示。

对于4月14日至5月13日的工作面支架阻力，上下端头表现出了较为良好的一致

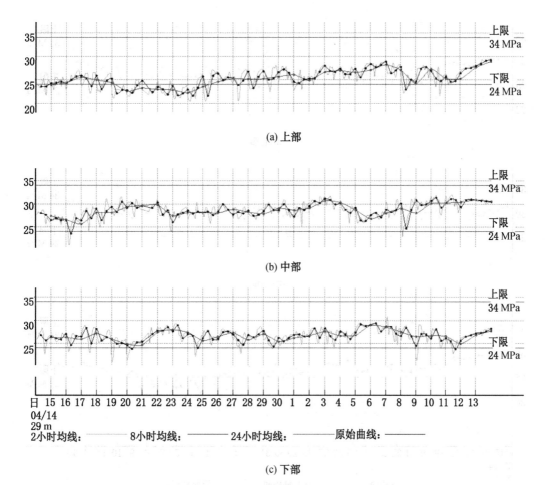

(a) 上部

(b) 中部

(c) 下部

图 5-15　上、中、下部工作面支架阻力演化曲线 (4月14日—5月13日)

性，而中部支架阻力则在部分时间段内表现出了相反的演化趋势。该特征表明在对应时间段内，工作面附近不同位置处顶板的垮落时机尚存在一定的差异。工作面于 4 月 15 日左右完成调斜工作，进行调采过程中，上巷推进度比下巷推进度总体超前，导致工作面上下部分的顶板悬露状况存在一定差异，进而导致垮落时机不同，出现工作面支架阻力演化异步现象。

随着调斜后工作面的正常推进，进一步统计工作面不同位置处的支架阻力演化趋势，如图 5-16 所示。

由图 5-16 可以看出，随着工作面的正常推进，工作面上下部分的支架阻力仍保持较为一致的演化趋势，且中部支架阻力开始在更多的时间段内出现了与上下部相同的演化趋势。该特征表明完成调采工作后，较为规则的工作面形状使得工作面上、中、下部来压基本趋于同步。尤其统计时间段后期，自 6 月 9 日左右开始，工作面上、中、下部均出现了显著上升趋势，表明近期可能出现一次较为显著的来压显现，应提高关注程度。

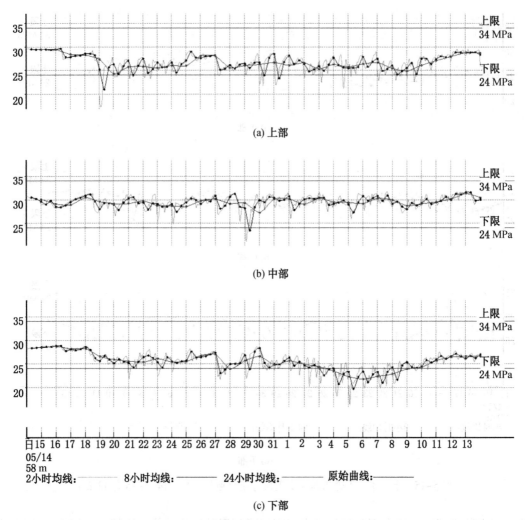

(a) 上部

(b) 中部

2小时均线： ——— 8小时均线： ——— 24小时均线： ——— 原始曲线：———

(c) 下部

图 5-16 上、中、下部工作面支架阻力演化曲线 (5 月 14 日—6 月 13 日)

虽然未来工作面主体将进入轴 13 槽采空区，但由于上、中、下部的顶板活动趋于同步，且工作面局部位置将穿越轴 13 槽遗留煤柱，进而将在遗留煤柱与采空区相交区域形成较为显著的应力梯度，由此导致对应的局部区域危险程度有所提升。

4. 微震事件分析

分别统计 4 月 14 日至 5 月 14 日，以及 5 月 14 日至 6 月 14 日的微震事件分布情况，如图 5-17、图 5-18 所示。

由图 5-17 可以看出，对于 4 月 14 日至 5 月 14 日的微震监测结果，大部分事件能量处于 30000～50000 J 范围，个别事件能量超出 50000 J，属于能量级别较大的微震事件。以能量值超过 50000 J 的事件为分析对象可以发现，其分布主要集中在靠近上巷的部位，该区域靠近西一石门和 F28-A3 断层。在上述因素的共同影响下，该区域的顶板处于相对活跃状态。

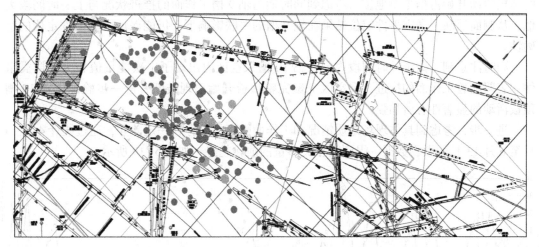

图 5-17 微震事件分布示意图 (4 月 14 日—5 月 14 日)

同时应注意到，轴 10 槽与周边轴 9 槽、轴 5 槽工作面的活动具有较强的关联性，部分微震事件的真实发生位置可能位于上述周边工作面，进而造成在个别事件统计上存在一定误差。但由于分析微震事件的数据量较大，因此，个别事件的偏离并不影响总体结论的准确性和适用性。但在条件允许的情况下，仍应考虑将监测方案进一步优化，实现轴 5 槽、轴 9 槽以及轴 10 槽微震事件的分别剥离，提高监测区域微震事件统计的精度。

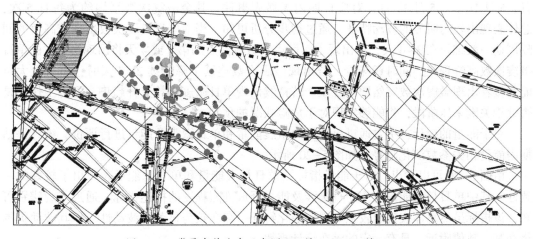

图 5-18 微震事件分布示意图 (5 月 14 日—6 月 14 日)

由 5 月 14 日至 6 月 14 日的微震事件分布 (图 5-18) 可以看出，随着工作面的推进，微震事件的总体分布特征发生了较为显著的变化。首先，分布于上巷靠近 F28-A3 断层附近的微震事件能量值明显减小，能量值大于 50000 J 的大能量事件开始集中于工作面中部位置。该特征表明诱发大能量微震事件的力源与上一时期相比发生了转移，轴 10 槽自身的顶板活动开始占据主要地位。考虑到同时期内轴9槽工作面的推进状况与上一时间段类似，从侧面反映了微震事件定位结果在轴9槽的关联影响下，仍能保证微震事件定位的准确性。

同时注意到，该统计时间段内，在轴10槽采空区内出现了1次能量值较大的微震事件。表明随着工作面的推进，采空区上覆完整顶板开始出现破断，进一步验证了轴10槽顶板活动的显著性有所加强。

进一步，考虑到具体现场地质情况和工作面赋存情况存在一定差异，通过统计4月14日至6月13日的微震数据，得到其相关参量的演化趋势，如图5-19所示。

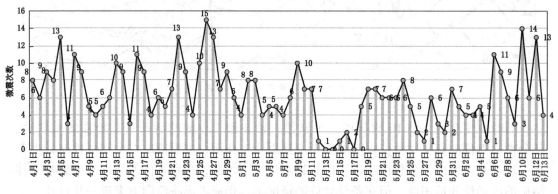

图5-19 单日微震次数演化示意图（4月1日—6月13日）

对于单日微震次数，统计期内最高为每日15次，最低为工作面停采期间的5月13日、5月14日、5月17日，对应日期内无微震事件，其余微震次数平均约为每日5次，总体表现出较为明显的波动特征。通过初步分析可知，当前单日微震次数出现较高值的间隔周期一般维持在3~4天，即出现1次微震次数较高后的第3或4天将出现第2次的单日微震次数高峰现象，同时意味着，若出现微震次数连续下降持续2~3天时，将有较大可能紧接着出现微震次数突然增加现象。若持续出现单日微震次数上升趋势，配合工作面是否处于关键来压阶段，将能够实现对于危险状况的预判。

对于能量的统计，主要通过单日最大微震能量和单日微震总能量进行评价，统计评估期内能量相关参数演化趋势，如图5-20所示。

由图5-20可以看出，对于能量指标，单日最大能量和单日总能量表现出了较好的一致性。其中单日最大能量值作为直接涉及能量释放剧烈程度的描述指标，通过直观辨别可知，该指标虽然总体表现出较强的周期演化特征，存在较为显著的波动性，但其波动仍围绕在某一数值附近，具有一定的潜在统计规律。

类似地，微震单日总能量同样表现出了围绕某一数值波动的特征，对于某一环境而言，其正常状态将占主要地位，当偏离正常状态过多时则认为异常发生。对于上述指标同样适用该结论，不同指标在大部分时间内处于与环境正常状态相对应的数值范围内，而当具体数值连续出现过大或过小的情况，则认为异常状况发生，危险程度有所提高。

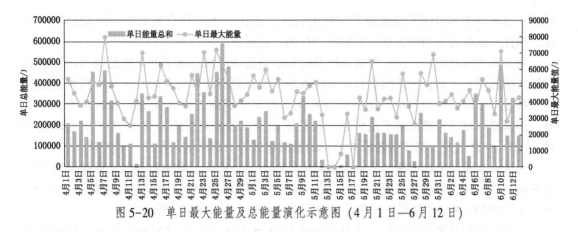

图 5-20 单日最大能量及总能量演化示意图 (4 月 1 日—6 月 12 日)

5. PASAT-M 探测分析

1) 探测结果分析

2017 年 5 月 17 日夜班对大安山煤矿轴 10 槽西部采区西一面开切眼超前区域进行应力场探测, 探测区域为距离当前工作面 5~120 m 范围, 其结果如图 5-21 所示。

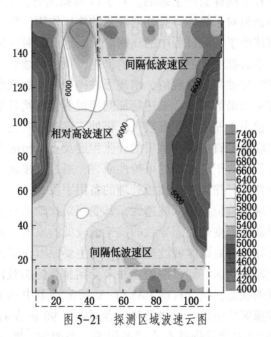

图 5-21 探测区域波速云图

由图 5-21 可以看出, 探测范围内总体应力分布较为均匀, 其中, 当前工作面煤壁附近的波速值为 4000~5000 m/s, 处于总体波速值中的较低水平区间。同时, 靠近下巷区域的波速值低于靠近上巷区域, 当前工作面主要的压力区域分布在上部位置。但随着与工作面煤壁距离的增大, 下巷开始出现数值更大的波速值, 超前当前工作面 27~46 m 的范围, 波速值达到了探测区域总体波速值的较高水平, 为 6600~7400 m/s, 而对应位置的上巷附近, 即在超前当前工作面 30~44 m 范围亦有波速值上升现象, 但趋势并不明显。由此, 综合近煤壁区域的应力分布特征, 下巷超前 50 m 范围左右不但出现了绝对值较高的波速值,同时在该区域内亦出现了波速梯度较高的特征，相比于上巷具有更为突出的应力集中特征。因此，该位置应当作为下一步卸压工作的重点区域。

另外需要注意的是，在上下巷靠近巷道煤壁附近的区域出现了间隔的低波速区，通过与卸压措施对比可知，上述位置与注水孔的施工位置具有较好的对应性，从而再次验证了注水措施对于降低应力集中程度的显著作用。而对于超前工作面煤壁更远距离的煤体中部，即探测区域的末端出现了范围较大的低波速区，考虑到当前轴 10 槽工作面主体位于轴 13 槽采空区下方，初步推断该大范围的低波速区与上部采空区存在一定关联。

为进一步验证上述推断，掌握更为具体的应力分布特征，将探测云图与采掘平面图进行叠加。同时，为分析在最近一段时间的推进中，工作面总体应力分布特征的变化情况，将上次 PASAT-M 探测结果一并展示，进行对比分析，如图 5-22 所示。

与上次探测结果对比可知，其总体波速值分布范围均处于 7400 m/s 以下，最低波速值 4 月 14 日探测结果约为 5100 m/s，本次探测最低波速值约为 4000 m/s，造成波速值偏低的原因在于对应煤体的致密程度较低，即当前工作面较上次探测时的状态，出现了致密程度更低的煤体区域。根据以往经验，除煤体自身强度较弱导致致密程度较低外，外部荷载对于煤体作用的充分程度同样会产生影响。4 月 14 日探测时，工作面推进度较小，顶板的悬露尺寸较短，进而顶板对于煤体具有相对较弱的施压作用，近煤壁煤体并未达到其破坏的临界值。相反，煤体处于加载过程中的压密阶段，进而在对应区域表现出了较高的波速值分布特征。而对于本次探测，随着工作面的推进，顶板持续对煤体施加更为显著的荷载，煤体接近或超过其临界破坏的荷载值，出现了破碎程度增加现象，进而造成了近煤壁附近波速值低于上次探测结果的现象。上述特征间接说明，虽然目前直接顶已能够充分垮落，但其更上部的基本顶由于厚度和强度较大，仍处于逐渐弯曲变形状态，并持续地对煤体施加荷载。与此相关联的，直接顶垮落后的碎胀程度及直接顶的充分程度将对基本顶的垮落产生直接影响，就目前对于基本顶的可控性而言，通过直接顶的垮落间接影响基本顶的下沉具有一定的可行性，可作为对于顶板处理的备用手段。

而对于本次探测区域终端位置的低波速区，其受回采扰动的可能性较小，因此，排除该区域是由于受载造成破碎程度升高而导致的波速值较低的原因。通过其分布位置与轴 13 槽采空区的对应关系可知，造成该区域波速值偏低的主要原因在于该区域煤体自身强度相对较弱，且由于存在上覆采空区，到目前为止并未受到显著的加载作用，因此，仍然保持了其原有致密程度较低的状态。结合首次 PASAT-M 探测结果中轴 10 槽下巷进入轴 13 槽采空区后对应出现低波速区的结果，认为虽然二者间隔了 90 m 左右的坚硬顶板，但轴 13 槽采空区对于轴 10 槽的应力状况仍具有直接的影响。类似的，既然采空区存在影响，轴 13 槽采空区附近的遗留煤柱同样会对轴 10 槽的应力状况产生影响，对于上巷超前当前工作面 30~44 m 范围内出现的相对高应力区，其分布位置与上覆轴 13 槽采空区遗留煤柱位置具有较好的对应关系，波速值较高的关键原因即在于遗留煤柱的存在。

综合上述分析可知，对于轴 10 槽煤层影响其应力分布状态的关键原因仍在于其上覆顶板及轴 13 槽采空区。但更应注意到，当前工作面煤体的应力状态并非完全按照上覆采空区的形状分布，在靠近工作面附近的位置，其应力分布与上覆采空区对应性并不显著。造成该特征的根本原因在于当前所采用的卸压解危措施对于煤体应力切实地产生了改变作用，尤其

—— 当前工作面

上巷超前 15 m
下巷超前 10 m

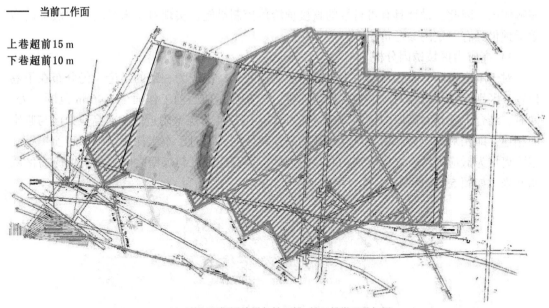

(a) 4月14日探测结果与轴10槽、轴13槽煤层叠加图

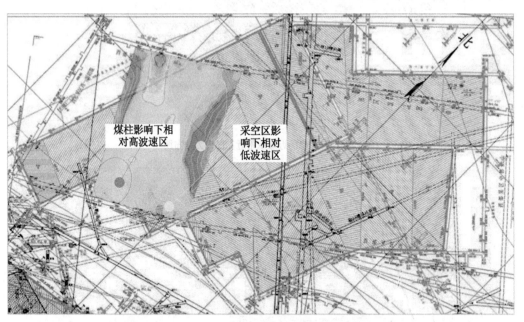

(b) 5月18日探测结果与轴10槽、轴13槽煤层叠加图

图 5-22　4 月 14 日与 5 月 18 日探测区域波速分布对比图

是注水措施，其较大的作用范围和实际产生的显著效果使得未来工作中应进一步强化其主体地位。

　　因此，虽然目前对于影响轴 10 槽煤层应力状态的根本原因尚无法采取具有可行性的根本性处理措施，但通过施加于煤体的卸压解危措施仍能够在一定程度上应对顶板及采空区等因素带来的不利影响。同时，考虑到直接顶垮落后对于基本顶的沉降能够起到一定的缓解作用，因此，设计具有可行性的直接顶垮落控制措施，实现对于未来基本顶沉降的有效干预仍具有一定的参考价值。

2）高应力区域诱因分析

对于本次探测，其相对高应力区域与上次探测保持了较为一致的结论，仍分布在下巷位置，区别在于本次相对高应力区较为集中，分布在超前当前工作面 27~46 m 范围一处。同时，结合上巷相对高应力区的分布特征可知，4 月 14 日煤壁附近的相对高应力区与临空面相连，即相对高应力区覆盖自煤壁开始的连续区间。而对于本次探测结果，超前煤壁一定距离均为低应力区，之后出现相对高应力区，即高应力区与煤壁之间被相对低应力区隔离开来，如图 5-23 所示。

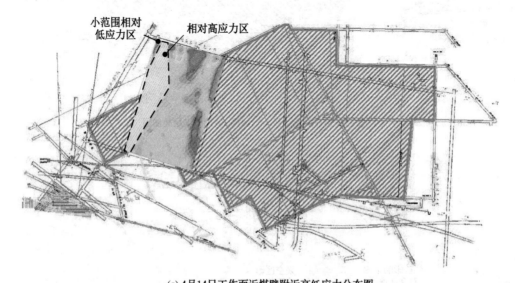

(a) 4月14日工作面近煤壁附近高低应力分布图

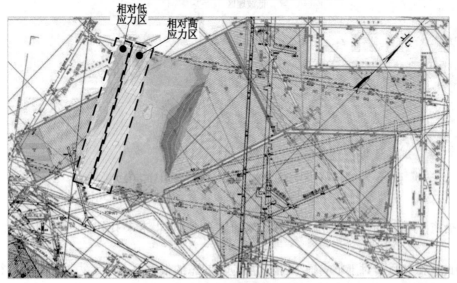

(b) 5月18日工作面近煤壁附近高低应力分布图

图 5-23　4 月 14 日与 5 月 18 日近煤壁附近高低应力分布对比图

由高低应力区域的分布特征可知，本次探测中靠近工作面煤壁的煤体破碎程度提高，高应力区向距离煤壁更远的深部转移，且该转移现象在工作面的上中下部均有出现。造成该现象的原因在于，随着工作面的推进，顶板悬顶面积增加，靠近煤壁处的煤体持续受到来自顶板下沉的荷载。对于 4 月 14 日探测结果，工作面处于调采刚结束的阶段，顶板悬露面积较小的同时其几何形状并不规则，因此，对于煤体所施加荷载处于相对较小的阶段，靠近煤壁附近的煤体大部分处于加载过程中的压密阶段，因此，应力分布表现出了自煤壁开始超前一定范围内具有连续的高波速分布特征。

而随着回采过程的逐步推进，虽然期间直接顶能够实现垮落，但由于更上层顶板对于轴 10 槽煤体应力状态产生直接影响使基本顶并未垮落，而是持续弯曲下沉，因此轴 10 槽煤体尤其是靠近煤壁部分的煤体所受荷载进一步加剧，近煤壁煤体接近或达到其临界破坏的荷载值，出现破裂现象，该部分煤体承载能力减弱的同时由距离煤壁更远处的煤体承担上覆顶板带来的压力，由此形成了自煤壁开始先出现低应力区后出现高应力区的间隔分布特征。

上述特征说明，目前工作面超前支承压力位于当前工作面前方 30~50 m 范围，自 4 月 14 日以来至本次探测的高应力区域转移属于典型的超前支承压力演化规律，工作面附近高应力区自煤壁的连续分布和间隔分布将在未来的回采过程中循环出现，未来工作中可根据该超前支承压力的演化规律推断峰值所在位置，实现卸压解危措施的针对性实施。

5.2.2.2　当前工作面状态分析及建议

通过定义工作面浅部煤体的概念，将应力状态分析的重点集中在对于冲击地压形成具有控制作用的工作面周边浅部煤体，分析相关监测设备的数据演化规律可知：

（1）当前高应力集中区域主要存在于下巷超前当前工作面 27~46 m 位置，对于上巷超前当前工作面 30~44 m 范围同样具有应力值集中程度相对较高的区域，但上升趋势不甚明显。综合可知，下巷超前 50 m 范围左右不但出现了绝对值较高的波速值，同时在该区域内亦出现了波速梯度较高的特征，相比于上巷具有更为突出的应力集中特征。

（2）探测结果的应力分布特征再次验证了上覆轴 13 槽煤层采空区及遗留煤柱对于轴 10 槽煤层应力状况的直接影响。同时，上覆直接顶虽能够实现垮落，但更上部的基本顶仍处于持续的弯曲下沉过程中，由此引发工作面附近高应力区自煤壁的连续分布和间隔分布将在未来的回采过程中循环出现。

（3）对于目前轴 10 槽煤层工作面，其超前支承压力峰值主要集中在超前工作面 20~50 m 范围内，且在该范围内，随着工作面的推进峰值分布位置表现出远近交替的特征，且较近的峰值点位置与煤壁的距离曾小于 28 m，具有较高的危险性。

（4）对于工作面附近煤体，通过工作面支架阻力的统计可知，目前工作面不同位置处顶板的活动存在趋于同步的态势，使得未来顶板来压相比于当前更为剧烈，同时考虑工作面将穿越轴 13 槽煤层采空区与遗留煤柱交界区域，使得该阶段具有较高的危险性。

（5）微震事件的统计结果表明，目前微震事件的分布位置存在向工作面中部移动的趋势。同时，当前每日微震事件的次数呈减少趋势，主要保持在 10 次以下，在单日微震事件总能量保持稳定的前提下，单日微震事件的平均能量存在增大趋势。上述特征表明轴 10 槽煤层顶板对工作面煤体及周边应力状况的控制作用趋于主导。

针对上述分析结论，形成如下建议：

（1）建议对于轴10槽煤层工作面进行关键位置的卸压解危后恢复生产，同时应有意避免轴10槽煤层与邻近的轴9槽煤层同时复工，以免由于关联效应形成不利叠加。

（2）考虑到煤层高压注水当前的应用效果，应当在未来的回采过程进一步强化其主体地位，并结合未来的监测结果进行相关参数的动态优化。

（3）直接顶垮落后对于基本顶的沉降能够起到一定的缓解作用，因此，建议设计具有可行性的直接顶垮落控制方案，实现对于未来基本顶沉降的有效干预，实现对于轴10槽煤层应力的力源控制。

（4）考虑到顶板、煤层的非均匀性以及采空区遗留煤柱对于应力分布状况的显著影响，建议在当前卸压措施实施的基础上，以增强煤体应力分布的均匀性为目的，对于已探明的非均匀结构区域（包括顶板起伏、煤层属性变化以及遗留煤柱等区域）进一步实施具有针对性的强化卸压措施。

（5）明确应力分析的区域应集中在工作面煤体浅部，以此为中心向周边区域拓展分析，考虑到超前支承压力峰值存在远近交替出现的情况，建议结合远近交替的判断结论开展针对性的卸压解危措施，或在人员到位的情况下开展超前工作面50 m范围的日常卸压。

5.2.3　见方期间矿压显现特征

轴10槽西一工作面长度为170 m，根据见方理论，当工作面推进度与工作面长度相等时，工作面上部完整顶板悬空将形成正方形结构，此时顶板中的应力水平在四面固支的条件下达到最大值，极易发生破断。由于此时顶板悬空的完整面积较大，一旦发生破断其内部储存的大量弹性势能将会对工作面形成较为显著的影响。因此，一般将工作面达到见方阶段时作为预防冲击地压的一个关键时间节点。

同时，考虑到工作面煤体及顶板均具有较为复杂的非均质特征，因此，严格按照理论值进行针对性预防显然存在一定风险，另外，轴10槽煤层工作面前期存在调斜推采的操作，致使顶板悬空结合形状并非典型的正方形。

该特征增加了对于何时进入见方阶段判断的难度，通过分析见方阶段的形成机理，依据上下巷推进度的平均值，同时配合监测系统响应特征及演化规律作为综合判断是否进入见方阶段的依据具有较好的可行性。同时，为进一步保证将见方阶段完整地覆盖，将平均推进度达到170 m的前后50 m作为见方阶段进行处理。

基于上述分析，见方阶段在工作面达到平均推进度为120 m时开始直至工作面平均推进度达到220 m时截止。

5.2.3.1　监测结果

基于上述分析，依据实际推进度，见方时间段可大致确定为自7月20日开始至10月31日结束，通过对应时间段的微震、应力在线、电磁辐射、钻屑法以及期间进行的PA-SAT-M探测结果，开展对于见方阶段的应力分析。

1. 微震监测结果

分析期内的单日微震次数演化曲线如图5-24所示。

由图5-24可以看出，虽然开采已经进入所定义的见方区域，但微震事件单日频次的演化特征并未出现较为显著的变化特征，进入一次见方阶段前后均表现出较为明显的周期

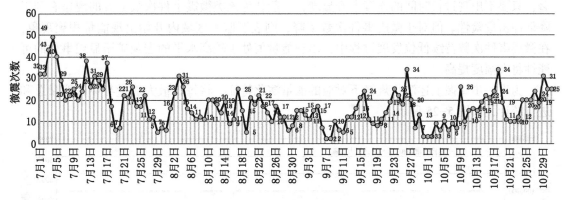

图 5-24 单日微震次数演化曲线

特性。对微震次数周期时长这一参量，在进入 9 月之后呈现出一定的延长趋势，由之前的 7 天左右延伸至 10 天，且在 10 月 31 日附近的微震事件次数有相对稳定的上升趋势，这表明周期延长趋势存在进一步发展的可能。

该特征表明监测区域顶板活动性减弱，稳定性有所增强。该现象的出现与对应时间段内轴 10 槽煤层工作面已充分进入轴 13 槽煤层采空区下方具有直接关系，但更为关键的原因在于，工作面由于已经推进过半，后方已回采区域的顶板均已沉降稳定，而当前工作面附近尚未垮落的顶板由于后方碎胀矸石的支承作用，其沉降同样得到一定程度的缓解，总体破断规律趋于平稳。但由于煤岩结构本身具有较强的非均质特性，上述特征的出现并不能作为卸压强度弱化的依据，即上述状态的可持续性仍有待商榷。对于具有冲击地压危险性的工作面，降低其形成应力集中区域可能性的关键在于尽可能保证工作面应力环境的稳定变化，该稳定变化除要求工作面推进速度这一主动诱因保持稳定外，对于能够人为干预煤体应力状态的卸压措施具有同样的要求。

另外，需要额外关注的是单日微震事件次数数值的变化，统计时间段内微震事件次数基本维持在每日 20 次左右，但个别时间节点出现单日次数低于 10 次的现象，通过筛选，对应的时间段分别为：7 月 19 日至 20 日、7 月 29 日至 31 日、8 月 19 日、10 月 1 日至 8 日。

分析对应时间节点的宏观矿压显现可以发现：7 月 19 日至 20 日、7 月 29 日至 31 日、8 月 19 日、8 月 29 日至 30 日、9 月 7 日至 11 日前后 1 天左右均出现了较为明显的宏观矿压显现现象。其中，除 10 月 1 日至 8 日单日微震事件次数较低的原因是节假日停止生产所引起之外，其余微震事件次数处于较低水平均与采场周边应力环境相关。从而进一步说明，低频次微震事件次数的出现与监测区域内可能出现宏观应力显现具有一定的对应性，以微震事件次数演化规律为依据可实现对于宏观矿压显现的判断。

具体可描述为，当微震事件次数处于演化周期下降阶段时，监测区域内煤岩介质总体处于能量的积蓄阶段，当微震事件次数下降至接近 10 次的水平时，监测区域内将有较大概率出现能够宏观表现的大能量事件。该特征在一定程度上能够表明微震事件次数与能量释放特性具有直接关系。当微震事件次数处于上升阶段时，监测区域内能量耗散较为显著，只要不出现过长时间的连续上升显现，一般认为该类微震事件次数上升的现象有利于降低冲击危险性。但对于微震事件次数下降，则表明监测区域内开始出现能量积聚现象，在微震事件次数持续低位发展过程中，出现能量值处于较高水平的宏观矿压显现事件的可能性将大幅度提高。

为进一步掌握上述演化规律下对应的能量演化特征，将每日最大能量与单日能量总和进行统计，如图 5-25 所示。

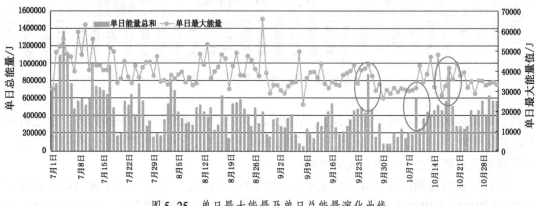

图 5-25 单日最大能量及单日总能量演化曲线

由图 5-25 可以看出，对于单日能量总和，其周期性特征更为显著，且周期演化较为平滑。通过分析对应周期时长规律可知，单日能量总和演化周期与单日微震事件次数演化周期类似，9 月之前基本表现为 7 天时间，而进入 9 月后演化周期有所延长，约为 10 天，考虑到造成微震事件发生的根本原因为顶板运移，因此，该周期演化特征在一定程度上反映了监测区域内顶板的综合活动周期，从能量角度验证了顶板活动趋于规律的判断。

同时注意到，在 9 月之前，单日总能量演化周期内的上升段和下降段具有快速上升和缓慢下降的特征，而 9 月之后则表现出缓慢上升和快速下降的特征，且缓慢上升过程中基本都出现了 1 次较大的能量释放现象。这一周期演化规律同样需要通过顶板活动性进行解释：当顶板沉降不稳定具有较强的活动性时，其主要的行为可归纳为通过充分的破断调整达到必要的稳定状态，破断在该阶段表现为主要的力学行为，由于该阶段的顶板并不具有稳定的支承载体，其破断较为迅速，由此表现为单日总能量上升阶段较为迅速，而破断后则开始趋于稳定，进而表现出相对缓和的数值下降；与之类似，当顶板沉降充分，其活动进入稳定阶段后，由于其能够受到下部载体较为充分的支承作用，使得该阶段的顶板破断并不会以较为剧烈的形式释放能量，进而表现出单日总能量上升段缓和的特征。但同样由于能量释放剧烈程度下降，其能量消耗的充分程度亦有所下降，而监测区域内的顶板在工作面推采过程中将持续变形，能量消耗量的减少使得顶板破断过程中仍有较多能量得到有效的储存，该部分能量在达到一定水平时将出现突然的释放，进而表现出缓慢上升阶段出现了 1 次较大的能量释放，随后出现单日总能量较快下降的特征。由此，单日总能量的演化规律同样验证了进入见方阶段后的轴 10 槽煤层工作面，在已开采区域较大顶板沉降充分和工作面整体已充分进入轴 13 槽煤层采空区下方的综合影响下，其顶板活动进入了相对稳定和运移较为规则的阶段。

而对于单日最大微震能量同样能够验证上述分析结论，由单日最大微震能量演化曲线可以看出，单日最大微震能量的数值基本处于 30000~50000 J 的区间之内，仍以 8 月末 9 月初为划分界限，分别统计 8 月 31 日之前和之后的单日最大微震能量在不同区间出现的频次，如图 5-26 所示。

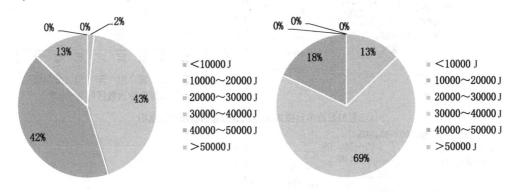

(a) 8月31日前各区间占比　　　　　　　　(b) 8月31日后各区间占比

图 5-26　单日最大微震能量 8 月 31 日前后不同区间占比图

由图 5-26 可以看出，对于 8 月 31 日之前的单日最大微震能量，其处于 30000~40000 J 与 40000~50000 J 之间的频次基本一致，数值落在对应区间的天数分别占统计天数的 43% 和 42%。而进入 9 月之后，开始出现了显著变化，处于 30000~40000 J 区间的天数占据绝对的主体地位，达到了统计天数的 69%。该特征充分说明，进入 9 月后，单个微震事件的能量开始趋于下降，即顶板进入相对稳定的沉降状态，其破断释放的能量处于相对较低的水平。而对于区域内冲击危险程度，即总体能量的演化特征则需要综合考虑单日微震事件次数的变化，同样分别统计 8 月 31 日之前和之后的微震次数，如图 5-27 所示。

由图 5-27 可以看出，进入 9 月后，单日微震事件次数总体呈现出下降趋势，主要表现为，低水平的单日微震事件次数占比呈现出略微上升趋势。其中，单日微震事件次数位于 10~25 次区间的比例基本处于稳定状态，而处于 5~10 次区间的比例则由 13% 上升至 24%；同时，处于 25~30 次区间的比例由 8% 下降至 2%。进一步地，通过柱状图可以看出，统计数据的重心存在向较小值方向转移的现象，且对于 9 月后的单日微震事件次数，其单日微震事件次数处于较高水平的现象几乎消失。由此推断，在工作面顶板趋于稳定的前提下，监测区域总体能量演化特征发生了轻微变化，即由单日多频次及单个微震事件能量较大的组合演变为单日频次下降以及单个微震事件能量较小的组合，监测区域总体能量释放呈现出减小趋势，客观地验证了充分进入轴 13 槽煤层采空区对于当前工作面应力状态的缓解作用。

结合能量演化特征的分析以及单日微震事件次数和单日最大能量的联合分析可知，见方阶段监测区域总体能量释放处于相对较低的水平，但能量释放模式开始出现了不利于冲

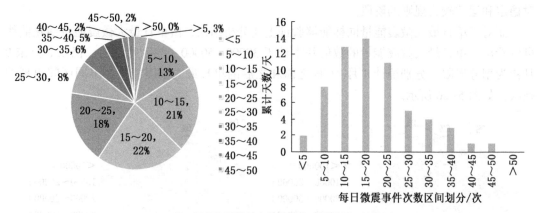

(a) 8月31日前单日微震事件次数分布饼状图及柱状图

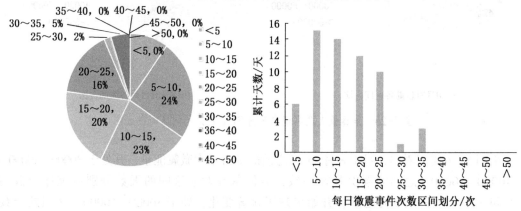

(b) 8月31日后单日微震事件次数分布饼状图及柱状图

图 5-27　单日微震事件次数 8 月 31 日前后分布特征图

击地压管理的特征，即单日总能量缓慢上升过程中能量释放突然增加的现象，增加了设计针对性预防方案的难度。

2. 钻孔应力监测分析

对于应力数据监测，见方期间并未出现较为显著的应力变化趋势，造成该现象的原因主要在于在工作面推进过程中，相关卸压措施的施工深度一般在 20 m 以内，而钻孔应力计监测深度主要集中在 8 m 和 10 m 的浅部煤层，通过随机抽取不同时间段的钻孔应力演化数值，可形成对于浅部煤体应力状况的概括性把握，如图 5-28～图 5-31 所示。

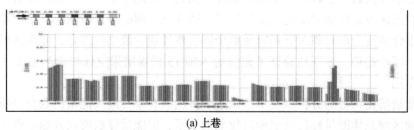

(a) 上卷

(b) 下巷

图 5-28　7 月 20 日前后钻孔应力计数值分布图

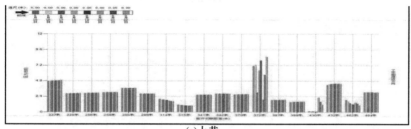

(a) 上巷

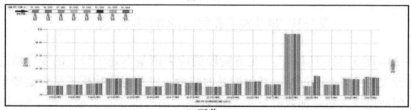

(b) 下巷

图 5-29　8 月 22 日前后钻孔应力计数值分布图

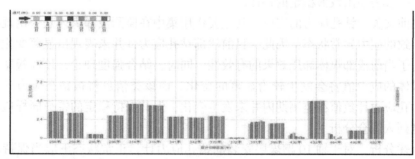

(a) 上巷

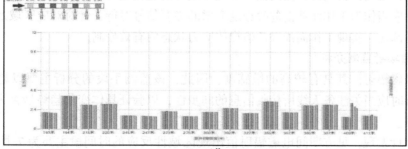

(b) 下巷

图 5-30　9 月 21 日前后钻孔应力计数值分布图

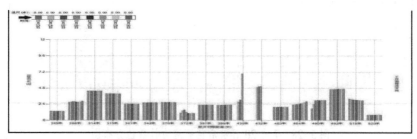

(a) 上巷

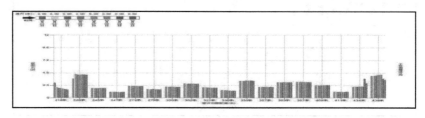

(b) 下巷

图 5-31　10 月 30 日前后钻孔应力计数值分布图

由图 5-28～图 5-31 可以看出，见方阶段的应力值基本处于稳定的变化状态，对于个别数值变化较大的位置，通过结合其附近其他监测手段获得的数据或结合必要的钻屑法验证表明，类似地出现突然增加或降低的数值表现均由外部干扰造成。对于钻孔应力数值，表现出显著变化趋势的测点一般位于接近工作面的位置，其一般表现出缓慢上升的趋势，而其余测点一般表现出数值稳定的特征。

考虑到前文关于钻孔应力的定位，其主要作用集中在监测浅部煤体是否出现顶底板丧失摩擦而导致的应力异常状态，因此，目前浅部钻孔应力计并未表现出显著变化趋势的特征恰恰证明了当前浅部煤体卸压效果的有效性。同时，结合强度理论，顶底板摩擦力弱化时，浅部煤体的应力值将会发生较为显著的变化，而该类信息将被钻孔应力计接收。因此，虽然钻孔应力计数值在监测期内并未发生变化，但其保持稳定的特征同样应当作为一项有效信息列入综合分析。

结合上述分析，对于轴 10 槽煤层安装的钻孔应力计，正常状态下应当保持较为稳定的演化趋势，但当钻孔应力计监测数值出现区域性的变化趋势，并验证确为真实应力变化引起时，则应当作为工作面冲击危险程度突增的必要信号对待，针对对应区域及时采取必要措施进行卸压，实现工作面浅部危险煤体应力状态的有效控制。

3. 电磁辐射监测分析

对于电磁辐射，其具有较高的敏感度，因此，该监测手段的分析主要以趋势分析为主，且分析时应当关注各天线所接收信息的同步性，以验证具体变化趋势是否为应力造成的有效波动。

通过统计发现，见方期间电磁辐射值出现区域性反应的时间段主要为 7 月 23 日至 8 月 20 日，如图 5-32 所示。

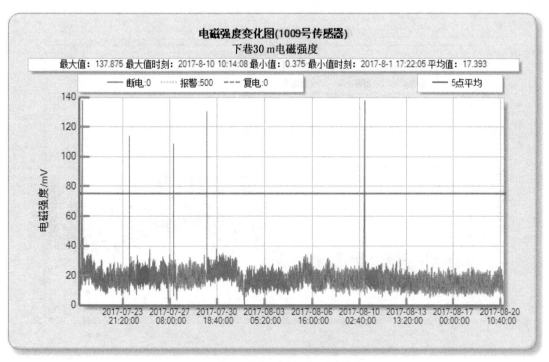

(a) 下巷30 m测点电磁辐射强度变化曲线

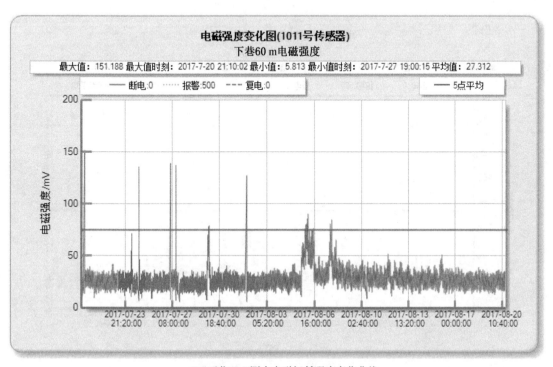

(b) 下巷60 m测点电磁辐射强度变化曲线

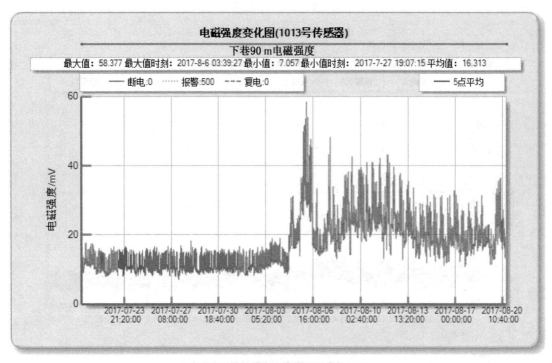

(c) 下巷90 m测点电磁辐射强度变化曲线

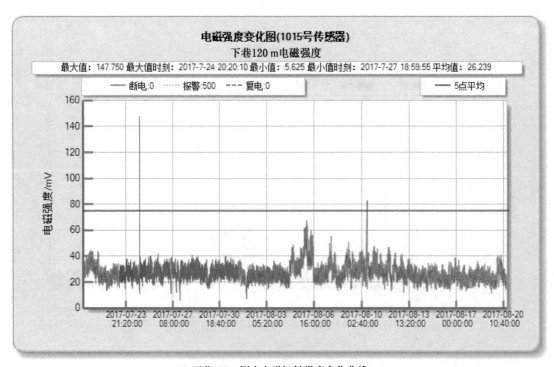

(d) 下巷120 m测点电磁辐射强度变化曲线

图5-32　下巷电磁辐射7月23日至8月20日局部区域整体变化曲线

由图5-32可以看出，当工作面推进至8月5日左右时，位于工作面下巷的4个电磁辐射接收天线开始出现了不同程度的起伏现象。其中，超前工作面60 m处天线变化幅度最为显著，变化峰值达到了75 mV，90 m处天线变化峰值接近60 mV，而30 m处电磁辐射值基本保持稳定，但在相同的时间节点上同样表现出了轻微的波动现象。由此，多个天线变化趋势基本一致，证实了该起伏并非扰动造成，存在真实的应力诱因，且应力变化较为剧烈的地点应集中在超前工作面60 m范围。

且值得注意的是，在该监测时间段内出现了2次较为显著的宏观应力显现：

（1）2017年8月5日5时40分发生一起微震事件，能量约为30266.63 J，综采四段井下汇报在下巷砸大块处听见顶板响声，声音不大，综采二段汇报在上巷230号处听见顶板有响声，综采五段听见顶板响动。

（2）2017年8月5日10时30分发生一起微震事件，能量约为17743.34 J，井下综采二段汇报在30号支架后听见顶板响动，经查工作面支架工作阻力，同一时间只有综采二段轴10槽煤层工作面支架工作阻力有变化，最大变化量为0.4~1.1 MPa，其具体变化特征如图5-33所示。

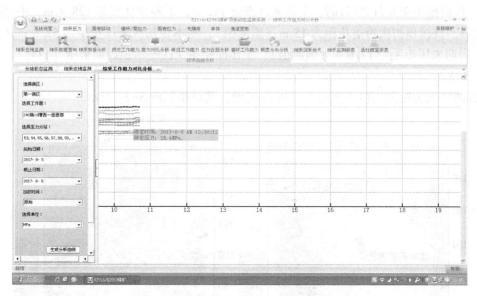

图5-33　轴10槽煤层工作面支架阻力响应曲线

考虑到电磁辐射监测范围一般集中在以天线为球心的30 m范围内，上述4个天线均表现出一定波动的特征表明，在工作面进入见方期间后，推进至8月5日附近时，顶板活动对于低位近煤体区域开始出现一定的影响；且由于下巷标高相对较低，当顶板出现一定活动迹象时，在重力影响下下巷出现矿压显现的可能性更大。但从工作面支架阻力的变化幅度可以看出，虽然该阶段顶板活动对于浅部煤体存在影响，但由于工作面总体已充分进入轴13槽煤层采空区下方，其阻力起伏相对微弱，最大变化量为0.4~1.1 MPa，轴13槽煤层对于缓解轴10槽煤层工作面煤体应力水平具有关键作用。

4. PASAT-M 探测结果分析

微震事件、在线应力、电磁辐射的监测，虽然能够实现时间上的连续，但对于连续空间的覆盖相对较弱：微震事件由于监测范围较大，其对于局部区域的监测精度存在一定限制，而在线应力和电磁辐射的监测则依赖于布置具体的测点，其监测范围仅能覆盖浅部煤体，对于更深处的煤体和测点之间的煤体应力状态则反映不足。

基于上述考虑，在工作面见方期间进行必要的 PASAT-M 探测，其中 8 月 22 日工作面平均推进度为 160 m，距工作面见方的计算值 170 m 剩余 10 m 距离，将其作为见方期间的第一关键时间节点。同时，按照计算的见方时期，覆盖 10 月 1 日节假日停止生产的阶段，放假时间为 10 月 1 日至 8 日，9 日恢复生产，对于大安山煤矿轴 10 槽煤层，其较大的埋深使得工作面在完全静止的情况下具备储存较大变形能的基础。因此，工作面由静止转为动态开采前应当针对在静止阶段形成的局部应力集中区域进行一次全面排查，故将 10 月 9 日作为见方阶段的第二关键时间节点。由此实现了对于工作面应力状态在时间和空间上连续监测的互补。

1）8 月 22 日探测结果分析

工作面推采至 8 月 22 日时，上巷累计推进 192 m，下巷累计推进 128.4 m，平均推进 160.2 m。直接顶初次垮落步距为 15 m（监测值），基本顶初次来压步距为 52.8 m（监测值），周期来压步距为 17.6 m（监测值），工作面距第 7 次基本顶周期来压（174.7 m）还有 14.5 m。

探测区域为距离当前工作面 5~120 m 范围，其结果如图 5-34 所示。

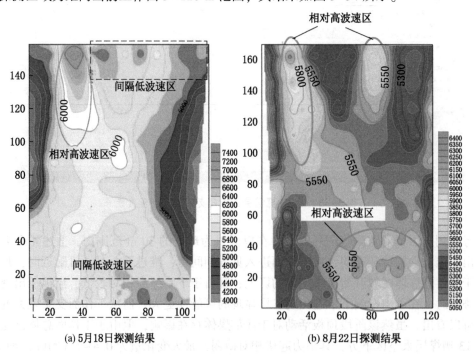

(a) 5 月 18 日探测结果　　　　　(b) 8 月 22 日探测结果

图 5-34　探测区域波速云图

由图5-34可以看出，探测期间的工作面煤体波速值总体与上次（5月18日）探测结果持平，5月18日探测主体波速值约为5800 m/s，本次主体波速值约为5700 m/s。该特征说明该时间段内轴10槽煤层工作面煤体的总体应力状态在动态推进过程中基本保持较为平稳的状态。

但需要注意的是，由于5月18日工作面局部区域仍处于上覆轴13槽煤层采空区遗留煤柱下方，其波速的上限值相对较高，约为7400 m/s，而本次探测期间，工作面基本全部处于采空区下方，虽然两次探测主体波速值基本持平，但本次探测的最高波速值却有明显下降，约为6400 m/s。该特征在证实上覆轴13槽煤层采空区对于轴10槽煤层的保护作用的同时亦暗示着上方遗留煤柱对于轴10槽煤层煤体应力将产生直接叠加作用，在未来的推进过程中应当着重注意上覆轴13槽煤层遗留煤柱与工作面相关区域重叠的部分。经初步分析，未来工作面推进过程中可能遇到的类似结构位于上巷超前原开切眼约400 m附近，如图5-35所示。

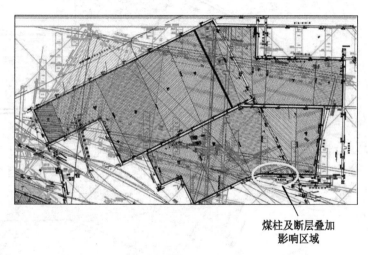

图 5-35　未来上巷遗留煤柱与断层叠加影响区域

该区域除遗留煤柱叠加外，上帮附近存在的断层亦会对巷道的稳定性产生影响，基于近期的直接观测发现，该区域由于距离工作面相对较远，垂直方向的压力目前尚未显著出现，该区域较为完整的顶板验证了这一判断。但需要注意的是，巷道上下两帮出现了较为明显的水平移动，两帮与顶板相交的巷角位置表现出了显著的水平移动特征，推测与上帮附近断层造成的构造应力具有密切关联。

针对上述特征，该区域应当首先关注巷道尺寸的维护，其次应当意识到，过度的卸压将使得顶底板对于煤体的夹持能力减弱进而使得水平移动更为显著，但同时若卸压不充分，显著的夹持作用将使得煤体内部极易储存弹性势能。两种特征相比，夹持作用产生的能量积聚将具有较弱的可预测性和可控制性，而缓和的两帮水平移动则能够通过刷帮等人为措施进行处理。基于上述考虑，建议仍以适当卸压为主，坚决避免能量过度集中，配合强支护，减缓垂向应力对于两帮平移的叠加影响，并在保证巷道尺寸的基础上密切关注该区域阶段性水平移动与卸压参数之间的关系，为工作面推进该区域时的参数确定提供可靠的数据支持。

当前探测区域主要包括 1 个较为明显的高波速区，以及 2 个波速值相对较高的区域，相对显著的第一个高波速区位于下巷超前当前工作面 15~30 m 范围内，波速值达到了 6300 m/s，为当前探测区域波速最高值区域，同时与该区域相邻的为低波速区域，二者相邻造成相对较高的波速梯度，因此，建议及时进行卸压。

同时，上、下巷内位于+400 m 水平西一石门附近的煤体同样具有相对较高的波速值（5800 m/s），随着工作面的逐步推进，该区域与超前支承压力叠加后应力集中程度将较现在有所提高，建议在靠近该区域的前期结合钻屑法监测制定相应的卸压措施。

同时，为衡量轴 13 槽煤层采空区对于当前工作面的影响程度，进一步将探测结果与轴 13 槽煤层采空区进行叠加，如图 5-36 所示。

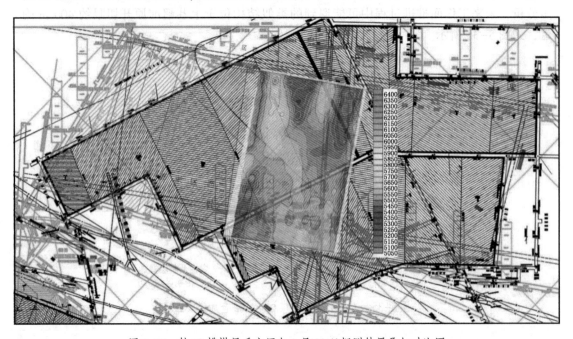

图 5-36　轴 13 槽煤层采空区与 8 月 22 日探测结果叠加对比图

由图 5-36 可以看出，当前工作面基本全部位于轴 13 槽煤层采空区下方，总体应力状态受到采空区的保护而处于相对较低的水平，遗留煤柱的影响同样处于较弱的水平。因此，近期工作面推进过程中应当主要关注的区域基本集中在见方阶段前后，自探测日期后直至平均推进度超过 200 m 期间。应当针对卸压措施进行适当强化，增强煤体对于顶板破断荷载的适应能力，防止由静载和动载叠加后产生的应力集中对工作面造成破坏。

由高低应力区域的分布特征可知，本次探测中靠近工作面煤壁的煤体破碎程度提高，高应力区向距离煤壁更远的深部转移，且该转移现象在工作面的上中下部均有出现。造成该现象的原因在于，随着工作面的推进，顶板悬顶面积增加，靠近煤壁处的煤体持续受到来自顶板下沉的荷载，煤体开始出现峰值后的破碎现象，该部分破碎煤体具有相对较低的应力状态，进而在波速分布云图中表现出相对较低的波速值。

同时，由于近工作面附近煤体发生破碎，使得超前支承压力峰值进一步前移，对于下巷的高波速区域，其位于超前当前工作面 15~30 m，根据前期的数据分析，轴 10 槽煤层的超前支承压力峰值基本位于超前工作面 20 m 左右，二者位置基本重叠，且周边并无其他造成应力值较高的因素。因此，判断该高波速应为超前支承压力峰值所致，为正常的矿压显现。

而对于 +400 m 水平西一石门附近的相对高波速区，结合 7 月综四、综五的探测结果可知，邻近层位的巷道石门等结构同样会对应力集中程度产生直接影响，而西一石门附近亦是矿井内应力显现相对活跃的区域，因此，该部分相对较高的应力状态应当是由西一石门造成，与工作面附近区域的高应力区相比，当前虽处于相对较低的水平，但当工作面推进至该区域，进入超前支承压力影响范围内时，将会由于叠加效应提高应力集中水平。因此，建议在未来对应时期内加强该区域的钻屑法检验，尽可能保证在应力集中形成之前即完成煤体的卸压处理。

2）10 月 9 日探测结果分析

轴 10 槽煤层西一工作面目前虽已全部进入采空区下方，但考虑到仍处于见方阶段，同时接近西一石门附近，依据以往经验，上述特征均会对应力集中产生直接影响，同时工作面后方采空区面积逐渐增大，高位顶板存在破断的可能性。为提前掌握当前煤体应力状态，及时消除已形成的应力集中区域，增强煤体对于潜在提高应力集中程度因素的抵抗能力，特开展本次 PASAT-M 探测，以此为依据，精准掌握高应力区，采取针对性措施进行及时处理，保证安全生产。

当前工作面上巷累计推进 231.6 m，下巷累计推进 163.8 m，平均推进 197.7 m。直接顶初次垮落步距为 15 m（监测值），基本顶初次来压步距为 52.8 m（监测值），周期来压步距为 17.6 m（监测值），工作面距第 9 次基本顶周期来压（211.2 m）还有 13.5 m。

2017 年 10 月 9 日早班对大安山煤矿轴 10 槽煤层西部采区西一工作面超前区域进行应力场探测，探测区域为距离当前工作面 5~120 m 范围。

本次探测大部分区域处于低波速值的状态，对应波速值处于 4200~5200 m/s，与历次探测的绝对值相比处于较低水平，且上述区域覆盖了当前探测区域的大部分，进一步证明了当前卸压效果的可靠性以及采空区下方回采的被保护属性。但同时需要注意的是，本次探测的高水平波速达到了 9800 m/s，达到历次探测最高水平，该区域主要集中于下巷超前工作面位置，呈现出 3 个高波速区，其中靠近工作面侧的 2 个区域具有相对较高的波速值，达到了 7000 m/s 以上，同时考虑到上述区域周边均处于较低的波速水平，因此，上述区域的边缘位置处于较高的应力梯度影响下，同样属于危险特征之一。

当前工作面距离西一石门约 65 m，根据前期统计，超前支承压力峰值一般位于超前当前工作面 20~30 m 范围，当工作面继续推进 35~45 m 时，支承压力峰值将与西一石门产生叠加，如不提前采取必要的卸压措施，将有较大概率出现过高的应力集中。因此，建议在当前工作面距离西一石门 50 m 左右或更远时，在西一石门附近进行加密的钻孔卸压，施工范围以覆盖超前工作面 50 m 范围为准，待推过西一石门 50 m 后可恢复现有卸压参数。同期配合高频次的钻屑法监测及时发现推进过程中的异常矿压显现，利用卸压爆破在对应地点进行针对性卸压，同时配合日常的煤层注水措施，保证煤体具有较高的裂隙度，增强煤体对于应力集中状况的抵抗能力。

除上述高波速区外，超前当前工作面 95~110 m 范围处同样具有一处波速值相对较高的区域，该区域波速值约为 7000 m/s，虽然在本次探测中处于中等偏上的水平，但与前 2 次探测结果相比其数值仍然较高，因此，对于该区域同样建议进行必要的卸压爆破处理。对于该区域形成高波速区的原因，在对周边异常结构进行排查后发现，本区域附近最为显著的异常结构为轴 13 槽煤层采空区形成的直角遗留煤柱，该结构是形成高波速区域最为可能的诱因。建议后续在该区域附近的下巷下帮进行钻屑法探测，并与远离该区域的位置进行钻屑量对比验证，若该区域确有相对较高的钻屑量，则应将该直角遗留煤柱附近的区域划为重点关注区域，结合前期轴 13 槽煤层遗留煤柱对于轴 10 槽煤层本身具有显著影响的事实，该诱因成立的可能性较大。

以上述分析结论为基础，可对后续需要关注的重点区域进行划分，如图 5-37 所示。

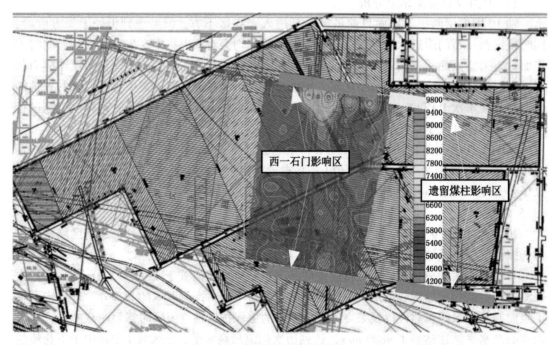

图 5-37　未来重点关注区域示意图

上巷西一石门附近目前虽然并未出现显著的高波速区，但应认识到，该区域从结构上仍具有出现较高应力集中的潜质，当卸压不充分或工作面接近该区域时应力集中程度将显著提高，从而不利于安全生产，建议在工作面接近对应区域前将加密的卸压孔落实到位。

对于遗留煤柱影响区域，应基于钻屑法对比验证后予以确认，现有的矿压显现特征（煤壁显著移近）、轴 13 槽煤层遗留煤柱对于轴 10 槽煤层的显著影响，均指向了该区域具有出现较高水平应力集中的可能性。因此，同样应当作为重点关注区域，同时由于遗留煤柱与上巷呈现出尖角的几何关系，其形成应力集中的水平与其他重点关注区域相比有过之而无不及。

工作面整体处于较低的波速水平，证明当前的卸压措施及相关的卸压方案具有切实有效的作用，未来应保持当前卸压思路及对应的高应力区分析方法。

同时，结合前两次探测结果与本次探测的对比分析可知，西一石门对于轴 10 槽煤层当前工作面的影响极为显著，8 月 22 日与本次探测的结果相互验证，基本可以确认这一判断具有较高的可靠性，与前期的相关判断一致，该对比同样证实了超前支承压力是影响轴 10 槽煤层应力水平的关键因素，超前支承压力与其他结构因素叠加后将会造成应力水平的显著提升。

另外，本次探测再次验证了轴 13 槽煤层遗留煤柱对于轴 10 槽煤层工作面的显著影响，基于这一判断可划定未来重点关注区域，为提前设计相关卸压措施提供依据。

5.2.3.2 本阶段工作面状态

通过对于见方阶段多监测手段的数据分析，见方阶段的工作面由于已充分进入轴 13 槽煤层采空区下方，其总体应力显现相对缓和。

但需要注意的是，通过微震监测数据的分析发现，监测区域顶板活动开始趋于稳定沉降，该沉降特征使得顶板在缓慢下沉过程中出现能量突然释放的现象，可预测性减弱，需要重点关注单日微震煤层次数接近 10 次和低于 10 次时工作面的应力显现，并制定卸压措施。

在线应力监测系统结果反映出浅部煤体总体应力状态处于相对较低的水平，其主要原因除充分进入轴 13 槽煤层采空区外，更为关键的是当前主要卸压措施的实施深度最低为 20 m，已超过钻孔应力的监测深度（10 m），而依据在线应力系统的定位，并结合强度理论中顶底板的加持作用，在线应力监测系统数值不发生剧烈波动同样应当作为有效信息列入判断工作面冲击危险性的考虑范围，一旦浅部煤体的在线应力监测数据发生由应力引起的剧烈变化时，应当作为可靠的冲击危险性增加的信息对待，及时针对对应位置制定卸压措施。

对于电磁辐射监测数据，其总体处于相对稳定的演化过程，但 8 月 5 日的电磁辐射演化特征证明，进入见方阶段后顶板沉降稳定的条件下，开始出现近煤层的低位影响，由于重力作用，顶板活动的影响主要集中在工作面下巷位置，且出现的矿压显现在工作面支承压力上有所表现，虽然目前由于在轴 13 槽煤层采空区下方使得该次宏观显现程度较为微弱，但顶板活动出现的低位影响应引起足够重视，应配合钻孔应力计关注浅部煤体应力状态的变化情况，保证卸压充分，避免浅部煤体由于顶板扰动出现失稳。

5.2.4 扰动条件下轴 10 槽煤层工作面总体显现特征

对于工作面浅部煤体矿压显现特征，主要通过钻孔应力计、电磁辐射、钻屑法、PA-SAT-M 以及微震事件进行确定。通过前文分析可知，对于轴 10 槽煤层工作面浅部煤体，其总体应力处于相对较低的水平，监测期间钻孔应力及电磁辐射总体表现较为平稳。但由于工作面的推采和煤体自身非均质属性，上述低应力状态的可持续性和稳定性将会受到一定影响，在不同的阶段表现出不同的分布特征。

对于轴 10 槽煤层工作面，矿压显现特征主要表现为：支承压力峰值影响敏感性、采掘空间结构敏感性以及扰动条件下微震事件统计特征显著。

5.2.4.1 支承压力峰值影响敏感特征

一般而言，工作面超前支承压力作为工作面回采过程中必然存在的一类矿压显现，其影响具有普遍性，但由于煤层的非均质特性，使得具体工作面的超前支承压力不能出现理想化的均匀平稳的分布特征。因此，虽然超前支承压力的影响普遍存在，但针对具体工作面的矿压分析，仍应作为一项关键影响因素进行分析。

对于轴10槽煤层工作面的超前支承压力，主要通过钻孔应力计和PASAT-M反映，具有典型超前支承压力影响特征的钻孔应力监测结果如图5-38所示。

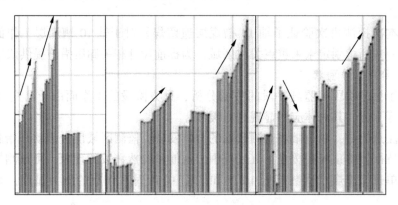

图5-38　典型超前支承压力演化特征

通过分析，表现出上述演化特征的钻孔应力计均是距离工作面最近的测点，而钻孔应力计开始表现出上升趋势的最长距离一般为50 m，对于个别时间节点的钻孔数据，表现出先上升后下降的特征。这一特征表明由于支承压力的影响，煤体从加载过程中的上升段发展至强度下降的峰后段，此过程中高应力区域将会出现前移现象；该特征也表明了即使工作面周边不存在影响应力分布的结构因素，仅在支承压力影响下，煤体应力状态也会由于其在不同时间节点进入峰后而表现出不同的变化，进而增加了对于超前工作面煤体应力状态预测的难度。同时，若考虑煤体非均质特征以及人为卸压措施的影响，则对于具体工作面在支承压力影响下的应力分布状态的判断难度将进一步增加。

上述分析证明，虽然超前支承压力是工作面推进过程中最为基础的概念，但对于具体工作面，工作面推进过程中出现的多种变化使得在关键期进行超前支承压力的针对性判断尤为必要。

对于轴10槽煤层工作面，关键时期掌握煤体应力分布状况的主要手段为PASAT-M探测，对于具体点位则配合钻屑法进行验证，典型时期超前支承压力的分布状态如图5-39所示。

由图5-39可以看出，对于轴10槽煤层工作面，历次PASAT-M探测结果中，下巷超前工作面30～50 m范围在多数情况下均出现了一定的局部高应力区，且由于煤层非均质特征的存在，以及推进过程中不断实施的卸压措施影响，使得超前支承压力的分布在不同时期表现出不同的分布特征。尤其对于卸压措施实施区域，在具体措施落实到位的前提下，

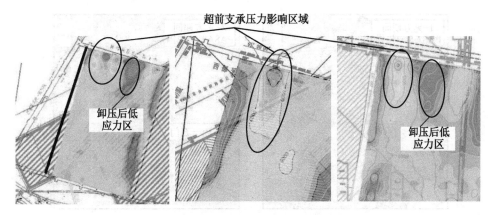

图 5-39 超前支承压力影响敏感特征区域

局部煤体将达到相对破碎的状态，而该状态下的煤体则不具有充分的承载能力，同时来自顶板的荷载总量不会减少。因此，在实施卸压措施后对应区域的附近完整煤体则作为主要的承载结构承担更多的顶板荷载，进而在卸压区域附近出现了相对较高的应力分布，在类似卸压措施的不断影响下，支承压力影响范围内的煤体应力则会表现出一定的动态变化特征。

综合上述分析，对于超前支承压力，虽然该因素的影响在矿井中普遍存在，但对于具体工作面，由于非均质特性等多因素的影响，使其同样具有一定的复杂性，同样应当作为一项关键影响因素进行专项分析，结合具体卸压措施施工位置、钻屑法验证等手段确定具体位置的应力水平，进而增强具体措施的针对性。

5.2.4.2 矿压分布的结构敏感特征

对于轴 10 槽煤层工作面，其所处区域具有相对复杂的天然地质构造和回采形成的人工结构，将 PASAT-M 探测结果与轴 10 槽煤层平面分布图进行叠加，可以得到更为直观的结构影响特征，如图 5-40 所示。

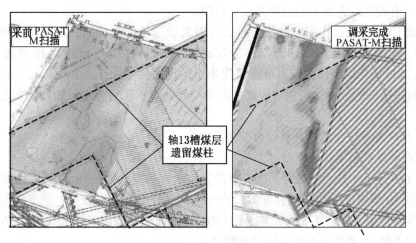

(a) 遗留煤柱结构影响特征

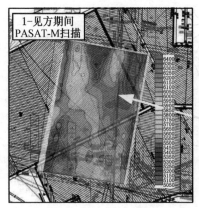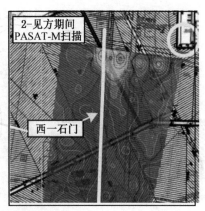

(b) 西一石门结构影响特征

图 5-40 结构敏感影响区域示意图

由图 5-40 可以看出，对于轴 10 槽煤层工作面应力状态存在影响的结构主要为其上覆的轴 13 槽煤层采空区遗留煤柱，以及位于工作面中部的西一石门。探测结果中的高应力区与上述结构的空间位置具有较好的一致性。

其中，轴 13 槽煤层采空区距离轴 10 槽煤层工作面约 95 m，中间为强度较大的砂岩岩层，强度较大的坚硬岩层对于应力传递有一定的隔断作用。但从具体的矿压显现特征及探测结果可知，轴 13 槽煤层采空区及其遗留煤柱对于轴 10 槽煤层工作面的应力状态存在切实的影响，探测结果中的高应力区与轴 13 槽煤层采空区遗留煤柱的位置基本吻合，而低应力区则与采空区基本对应，上述关系基本能够确定上述影响的存在。

对于西一石门，其位于工作面中部位置，标高为 +400 m，轴 10 槽煤层工作面平均标高为 +360 m，距离相对较近，由于西一石门宽度仅为 4.7 m，在当前尺度下其影响范围较为有限，但从探测结果分析，2 次探测中该区域附近均出现了相对较高的应力值，基本排除偶然误差所造成，且周边并无其他显著的结构性影响因素，因此，基本可以判断造成轴 10 槽煤层具有较高应力水平的原因为西一石门。

基于轴 10 槽煤层工作面应力状态对结构因素较为敏感的特征，在大安山煤矿未来其他工作面的回采过程中，针对已存在一定结构且与目标工作面距离相对较近（小于 100 m）的区域，均应当作为应力可能出现集中的潜在区域，在工作面接近上述区域时应当提前采取措施进行处理，避免对应区域出现与超前支承压力叠加后加剧应力集中程度的状况。

5.2.4.3 扰动条件下微震事件统计特征显著

1. 微震事件不同高程分布

2017 年 3 月至 8 月不同高程下微震事件分布次数如图 5-41 所示，通过分析发现：

（1）轴 10 槽煤层下部（竖直方向）岩层微震事件分布相对较少：轴 5 槽与轴 9 槽煤层间微震事件最少，仅占 4.81%，轴 9 槽与轴 10 槽煤层间微震事件次数约占 16.52%，表明采动影响下轴 10 槽煤层下部岩层运动较弱。

（2）轴 10 槽煤层上部微震事件分布较多：轴 10 槽和轴 13 槽煤层间微震事件次数最

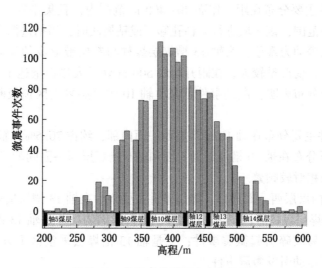

图 5-41 微震事件剖面分布柱状图

多，约占 56.04%，此区域有西一石门贯通，表明西一石门附近岩层活动较频繁；离轴 10 槽煤层较远的轴 13 槽煤层顶板和轴 14 槽煤层顶板仍有大量微震事件分布，约占 22.63%，表明高位岩层活动较多。

（3）煤层区域为微震事件分布数量大幅度变化的分界点，分析原因为：煤层密度小，物理及强度参数较弱，对应力传递及应力波的传播具有一定的衰减作用，较远距离处的微震事件定位较少。

2. 微震事件不同平面区域分布

2017 年 3 月至 8 月不同平面区域微震事件分布次数如图 5-42 所示。

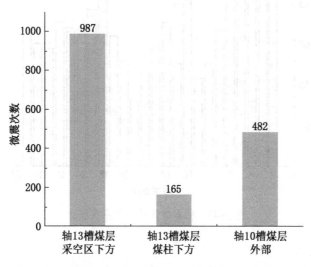

图 5-42 微震事件平面分布统计

根据图 5-42 分析知：

（1）微震事件主要分布在距工作面 40~400 m 范围内，且集中在上巷与轴 13 槽煤层采空区交界处以外范围，该区域进行大钻孔卸压或钻屑法时，当钻进深度达 11~12 m 后经常出现卡钻、吸钻等动力现象，为轴 13 槽煤层煤柱与断层带形成的高应力集中区，巷道两帮缓慢持续变形，变形量较大，在距开切眼 500 m 处最大移近量达 1.5 m。远离采空区范围微震事件集中分布表明，微震事件不是由轴 10 槽煤层采空区顶板断裂引发，而与超前顶板运动有关。

（2）微震事件主要分布在轴 10 槽煤层西一面内部，约占 70.5%，轴 10 槽煤层外部仅占 29.5%，且主要分布在轴 10 槽煤层西一面和轴 9 槽煤层西一面间的三角区域，轴 10 槽煤层附近岩层运动相对较频繁。

（3）在轴 10 槽煤层西一面内部，微震事件主要集中在轴 13 槽煤层采空区下方，约占 85.68%，轴 13 槽煤层煤柱区域仅占 14.32%。分析原因为：一是轴 13 槽煤层采空区下方岩层相对不完整，易破碎引起微震事件；二是轴 13 槽煤层采空区下方为西一石门附近，西一石门附近岩层运动引发微震事件。

综合分析微震事件剖面和平面分布规律表明，轴 10 槽煤层微震事件主要发生在西一石门附近区域，初步判断该区域岩层大范围运动引发轴 10 槽煤层微震事件频发，且西一石门上部高位岩层也运动。

3. 微震事件不同时间分布

2017 年 3 月至 8 月不同时间点微震事件分布次数如图 5-43 所示。

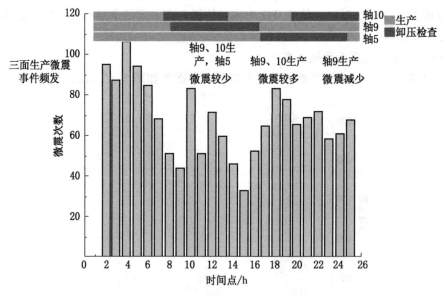

图 5-43　微震事件时间点分布统计

通过分析发现：

（1）2 时至 8 时，为轴 10 槽、轴 9 槽和轴 5 槽煤层三个工作面共同生产时间，三个工作面顶板共同活动，导致轴 10 槽煤层微震事件频次较多，为 85~106 次/h。

（2）9 时至 16 时，仅轴 5 槽煤层工作面生产，轴 9 槽煤层和轴 10 槽煤层卸压，此时间段内微震事件频次较少,为32~83次/h。

(3) 16时至20时,轴10槽煤层、轴9槽煤层共同生产,微震事件频次为63~83次/h;20时至第二天2时,轴9槽煤层单独生产,轴10槽煤层卸压,微震事件频次降低,为57~69次/h。

综上分析可知,当三个工作面同时生产时,将引起三个工作面顶板的共同应力调整及运动,导致轴10槽煤层微震事件频次增加;而当轴9槽煤层或轴10槽煤层单独回采、另一个面卸压时,可有效降低顶板应力调整幅度及活动强度,减少微震事件频次。轴10槽煤层"四-六"制与轴5槽煤层、轴10槽煤层"三-八"制有效避免了三个工作面同时生产的时间长度,而对于2时至8时时间段内,应加强监测工作。

4. 回采周期微震事件参数演化

总结分析了多煤层工作面开采互扰期间的微震事件演化规律。

1) 周期性划分

2017年1月至8月,轴10槽煤层西部采区西一面(综二)微震事件统计如图5-44所示。

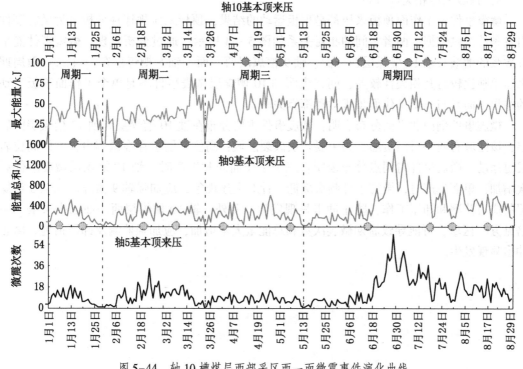

图5-44 轴10槽煤层西部采区西一面微震事件演化曲线

从图5-44中可知,微震事件次数、当日微震事件能量和、单次最大微震事件能量具有很好的周期变化性,可将其分为四个周期:①周期一:1月1日至29日,共29天,轴5槽煤层东一面与轴9槽煤层西一面回采,轴10槽煤层西一面未回采;②周期二:1月30日至3月23日,共53天,轴5槽煤层东一面与轴9槽煤层西一面回采,2月12日轴10

槽煤层西一面调采；③周期三：3 月 24 日至 5 月 13 日，共 51 天，轴 5 槽煤层东一面（4 月 17 日东二面）、轴 9 槽煤层西一面和轴 10 槽煤层西一面回采；④周期四：5 月 14 日至 8 月 30 日，未结束，轴 5 槽煤层东二面、轴 9 槽煤层西一面和轴 10 槽煤层西一面回采。在 2 月 12 日前，轴 10 槽煤层西一面未回采，此时间段仍有微震事件，表明轴 10 槽煤层顶板运动，其能量源可能来自高位岩层或其他工作面顶板应力调整。

2）微震事件次数及能量变化

当日微震事件次数及能量和在不同周期阶段具有不同的波动范围，在周期一、二、三及四前期，每日微震事件次数在 5~20 次，当日微震事件能量总和在（1~5）×10^5 J。周期四后期，微震事件次数及当日能量总和大幅度增加，每日微震事件次数在 8~64 次，当日微震事件能量总和在（2~150）×10^5 J。当日微震事件次数及能量总和的大幅度增加，表明在该时间段内顶板活动频次增加。

当日最大微震事件能量在不同的周期阶段变化趋势相对平缓，主要在（0.3~0.75）×10^5 J 之间，表明轴 10 槽煤层上覆岩层破裂时所需能量变化幅度较小，间接反映了引发微震事件的轴 10 槽煤层破裂岩层为一相对固定范围。

3）顶板来压相关性分析

微震事件及工作面顶板来压都是顶板运动的结果，顶板来压规律性分析可为微震事件引发条件提供依据，两者之间的相对关系如图 5-44 所示。通过分析发现，微震事件能量及次数的增减与轴 10 槽煤层西一面、轴 9 槽煤层西一面、轴 5 槽煤层东一（二）面周期来压单独比较时其相关性较差，间接表明轴 10 槽煤层微震事件不是单个工作面顶板运动的结果，而是与三个工作面顶板运动都有关联。

微震事件剖面和平面分布表明：微震事件主要分布在轴 10 槽煤层和轴 13 槽煤层间岩层，该区域有西一石门贯通，为主要岩层破裂区域；高位岩层也存在微震事件，即高位岩层也运动。微震事件时间点分布表明：三个工作面同时生产时，轴 10 槽煤层微震事件频次增加；单面生产时，微震事件频次降低。针对上述现象，应加强轴 9 槽煤层和轴 5 槽煤层的应力监测和卸压工作，防止冲击显现发生。此外，轴 10 槽煤层西一面已推采至"一倍见方"区域，可能导致后期微震次数和总能量大幅增加，应加强监测及卸压措施，防止冲击显现发生。

6 巨厚砾岩控制下开采扰动 弱化防冲方法理论与实践

就冲击地压防治而言，目前的《防治煤矿冲击地压细则》中明确规定，我国冲击地压防治应当坚持"区域先行、局部跟进、分区管理、分类防治"的原则。可以看到，冲击地压的区域大范围防治处于举足轻重的地位。由前文研究可知，工作面开采导致的覆岩结构扰动一定程度上改变了采场应力环境，从而诱发工作面冲击地压。因此，可从降低结构造成应力扰动的角度，达到防治冲击地压的目的。

本章提出了复杂地质条件下的开采扰动弱化防冲方法，以义马矿区为背景，针对其中的协调开采方法展开系统深入研究。通过构建两工作面开采的数值模型，对不同因素和不同条件的应力转移量和覆岩破坏高度进行对比分析，确定结构单元中应力转移发生的主控条件。从避免应力转移的角度，得到邻面各因素最优取值，为义马矿区工作面协调开采防冲实践提供依据。

6.1 基于开采扰动弱化的工作面防冲理念

防治冲击地压的核心，是对煤岩应力的控制。多工作面开采扰动作为影响工作面应力的关键因素，对其展开针对性的控制即能够有效改善煤体应力环境。即可将扰动的参与因素作为实施对象，以弱化开采扰动为目标，从控制扰动路径、扰动源的角度，实现冲击地压防治。基于此，提出的具体方法包括区域性扰动应力调控和局部性扰动应力调控。

6.1.1 区域性扰动应力调控方法

实施区域性措施的目的在于，通过区域力学环境分析预判目标工作面的潜在应力水平，避免将工作面分布于高应力开采环境，增加防治难度，合理的区域性预防措施设计将能够为工作面的回采奠定优异的基础，大范围降低应力集中程度，控制弹性势能积聚和释放的外部条件。区域性扰动应力调控方法包括"弱链增耗"防冲方法、吸能稳构防冲方法和协调开采防冲方法。

1. "弱链增耗"防冲方法

该方法是对参与扰动的关键岩层实施高能爆破致裂或高压水力致裂。高能爆破是沿工作面推进方向布置等间距垂直钻孔，钻孔施工至关键岩层，预埋定量炸药进行爆破。高压水力致裂采用石油开采领域的水平分支井技术，在 L 型钻井水平孔内进行分段压裂，该方法在岩体中形成垂直裂隙，促使悬顶岩层直立垮落，削弱相邻工作面之间岩层的连续性，破坏岩层的扰动传递条件，同时，断裂破碎的岩层作为厚岩石垫层，能够缓和岩层移动或破断产生的动载作用，增加动载源至工作面路径上的能量损耗，从而达到防治相邻工作面冲击地压的目的。

针对巨厚砾岩和褶曲条件下的防冲理念的示意如图 6-1 所示。需要说明的是，由 4.1

节相似模拟研究可知，巨厚砾岩下位岩层联动抬升量更大，因此其卸压效果更明显，故选取距离煤层更近的下位巨厚砾岩为致裂岩层。相比于巨厚砾岩的局部致裂，对于联动的弱化效果显然低于整体致裂。然而，超百米的巨厚砾岩整体致裂所需药量巨大，装药密度难以控制，堵塞材料难以选择；同时，爆破后的强震动有可能诱发地表建筑损坏、井下瓦斯涌出和冲击等次生灾害。对于高压水力致裂，其工程量和效果无法预期，需要石油领域相关专家进行可行性论证，因此整体预裂的可行性不高。

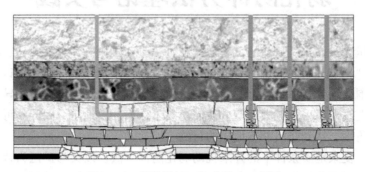

图 6-1 "弱链增耗"防冲方法示意图

2. 吸能稳构防冲方法

该方法是在煤炭开采的同时，使用高强度充填材料对顶板未垮落前的采空区域进行充填。对率先开采的工作面充填后，垮落带与裂隙带发育高度降低，使得巨厚砾岩之间及其下方离层量减小，或上覆厚硬岩层不再断裂，破坏了岩层联动或突然断裂而造成的扰动现象，减弱对后采工作面的应力扰动，而后采工作面采空区充填亦可减弱对先采工作面的应力扰动。此外，该方法在弱化开采扰动效应的同时，还可有效控制因地表大变形造成的建筑物和农田损坏，从而实现井下和地面灾害联合防控。吸能稳构防冲方法的示意如图 6-2 所示。

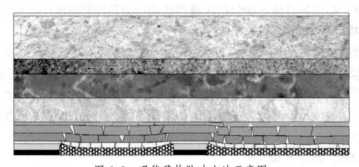

图 6-2 吸能稳构防冲方法示意图

3. 协调开采防冲方法

该方法是对矿井开拓布置及工作面回采设计进行优化，从而削弱工作面之间的应力扰动，其中协调指工作面与工作面之间的协调配合关系。协调开采中工作面的布置参数包括工作面位置、工作面长度、工作面间留设煤柱宽度、工作面回采方向等。协调开采设计方案多样，方案之一：可待率先开采的工作面充分采动后，再布置其他工作面并正常回采。后采工作面发生冲击后，虽仍可能造成先采工作面煤体应力升高而诱发冲击，但由于该侧工作面作业人员、采煤及支护设备已安全回收，移除了冲击地压灾害作用对象，从而达到了降低冲击地压灾害损失的目的。该方案的示意如图6-3所示。

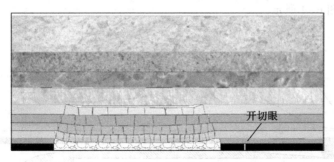

图6-3 协调开采防冲方法示意图

6.1.2 局部性扰动应力调控方法

在开展区域性预防措施的基础上，工作面能够具有相对理想的外部开采环境，即形成的低应力开采环境将从基础条件方面最大程度地弱化采掘过程中形成应力集中的可能。但煤岩介质具有高度的非均质特征，其力学行为在具体位置的可预测性相对有限，同时，早期对地质构造的探测以及遗留煤柱的可能影响存在预判不足的可能。因此，真实推进过程中将不可避免地在局部位置仍会形成应力集中现象。针对这一特征，在局部位置进行防治措施设计将尤为必要。

目前主要的措施主要包括煤层注水卸压、大直径钻孔卸压、煤体卸压爆破以及断底爆破。煤层注水卸压侧重于局部区域的冲击地压预防，而大直径钻孔卸压、煤体卸压爆破以及断底爆破则可同时作为常规的预防措施和解危措施。

1. 煤层注水卸压

煤层预注水是在采掘工作前，对煤层进行长时压力注水。注水的目的是通过压力水的物理化学作用，改变煤的物理力学性质，降低煤层冲击倾向，改变其应力状态。煤层预注水是一种积极主动的区域性防范措施，不仅能消除或减缓冲击危险，而且可起到消尘、改善劳动条件的作用。

水对煤岩的强度特征、变形特征和冲击倾向性都有重要影响。随煤体试样含水率增加，孔隙率和泊松比增大，但其强度和弹性模量降低，并在一定时间内随浸水时间的延长而加剧。

2. 大直径钻孔卸压

大直径钻孔卸压技术是防治冲击地压的一种有效方法，是指在煤岩体内应力集中区域或可能的应力集中区域实施直径通常大于100 mm的钻孔。通过排出钻孔周围破坏区煤体变形或钻孔冲击所产生的大量煤粉，使钻孔周围煤体破坏区扩大，从而使钻孔周围一定应力区域煤岩体的应力集中程度下降或者高应力转移到煤岩体的深处或远离高应力区，实现对局部煤岩体进行解危的目的，起到预卸压的作用。应在煤岩体未形成高应力集中或不具有冲击地压危险之前，实施卸压钻孔，使煤岩体不再形成高应力集中或冲击地压危险区域，其优点在于施工过程能够避免引起巷道变形和破坏，保持巷道的稳定性。

当在高应力煤体内施工钻孔时，钻孔周围的煤体在高应力作用下产生裂隙并发生破裂，能够在单个钻孔周围的煤体内形成一个破碎区，多个钻孔周围的破碎区相互连通形成一条更大范围的卸压区，使得应力集中的峰值减小，并使应力集中区向煤体深处转移，起到卸压作用，如图 6-4 所示。

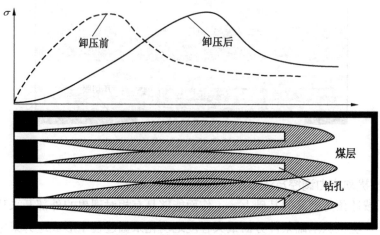

图 6-4 煤体钻孔卸压原理图

3. 煤体卸压爆破

煤体卸压爆破是对具有矿井动力显现危险的局部区域，用爆破方法减缓其应力集中程度的一种解危措施。煤体卸压爆破属于内部爆破，主要作用是使煤层产生大量裂隙。爆破后，冲击波首先破坏煤体，然后爆破产生的气体进一步使煤体破裂，由于气压作用，形成切向拉应力，产生径向拉破裂。煤体卸压爆破后由于破碎区存在，使煤岩体应力转移，能量发生转移和释放，形成了一定的卸载区域，减弱或消除了煤体的冲击危险性，如图 6-5 所示。

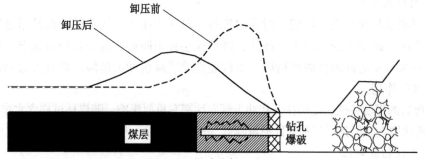

图 6-5 爆破的卸压作用

4. 断底爆破

断底爆破主要是针对构造应力型为主的冲击地压，在较高的水平构造应力作用下，巷道底板产生较大的压缩弯曲变形，在一定条件下容易发生屈曲破坏，进而诱发冲击地压的发生。针对弹性势能积聚的层位进行爆破，可降低其弹性势能大小和再次积聚弹性势能的效率，促使其缓慢释放外部应力引起的变形。巷道底板在两帮垂直应力和底板水平构造应力的共同作用下，应力集中程度较高。爆破形成的松动区不仅可以对底板内的水平应力起到缓冲垫层的作用，还可以对上覆岩层的高应力向底板岩层连续传递起到阻隔作用。断底爆破防冲原理实质为钻孔卸压法与振动爆破法防冲技术的结合，对于底板较为坚硬的巷道，常将断底爆破和静压注水相结合使用。

由于义马矿区复杂地质条件下区域性开采带来的强扰动影响，其日常开展的局部性防冲措施仍无法完全避免冲击灾害，因此需要开展针对性的区域性防冲措施。义马矿区多工作面不同布置方式下的扰动可能存在相当的差异，为了弄清工作面布置方式对应力转移弱化程度的影响，从而给出协调开采方法，下文对其开展针对性研究。

6.2 相邻工作面协调开采防冲方法模拟研究

6.2.1 数值模拟设计

6.2.1.1 影响因素及条件设置

按照采矿活动中常见的地质因素和开采因素构成，模拟中考虑的地质因素变量有煤层厚度、巨厚砾岩厚度、巨厚砾岩抗拉强度、测压系数；开采因素变量有中间煤柱宽度、两工作面倾向长度、两工作面垂直错距、先采工作面率先回采长度、先采工作面回采完毕后采工作面的不同回采方向、先采工作面回采 500 m 后后采工作面的不同回采方向，各因素分别编号 1~11 号。对于各因素的条件变量来说，在充分涵盖义马矿区实际地质与开采条件前提下，同时依据行业经验将部分因素的条件适当拓展，将 1~8 号因素的不同条件按照等差思想均分设置，具体见表 6-1。需要说明的是，对 1~9 号因素来说，对某因素的不同条件进行模拟时，设置的模型参数及回采方式均取表中其余因素的加粗条件。对 10 号和 11 号因素来说，模拟中涉及的模型参数及回采方式取 1~9 号因素的加粗条件。此外，表中各地质因素与开采因素中的加粗条件为跃进煤矿和常村煤矿井田边界深部开采区域的实际情况。

表6-1 数值模拟因素变量及条件变量设置

编号	因素类型	因素变量	条件变量				
1	地质因素	煤层厚度/m	5	**10**	15	20	25
2		巨厚砾岩厚度/m	100	200	**300**	400	500
3		巨厚砾岩抗拉强度/MPa	0.5	**2.5**	4.5	6.5	8.5
4		测压系数（水平应力/垂直应力）	0.5:1	**1:1**	1.5:1	2:1	2.5:1
5	开采因素	中间煤柱宽度/m	0	50	100	**150**	200
6		两工作面倾向长度/m	150	**200**	250	300	350
7		两工作面垂直错距/m	**0**	100	200	300	400
8		先采工作面率先回采长度/m	0	200	400	600	800	**1000**
9		后采工作面回采方向（先采工作面回采1000 m）	**远离煤柱方向**			靠近煤柱方向	
10		先采工作面远离煤柱方向回采500 m	后采工作面异向			后采工作面同向	
11		先采工作面朝向煤柱方向回采500 m	后采工作面异向			后采工作面同向	

6.2.1.2 模型构建

按照义马矿区的结构单元组成，构建的一般化"工作面-煤柱-工作面"模型过程如图 6-6 所示。该过程中首先使用 CAD 绘制包含两工作面无错距的地层模型（图 6-6a），将其导入 FLAC3D 后生成两工作面网格模型（图 6-6b）。而两工作面存在错距时构建方式相同，其网格模型如图 6-6c 所示。

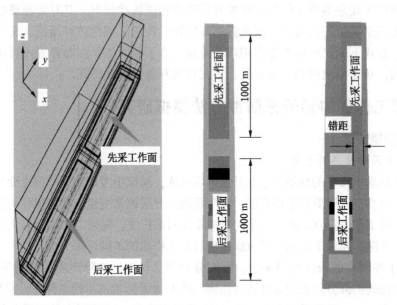

(a) 模型绘制　　　　　(b) 无错距FLAC3D模型　　(c) 有错距FLAC3D模型

图 6-6　义马矿区相邻工作面开采数值模型构建

　　该模型的煤层中右侧的工作面为先采工作面，左侧的工作面为后采工作面，两工作面走向长度均为 1000 m，X 方向上两工作面距离模型边界均为 50 m，Y 方向上后采工作面下边界距离模型边界 50 m，且 Y 方向上模型总长度均为 2300 m。

　　由于本节着重分析多采场、大空间条件下应力转移的影响因素，研究尺度相对较大，因此对模型岩层进行一定的简化，忽略结构中的较薄岩层，模型包含 5 层岩层，由下至上分别为泥岩砂岩互层、煤层、泥岩、砂岩砾岩互层、巨厚砾岩，其中不同条件的计算模型的泥岩砂岩互层、泥岩和砂岩砾岩互层的厚度均设置为 20 m、30 m 和 200 m，而煤层和巨厚砾岩的厚度依据条件设置而变化。各岩层物理力学参数见表 6-2。

表 6-2　煤岩体物理力学参数

岩性	体积模量/GPa	剪切模量/GPa	密度/(kg·m⁻³)	内摩擦角/(°)	内聚力/MPa	抗拉强度/MPa
巨厚砾岩	32.1	18.1	2720	43.4	5.52	2.5
砂岩砾岩互层	1.89	0.63	2490	27	1.9	1.8
泥岩	1.36	1.29	2658	29.2	1.2	1.24
煤层	0.53	0.176	1350	23.1	1	0.8
泥岩砂岩互层	2.24	1.68	2588	16	5.86	4.58

6.2.1.3　开采设置

不同因素不同条件的数值模拟开采顺序设置如下。

1. 1~7 号因素

①先采工作面回采 1000 m；②后采工作面朝着远离中间煤柱方向回采，每次回采

100 m，分 10 步回采完毕。

2. 8 号因素

①先采工作面根据条件设置，分别率先回采 0~1000 m，之后停止回采；②后采工作面朝着远离中间煤柱方向回采，每次回采 100 m，分 10 步回采完毕。

3. 9 号因素

①先采工作面回采 1000 m；②后采工作面回采方向根据条件设置，分别朝着远离中间煤柱方向和靠近中间煤柱方向回采，每次回采 100 m，分 10 步回采完毕。

4. 10~11 号因素

①先采工作面朝着靠近中间煤柱或远离中间煤柱的方向率先回采 500 m 后停止回采；②后采工作面回采方向与先采工作面方向相同或相反，每次回采 100 m，分 10 步回采完毕。

不同因素的开采设置如图 6-7~图 6-10。

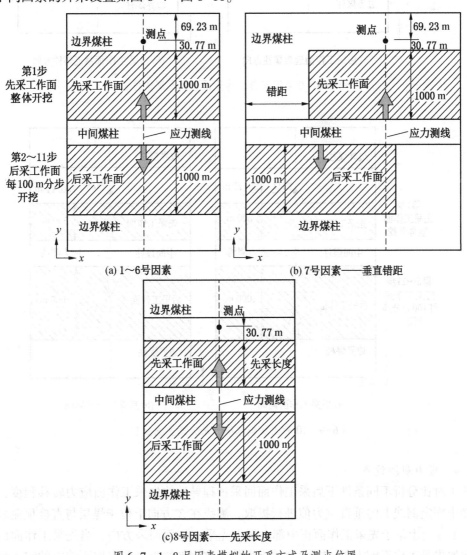

图 6-7　1~8 号因素模拟的开采方式及测点位置

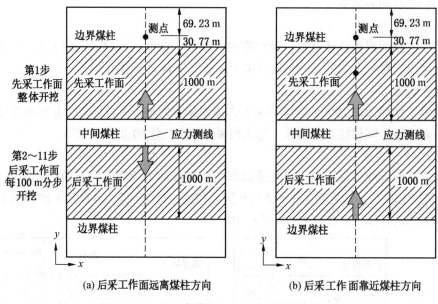

(a) 后采工作面远离煤柱方向   (b) 后采工作面靠近煤柱方向

图 6-8   9 号因素模拟的开采方式及测点位置

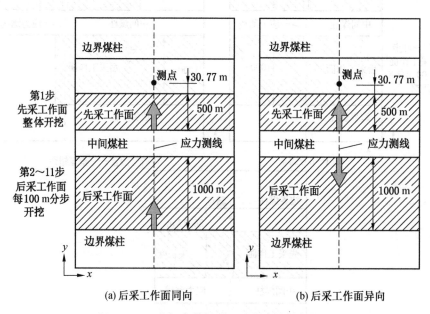

(a) 后采工作面同向   (b) 后采工作面异向

图 6-9   10 号因素模拟的开采方式及测点位置

6.2.1.4   应力观测设置

为了对比分析不同条件下后采工作面回采过程导致的先采工作面应力转移程度，首先对模型中固定测线上的垂直应力值进行提取，测线在 Z 方向上位于煤层与直接顶泥岩交界面上，X 方向上位于先采工作面正中部。根据先采工作面回采方向，当先采工作面回采完毕，提取先采工作面前方 30.77 m 处的应力值，该测点位于先采工作面前方的实体煤或边

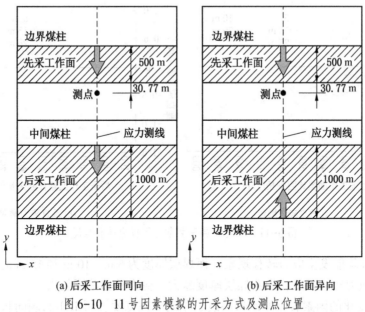

(a) 后采工作面同向　　　　　　　(b) 后采工作面异向

图 6-10　11 号因素模拟的开采方式及测点位置

界煤柱内。不同因素的测点位置如图 6-7～图 6-10 所示。

6.2.2　不同因素的应力转移主控条件

6.2.2.1　应力增量直接表征

为了弄清后采工作面回采时先采工作面受应力转移的程度，对不同条件模拟的应力结果作如下处理：后采工作面每次开挖前与开挖后的过程中，对先采工作面煤体垂直应力作差，记为后采工作面开挖时转移至先采工作面的垂直应力增量。不仅如此，将垂直应力增量与后采工作面开挖前的先采工作面测点垂直应力作商，记为后采工作面开挖时转移至先采工作面的垂直应力增率。若垂直应力增量或垂直应力增率为正，认为后采工作面回采过程中发生了应力转移现象，同时使用能够发生应力转移现象时的后采工作面累计回采长度表征应力转移范围。若垂直应力增量和增率的值越大，应力转移范围越大，则认为应力转移效应越明显，以此作为同一因素时的应力转移主控条件判别方法。

后采工作面回采的整个过程中，先采工作面应力演化结果如图 6-11～图 6-20 所示。整体上看，当后采工作面回采 100 m 时，每种影响因素下均至少存在一种条件出现应力转移现象，如煤厚 15 m、巨厚砾岩 500 m、巨厚砾岩抗拉强度 4.56 MPa、测压系数 2∶1、中间煤柱 200 m、工作面倾斜长 350 m、两工作面无错距、先采工作面率先开采 1000 m 以及后采工作面朝着远离煤柱方向回采。每种影响因素并非所有条件均能造成应力转移现象，且不同条件的应力转移程度也是显然不同的。

由图 6-11 可知，不同煤层厚度条件下先采工作面垂直应力增量和垂直应力增率整体变化规律具有较好的一致性，均为煤层越厚，垂直应力增量和增率的值均越大。如左侧工作面开挖 100 m 时，煤层厚度 5～25 m 的应力增量分别为 0.0756 MPa、0.0829 MPa、0.1233 MPa、0.1109 MPa 和 0.1391 MPa，应力增率分别为 0.30%、0.36%、0.42%、0.49% 和 0.65%。从应力转移范围来说，煤层厚度为 20 m 和 25 m 时，左侧工作面开挖

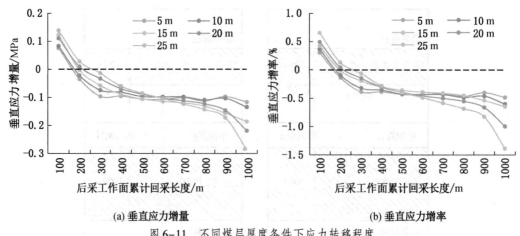

(a) 垂直应力增量　　　　　　　　　(b) 垂直应力增率

图 6-11　不同煤层厚度条件下应力转移程度

100 m 和 200 m 均能发生应力转移现象，而煤层厚度为 5 m、10 m 和 15 m 时，仅左侧开挖 100 m 时发生应力转移现象，说明煤层厚度越大，应力转移范围越大。

呈现类似变化的因素有巨厚砾岩厚度、中间煤柱宽度、两工作面倾向长度、两工作面垂直错距、先采工作面率先开采长度（图 6-12~图 6-16）。应力转移发生时，巨厚砾岩越厚，中间煤柱宽度越小，工作面倾向长度越长，工作面垂直错距越小，先采工作面率先开采长度越小，垂直应力增量、垂直应力增率和应力转移范围就越大。

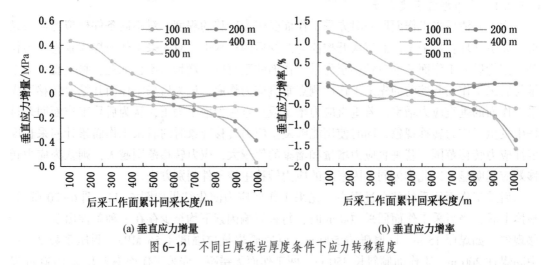

(a) 垂直应力增量　　　　　　　　　(b) 垂直应力增率

图 6-12　不同巨厚砾岩厚度条件下应力转移程度

对于巨厚砾岩抗拉强度因素（图 6-17），当应力转移发生时，应力增量和增率差别不大，其值均在 0.058~0.065 MPa 和 0.254%~0.282% 范围内波动，甚至抗拉强度为 6.56 MPa 和 8.56 MPa 时应力增量和增率完全一致，且不同条件的应力转移范围均为 100 m。对于测压系数因素（图 6-18），除测压系数为 2.5 外，测压系数为 0.5~2 的垂直应力增量和增率差别不大，其值均位于 0.07~0.11 MPa 和 0.32%~0.37% 之间，且不同条件的应力转移范围均为 100 m。因此，整体上认为巨厚砾岩抗拉强度和测压系数因素的不同条件对应力转移程度影响不大。

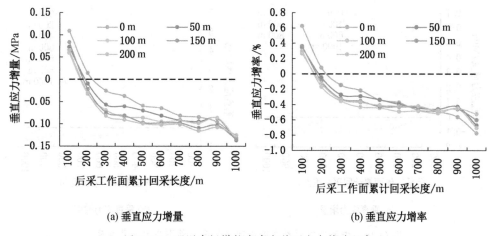

(a) 垂直应力增量

(b) 垂直应力增率

图 6-13 不同中间煤柱宽度条件下应力转移程度

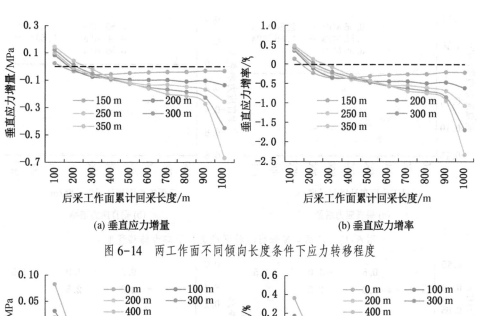

(a) 垂直应力增量

(b) 垂直应力增率

图 6-14 两工作面不同倾向长度条件下应力转移程度

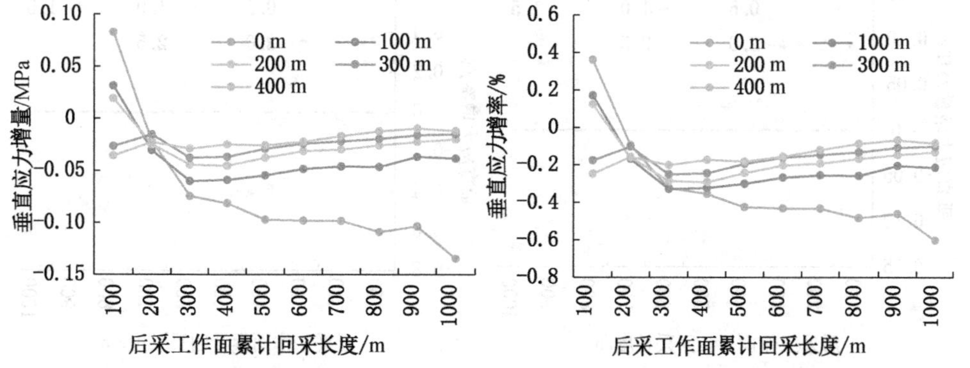

(a) 垂直应力增量

(b) 垂直应力增率

图 6-15 两工作面不同垂直错距条件下应力转移程度

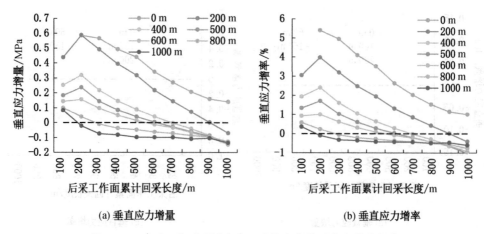

(a) 垂直应力增量   (b) 垂直应力增率

图 6-16 先采工作面不同率先回采长度条件下应力转移程度

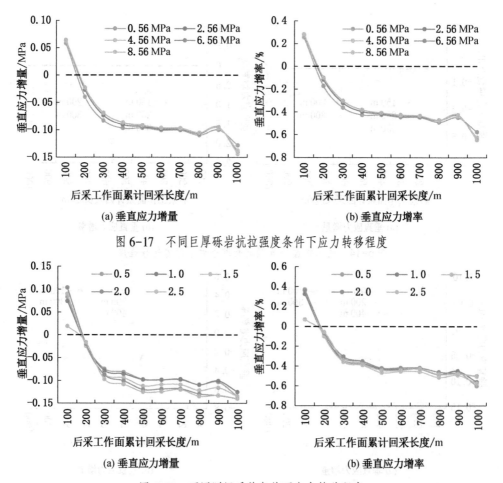

(a) 垂直应力增量   (b) 垂直应力增率

图 6-17 不同巨厚砾岩抗拉强度条件下应力转移程度

(a) 垂直应力增量   (b) 垂直应力增率

图 6-18 不同测压系数条件下应力转移程度

对于后采工作面回采方向因素（图 6-19），当先采工作面回采完毕，后采工作面无论朝靠近煤柱方向回采还是远离煤柱方向回采，后采工作面回采 100 m 时均有应力转移现象发生。当后采工作面朝着远离煤柱的方向回采时，后采工作面回采初期（回采 100 m）距离先采工作面较近，对先采工作面的扰动较大，导致垂直应力增量和增率均较大。

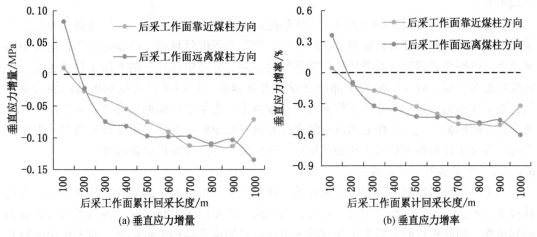

图 6-19　后采工作面不同回采方向的应力转移程度

对于两工作面回采方向差异性因素（图 6-20），先采工作面回采 500 m 之后，后采工作面回采初期，无论先采工作面朝远离煤柱还是靠近煤柱方向率先回采 500 m，后采工作面由中间煤柱向边界煤柱回采时均存在应力转移，后采工作面由边界煤柱向中间煤柱回采时均不存在应力转移现象。这是因为后采工作面朝向中间煤柱回采时，其工作面与先采工作面距离较远，因此应力转移程度较低。

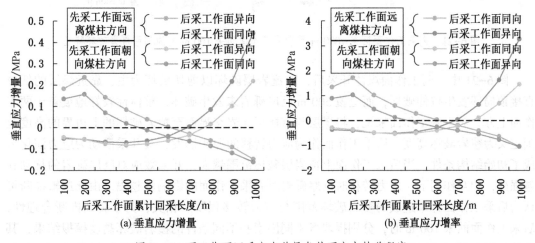

图 6-20　两工作面回采方向差异条件下应力转移程度

综上所述，后采工作面回采初期存在先采工作面煤体垂直应力升高的应力转移现象，不同地质因素和开采设计因素的不同条件对应力转移的影响明显不同。上述因素中，煤层厚度越大，巨厚砾岩越厚，中间煤柱越窄，两工作面倾向越长，两工作面垂直错距越小，先采工作面先采长度越小，应力转移程度越大；先采工作面回采完毕后采工作面朝远离煤柱方向回采，先采工作面远离中间煤柱方向回采 500 m 且后采工作面远离煤柱方向回采时，应力转移程度越大；此外，巨厚砾岩抗拉强度和测压系数的不同条件对应力转移程度影响不大。

从直观上理解不同影响因素对应力转移的影响趋势，煤层越厚、工作面倾向越长，后采工作面回采初期的开采效应对上覆巨厚砾岩的波及程度就越强，巨厚砾岩下行运动空间就越大；巨厚砾岩越厚，其整体性与完整性就越好，介质整体作用的本质属性就越强；中间煤柱越窄，煤柱对巨厚砾岩中部的支撑能力就越弱，巨厚砾岩大范围运动的能力就越强；两工作面错距越小、先采工作面先采长度越小、先采工作面回采完毕后采工作面朝远离煤柱方向回采、先采工作面远离中间煤柱方向回采 500 m 且后采工作面远离煤柱方向回采时，先采工作面距离后采工作面就越近，受后采工作面开采扰动就越强。

6.2.2.2 覆岩破坏高度间接表征

对于巨厚砾岩控制的相邻工作面开采区域而言，结构单元中的不同特征参数对应力转移程度会产生一定的影响。由前节可知，当后采工作面回采 100 m 时，各因素均存在应力转移条件，因此重点研究后采工作面回采 100 m 时的覆岩结构参数特征。两工作面倾斜长度为 150 m 时，先采工作面回采完毕（1000 m），后采工作面回采 100 m 时的邻面覆岩破坏特征如图 6-21 所示。

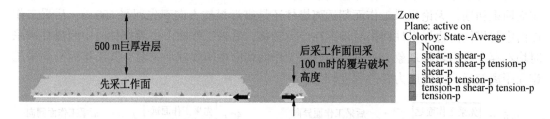

图 6-21　先采工作面回采 1000 m 且后采工作面回采 100 m 时的邻面覆岩破坏特征

图 6-21 中，两工作面煤体开采后，上覆岩层破坏以剪切破坏为主，靠近煤层的低位直接顶局部发生拉伸破坏，而上覆 500 m 巨厚砾岩未发生破坏，整体性较好地覆盖于两工作面上方。对于两工作面来说，将煤层与直接顶泥岩交界面至覆岩破坏的上边界的高度范围定义为覆岩破坏高度。后采工作面作为应力转移的源头诱发，其开采活动为应力演化形成了初始结构条件，当后采工作面上覆岩层破坏范围越大，开采效应对巨厚砾岩的扰动就越强烈，相互作用下，应力转移时巨厚砾岩对先采工作面的影响就越强。由此逻辑推断可认为后采工作面开采造成的覆岩破坏范围与应力转移程度正相关，为了验证推断合理性，后采工作面回采 100 m 时，分别提取各不同因素和不同条件的覆岩破坏高度模拟结果，其变化特征如图 6-22 所示。需要说明的是，巨厚砾岩抗拉强度和测压系数因素的不同条件对应力转移程度影响不大，其后采工作面的覆岩破坏高度变化不再给出。

由图 6-22a 可知，后采工作面覆岩破坏高度随着煤层厚度的增加而增加，由 63 m 显著增长至 84 m，说明煤层越厚，应力转移程度越大，与垂直应力增量和增率得到的结果保持一致。对于其他因素可知（图6-22b~图6-22h），巨厚砾岩越厚，中间煤柱越窄，工作面倾向长度越长，两工作面垂直错距越小，先采工作面率先开采长度越小，应力转移程度越大。从回采方向上来看，先采工作面率先回采1000 m后，后采工作面朝着靠近和远离煤柱的方向回采时应力转移程度较大；先采工作面朝着远离煤柱的方向率先回采500 m且后采工作面回采方向与先采工作面回采方向相反时，应力转移程度较大。由覆岩高度表征应力转移程度的结果与垂直应力增量的表征结果保持一致，说明该覆岩参数与应力转移具有较好的对应性。

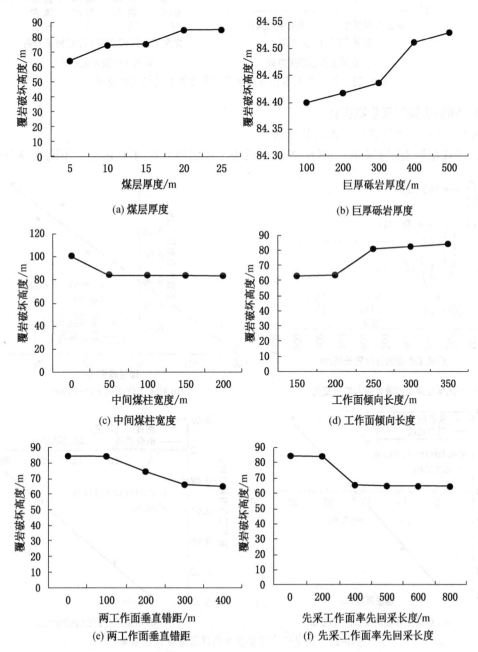

(a) 煤层厚度

(b) 巨厚砾岩厚度

(c) 中间煤柱宽度

(d) 工作面倾向长度

(e) 两工作面垂直错距

(f) 先采工作面率先回采长度

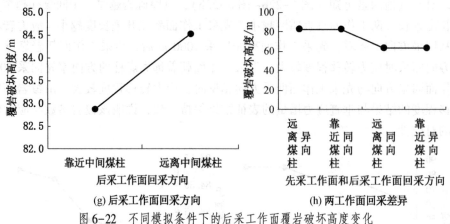

(g) 后采工作面回采方向　　　　(h) 两工作面回采差异

图 6-22　不同模拟条件下的后采工作面覆岩破坏高度变化

6.2.3　邻面协调开采参数设计

6.2.3.1　避免应力转移的因素取值范围

对于煤层厚度因素而言（图 6-23a），后采工作面回采 0~100 m 时，不同煤厚条件下

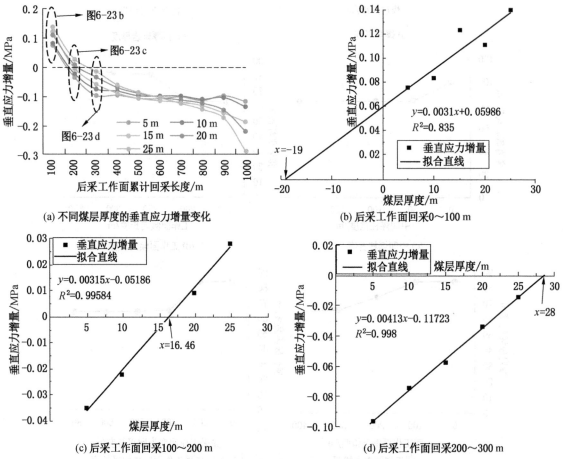

(a) 不同煤层厚度的垂直应力增量变化

(b) 后采工作面回采 0~100 m

(c) 后采工作面回采 100~200 m

(d) 后采工作面回采 200~300 m

图 6-23　避免应力转移发生的煤层厚度范围求解

的邻面垂直应力增量均为正值，即均存在应力转移现象；后采工作面回采 100~200 m 时，煤层厚度为 20 m 和 25 m 的条件存在应力转移现象。后采工作面回采某一进度时，为了探究应力转移是否发生的临界煤厚条件，图 6-23b~图 6-23d 分别给出了后采工作面回采 0~100 m 和 100~200 m 时的垂直应力增量随煤层厚度的变化。

由图 6-23b 可知，邻面垂直应力增量与煤层厚度呈线性正相关，拟合直线与横轴交点处的煤层厚度则代表了应力转移发生与否的煤层临界厚度，当煤层厚度低于该临界厚度时，后采工作面回采 0~100 m 过程中不会发生应力转移。由于煤层临界厚度理论值（-19 m）低于 0，说明后采工作面回采 100 m 过程中，无论邻面区域煤层厚度如何，均能够发生应力转移。由图 6-23c 可知，由直线拟合得到煤层临界厚度为 16.46 m，即当煤层厚度小于 16.46 m 时，后采工作面回采 100~200 m 过程中不会发生应力转移。由图 6-23d 可知，当煤层厚度小于 28 m 时，后采工作面回采 200~300 m 过程中不会发生应力转移。后采工作面在随后的回采过程中，在行业经验所认为的常见煤层厚度范围内（0~30 m），后采工作面回采 300~1000 m 时均不会发生应力转移。

除煤层厚度因素和回采方向因素外，对于其余的非回采方向的因素（巨厚砾岩厚度、中间煤柱宽度、两工作面倾向长度、先采工作面率先开采长度、两工作面垂直错距）而言，后采工作面回采的 10 个阶段中，部分阶段能够避免应力转移的各因素取值范围如图 6-24~图 6-28 所示。各因素通过拟合获取理论值的过程中，拟合曲线解析式包括一次函数、幂函数、指数函数和对数函数。

基于上述分析，后采工作面回采过程中，避免应力转移发生的各因素的取值范围见表 6-3。需要说明的是，表中仅给出了除回采方向因素外的其余因素取值，且各因素避免应力转移的临界理论值均位于行业常见范围内。当理论临界值违反实际时，后采工作面回采过程中的应力转移情况分为两类：因素取常见的任意值均有应力转移和均无应力转移。

由表 6-3 可知，后采工作面回采过程中，回采 100 m 时，对于煤层厚度、巨厚砾岩抗拉强度、测压系数和先采工作面的率先开采长度而言，均无法通过选取合理的值而避免应力转移现象发生。后采工作面后续回采过程中，均能够通过因素的合理取值而避免应力转移。以后采工作面回采 100~200 m 为例，当煤层厚度≤16 m、巨厚砾岩厚度≤32 m、煤柱

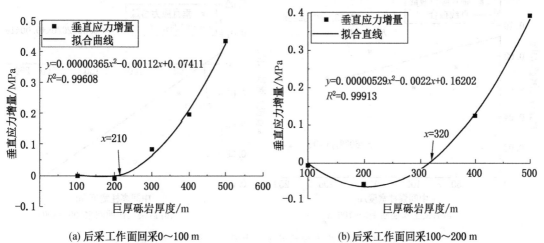

(a) 后采工作面回采0~100 m   (b) 后采工作面回采100~200 m

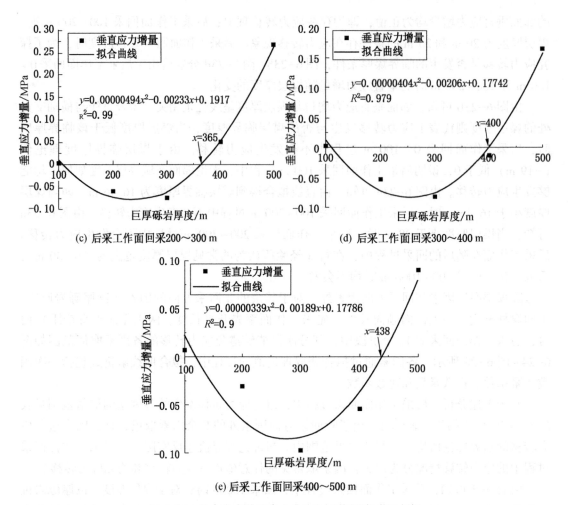

(c) 后采工作面回采200~300 m

(d) 后采工作面回采300~400 m

(e) 后采工作面回采400~500 m

图6-24 避免应力转移发生的巨厚砾岩厚度范围求解

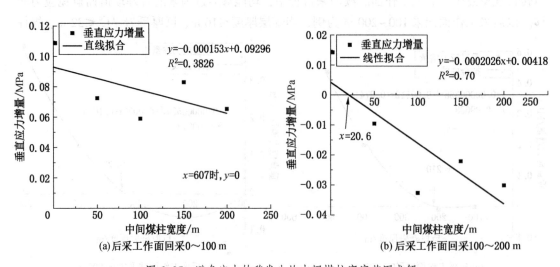

(a) 后采工作面回采0~100 m

(b) 后采工作面回采100~200 m

图6-25 避免应力转移发生的中间煤柱宽度范围求解

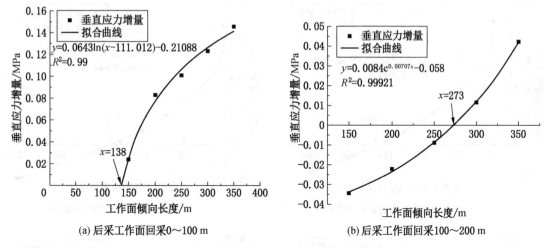

(a) 后采工作面回采0～100 m   (b) 后采工作面回采100～200 m

图 6-26 避免应力转移发生的两工作面倾向长度范围求解

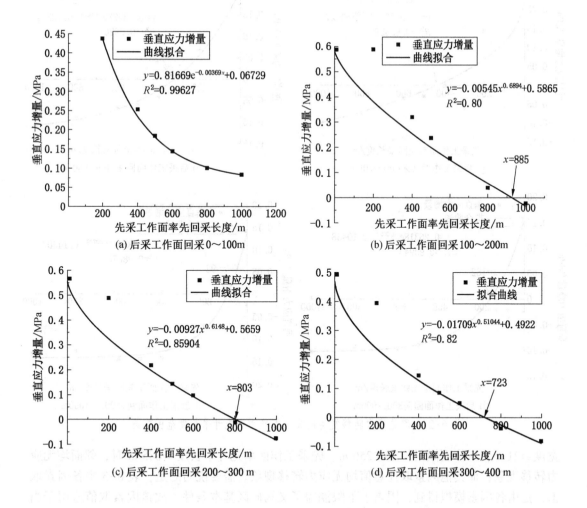

(a) 后采工作面回采0～100m   (b) 后采工作面回采100～200m

(c) 后采工作面回采200～300 m   (d) 后采工作面回采300～400 m

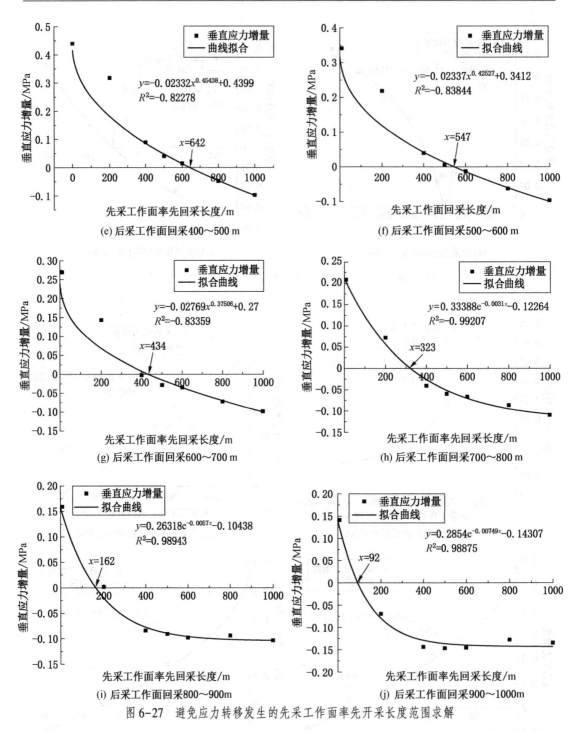

图 6-27　避免应力转移发生的先采工作面率先开采长度范围求解

宽度≥21 m、工作面倾斜长度≤256 m、先采工作面率先开采长度≥885 m 时，邻面均无应力转移现象；而其他因素取任意值均无应力转移现象。需要说明的是，表 6-3 中各因素取值，是由各因素模拟得到，因素上下限涵盖了义马矿区基本条件，故该因素取值适用于当前的义马矿区。

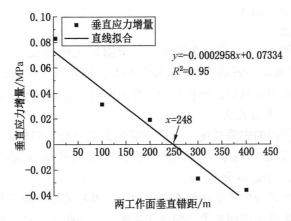

图 6-28　避免应力转移发生的两工作面垂直错距范围求解

表 6-3　避免应力转移发生的各因素的取值范围

因素	后采工作面累计回采长度/m									
	100	200	300	400	500	600	700	800	900	1000
煤层厚度/m		≤16	≤28							
巨厚砾岩厚度/m	≤210	≤320	≤365	≤400	≤438	≤517	≤722			
巨厚砾岩抗拉强度/MPa										
测压系数										
煤柱宽度/m	≥607	≥21								
工作面斜长/m	≤138	≤273	≤374							
先采长度/m		≥885	≥803	≥723	≥642	≥547	≥434	≥323	≥162	≥92
垂直错距/m	≥248									
因素取常见的任意值均无应力转移					因素取常见的任意值均有应力转移					

6.2.3.2　工作面布置原则及参数

根据应力转移主控条件以及避免应力转移的因素取值范围，提出义马矿区相邻工作面协调开采原则以及工作面最优布置参数的选择方法如下。

1. 煤层厚度

相邻工作面优先布置在煤层较薄的区域，条件允许时，选择区域应满足煤层厚度 ≤ 16 m。当区域煤层厚度均超过 16 m 时，所选开采区域应满足煤层厚度 ≤ 28 m。

2. 巨厚砾岩厚度

相邻工作面优先布置在巨厚砾岩较薄的区域，条件允许时，选择区域应满足其上覆巨厚砾岩厚度 ≤ 210 m。当区域巨厚砾岩厚度均超过 210 m 时，区域首选的巨厚砾岩厚度临界值上升至 320 m。以此类推，优选条件应分别低于 365 m、400 m、438 m、517 m 和 722 m。

3. 煤柱宽度

尽量增大两工作面之间的煤柱尺寸，条件允许时，留设的煤柱宽度应超过 607 m，否则煤柱宽度应至少不小于 21 m。

4. 工作面倾斜长度

在满足机具与工作面尺寸配套前提下，尽量缩短工作面长度，满足工作面长度≤138 m；若受条件限制而无法满足工作面长度过小时，设计的工作面长度应不超过273 m；若其仍无法满足生产能力和效率，加长后的工作面倾向长度应不超过374 m。

5. 先采工作面率先开采长度

尽量增大先采工作面的先采长度，至少应满足先采长度≥875 m，条件限制无法满足时，先采长度下限可降低至 803 m。以此类推，优选条件应分别高于 723 m、642 m、547 m、434 m、323 m、162 m 和 92 m。

此外，邻面最优方案为先采工作面充分采动后，再开采另一侧工作面。后采工作面发生冲击虽仍可能诱发先采工作面冲击，但由于先采工作面作业人员、采煤及支护设备已安全撤出，冲击地压灾害造成的损失较小。

综上，基于该因素的两条设计原则可表述为：①尽可能增大先采工作面走向长度；②先采工作面充分采动后再开采另一工作面。

6. 垂直错距

设计时应尽可能增大邻面的垂直错距，条件允许时应满足垂直错距≥248 m。

7. 回采方向

无论先采工作面开采完毕，还是先采工作面朝着远离煤柱或靠近煤柱方向回采500 m，后采工作面回采方向的布置原则均应满足：后采工作面由距离先采工作面的最远处向着靠近先采工作面采空区的方向回采，即尽可能增大后采工作面回采初期时与先采工作面的距离。

6.3　区域协调开采防冲实践及效果评价

针对既定的矿区，对某一区域内煤炭资源开采规划时，应充分考虑多工作面布置位置、接替顺序及回采参数，工作面之间的紧密配合是矿井稳定、安全生产的基本保证。如果区域内采煤工作面数量多、位置集中且推进速度快，将造成区域开采扰动强烈、危险程度升高的局面；如果工作面过少，推进速度过慢，就会造成开采效率不足、生产成本增加，带来一定的经济损失，即区域开采失调。因此，必须根据安全生产方针和矿井生产规模，安排合理的采煤工作面开采顺序和回采参数，保持协调的区域开采关系。

前文通过模拟研究得到了巨厚砾岩控制下相邻工作面之间的协调开采原则，并给出了工作面最优布置参数的具体取值。然而，对于该防冲方法的原则及其取值的合理性，还有待进一步工程验证。本章将义马矿区多工作面布置的跃进煤矿23采区和常村煤矿21采区作为研究对象，对该区域不同工作面接替方案进行评估，制定了井间区域工作面协调开采方案，对区域协调开采过程展开微震监测和冲击显现记录，基于实测结果评价协调开采效果，为工作面协调开采防治冲击地压提供工程参考。

6.3.1　工作面协调开采方案制定

义马矿区最西部的杨村煤矿煤炭资源开发殆尽并不再生产，千秋煤矿的接替工作面布置在井田北部的浅部区域，其距离耿村煤矿和跃进煤矿的接替工作面较远（2200 m 和

8400 m），工作面之间受互相开采扰动的可能性极低，对超远距离工作面展开协调开采设计的意义不大。近距离相邻的跃进煤矿23采区和常村煤矿21采区之间存在相当的未采实体煤，各采区的工作面接替方案较多，每种多工作面布置方式导致井间开采互扰强度差别明显，因而下文对该区域（图6-29）工作面协调开采进行设计。

6.3.1.1 区域地质及开采概况

1. 区域地质特征

1）煤层

跃进—常村煤矿井间区域煤层走向105°～130°，倾向195°～220°，倾角10°～13°，平均12°。由西至东方向煤层厚度逐渐增大，跃进煤矿23采区和常村煤矿21采区平均煤厚分别为6.7 m和7.9 m。

煤层上半部以半亮型块状硬质煤为主，煤质较好；下半部以半暗型煤为主，夹矸多煤质较差。由西至东方向煤层夹矸增多，夹矸层数由1～4层增至3～8层，夹矸单层厚度为0.03～1.3 m，夹矸岩性一般为炭质或砂质泥岩，结构简单至中等。

2）顶底板岩层

地层由下至上的岩性叙述如下：

基本底为泥岩、细-中砂岩和砾岩，厚度为29.7～36.2 m。泥岩：灰-灰黑色，含黏土质较多，块状结构，含少量根化石及少量滑面。砂岩：灰色，长石、石英细砂岩夹泥岩条带，硅泥质胶结。砾岩：浅灰色，砾石主要成分为浅灰色石英砂岩，泥砂质基底式胶结。

直接底为炭质泥岩，厚度为4.0～7.9 m，灰黑色，具缓波状层理，局部夹多层薄煤线和粉砂岩条带，松软，遇水易膨胀。

伪顶为泥岩，厚度为0.05～0.2 m，灰黑色，含碳量高，具滑面，层状结构易脱落。

直接顶为泥岩，厚度为22～32.6 m，深灰色～灰黑色，致密，块状构造，含植物化石，裂隙和节理较发育。

基本顶为砂砾互层，厚105 m左右，其岩性以砾岩为主，夹含薄砂岩。砾岩：深灰色，致密，断口平整，发育水平层理。砂岩：灰色，以石英岩为主，含黏土质，泥质胶结，夹细砂岩条带状裂纹，显示波状及浑浊状层理。

基本顶上方巨厚砾岩层厚350～550 m，砾石成分较杂，以灰色、浅灰色、紫灰色石英砂岩、石英岩为主，含火成岩、石灰岩砾石。砾径大小不均，小者仅数毫米，一般在3～10 cm之间，最大可达27 cm，磨圆度为次圆、次棱角状，砖红色砂泥质胶结物。巨厚砾岩之上直接被第四系松散沉积层覆盖，厚12.8～18.5 m，为土黄色、棕红色黏土、砂质黏土，多含砂姜，底部通常为黏土质砂姜和砾石。

2. 区域开采情况

跃进煤矿23采区和常村煤矿21采区深部工作面布置如图6-29所示。其中，常村煤矿21采区为双翼采区，跃进煤矿23采区为单翼采区，其西部25采区已采空，不存在接替工作面，因而未在图中展示。

23采区共布置10个工作面，23070工作面回采完毕后，23090和23110工作面下分层3.7 m煤层以及23130工作面南部6.7 m实体煤未开采，因此23采区23070的接替工作面包括下分层23092工作面、23150工作面和23170工作面。21采区共布置21个工作面，

21220 工作面回采完毕后，21141 和 21161 工作面下分层 4 m 煤层以及 21220 和 21150 工作面南部 8 m 实体煤未开采，因此 21 采区 21220 的接替工作面包括下分层 21162 工作面、21240 工作面和 21170 工作面。

　　跃进—常村煤矿井间区域和常村煤矿 21 采区下山区域留设宽度不均的井田边界煤柱和下山保护煤柱，井间区域 23070—21220 工作面煤柱宽度最大为 140 m，北部 23010—21162—21180 工作面拐角煤柱宽度最小为 77 m；下山区域 21162—21132 工作面煤柱宽度最大为 460 m，南部 21170—21200 工作面煤柱宽度最小为 250 m。

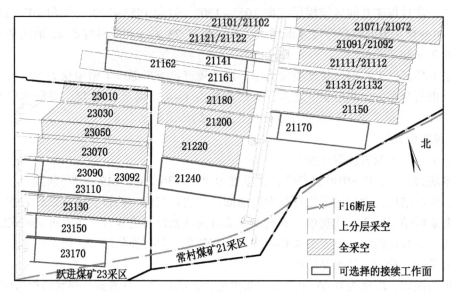

图 6-29　跃进煤矿 23 采区和常村煤矿 21 采区深部工作面布置平面图

6.3.1.2　接替工作面的选取

　　协调的区域开采关系应满足如下前提要求：①符合工作面之间采动影响的制约关系，最大限度地采出煤炭资源；②便于灾害预防，保证生产安全可靠；③保持开采水平、采区、采煤工作面的正常接续，使矿井持续稳产高产；④充分发挥设备能力，提高劳动生产率，实现合理集中生产。

　　对于跃进煤矿和常村煤矿而言，在两矿井生产能力和采区一翼一采煤工作面的政策制约条件下，跃进煤矿 23 采区可布置 1 个回采工作面，常村煤矿 21 采区两翼可分别各布置一个工作面。跃进煤矿 23 采区可选的接替工作面为 23092、23150 和 23170 工作面，常村煤矿 21 采区西翼可选的接替工作面为 21162 和 21240 工作面，而常村煤矿 21 采区东翼仅剩余 21170 工作面，确定该面为东翼的回采工作面。为了从跃进煤矿 23 采区的 3 个工作面和常村煤矿 21 采区西翼的 2 个工作面中各自选取 1 个工作面作为接替开采的工作面，下文对该 5 个工作面的不同接替方案展开了对比分析。

　　1. 单一工作面对比

　　各接替工作面所在区域的煤层厚度、巨厚砾岩厚度和工作面斜长见表 6-4。表中，各因素合理取值范围取自数值模拟的对应因素分析结果。

表6-4 单一工作面对比的接替工作面选取

因素	合理取值范围	跃进煤矿23采区接替工作面			常村煤矿21采区接替工作面	
		23092工作面	23150工作面	23170工作面	21162工作面	21240工作面
煤层厚度/m	≤16	3.7	6.7	6.7	4	8
巨厚砾岩厚度/m	≤517或≤365	510	580	630	348	363
工作面倾斜长度/m	≤273	266	209	210	266	270

由表6-4可知，煤层厚度因素中，5个接替工作面的煤层厚度均满足小于16 m的合理取值范围，但由于23092和21162工作面下分层开采导致煤层厚度较小，因而作为优先选取的接替工作面。

巨厚砾岩厚度因素中，23采区中仅23092工作面巨厚砾岩厚度低于517 m，21采区中仅21162和21240工作面巨厚砾岩厚度均低于365 m。

工作面倾斜长度因素中，所有工作面长度均满足合理范围，但需说明的是，23092和21162工作面的煤层开采厚度小于其余工作面，在满足产量的前提下，导致两工作面倾斜长度较大，因而片面选取最短工作面作为最优选接替工作面的原则不甚合理，因此5个工作面均满足条件。

此外，由于跃进煤矿23150工作面距离断层较近，该面巷道掘进期间发生17次剧烈的冲击显现；跃进煤矿23170工作面距离断层最近，且局部直穿断层，认为断层对两工作面开采的影响显著，因此23采区的接替工作面应为23092工作面。常村煤矿两工作面与断层距离均超500 m，21162工作面距离断层最远，因此21采区西翼的接替工作面优先选取21162工作面。

综上所述，跃进煤矿23采区应选取23092工作面作为接替工作面，常村煤矿21采区西翼最优选接替工作面为21162工作面。

2. 相邻工作面对比

在跃进煤矿23092工作面和常村煤矿21170工作面已确定开采的前提下，进一步选取常村煤矿21采区西翼的21162和21240工作面其中之一作为接替工作面。该区域两工作面的不同组合方式条件下的煤柱宽度和垂直错距因素取值情况见表6-5。

表6-5 相邻工作面对比的接替工作面选取

因素	合理取值范围	跃进—常村煤矿井间相邻		常村煤矿21采区两翼相邻	
		23092—21162工作面	23092—21240工作面	21170—21162工作面	21170—21240工作面
煤层厚度/m	≤16	3.9	5.9	5.4	7.4
巨厚砾岩厚度/m	≤320或≤438	429	437	304	312
煤柱宽度/m	≥21	156	98	367	293
垂直错距/m	≥248	1087	117	423	460
两工作面开切眼的距离/m		1414	98	2482	1903

煤层厚度因素中，所有组合方式均满足小于 16 m 的条件，但相比较于 23092—21240 工作面，23092—21162 工作面的平均煤层厚度更小，同理 21170—21162 工作面的平均煤层厚度较小，因而选取 21162 工作面。

巨厚砾岩厚度因素中，23092 和 21170 工作面与 21162 工作面的组合均满足巨厚砾岩厚度最小，因而选取 21162 工作面。

煤柱宽度因素中，所有组合方式均满足大于 21 m 的条件，但 23092—21162 工作面和 21170—21162 工作面之间的煤柱宽度更大，因而选取 21162 工作面。

垂直错距因素中，除了 23092—21240 工作面错距未满足合理范围，其余组合方式均满足，且 23092—21162 工作面错距最大，21170—21162 工作面和 21170—21240 工作面错距差别不大，因而选取 21162 工作面。

此外，回采方向因素中，根据规定，采区一翼内各工作面应向同一方向推进，一定程度上限制了各工作面的回采方向，即各采区工作面均由远离下山位置朝向靠近下山的方向回采。在回采方向已确定前提下，该因素协调开采的引申原则变为尽可能增大后采工作面回采初期时距离先采工作面的距离。由于接替的相邻两工作面回采初期的时间基本一致，因此引入两工作面开切眼的距离作为协调开采优劣的评价因素，各邻面的取值情况见表 6-5。其中，相对于 21240 工作面，21162 工作面与其他工作面的组合方式中的两开切眼相距更远，因而将 21162 工作面作为优先选取的工作面。

相邻工作面对比结果：常村煤矿 21 采区西翼最优选接替工作面为 21162 工作面。

综合单一工作面与相邻工作面对比结果，该区域最优的工作面布置方式为：跃进煤矿 23092 工作面、常村煤矿 21162 工作面和 21170 工作面。

依据上述选取结果，分别对 23092、21162 和 21170 工作面进行开采，平均日推进度均为 0.6 m。23092 工作面与 21162 工作面分别于 2018 年 3 月 18 日和 2018 年 5 月 1 日开始回采，由于煤质原因，两工作面分别于 2019 年 6 月 10 日和 2019 年 9 月 30 日撤出而不再回采该工作面剩余煤炭，累计回采长度为 464.95 m 和 372.53 m。21170 工作面于 2017 年 10 月 18 日开始回采，2020 年 7 月回采完毕。

6.3.2 协调开采防冲效果评价

6.3.2.1 微震事件监测设置

1. 微震事件监测系统布置

1）微震事件监测台网布置原则

微震事件监测系统井下检波器组成的监测网络就是微震事件监测台网。台网布置的好坏对微震事件定位精度影响较大，若台网布置较差，在某些极端条件下，即使波形清晰，也会导致无法定位。因此，微震事件台网布置需按照以下要求进行：

（1）矿井需要监测的区域须保证至少 4 个检波器覆盖，最佳状态为 5 个及以上，以确保某一检波器出现干扰过大或故障时，仍能保持对微震事件的监测。

（2）检波器需要尽量包围监测区域，严禁进行一条线布置，建议将检波器在工作面顺槽内采用具有一定错距的菱形布置。当工作面开采至高危区域时，在条件允许的情况下，除了在顺槽菱形布置检波器外，亦可在采空区内放置微震事件探头，达到对工作面的包围。

（3）由于检波器间距过小会导致对远震的监测误差增大，因此在证检波器密度的同时，不应将检波器布置得过密。探头的布置间距为 200 m，距工作面最近的探头与工作面的距离为 250 m，在探头距离工作面 50 m 时进行挪移。

（4）检波器应布置在硐室内（充分利用矿井现有硐室，台站布置点周围无硐室时应开挖专用硐室），以减少巷道内人、车经过或作业时对监测分站的影响，硐室大小以满足台站设置为宜。

（5）为了保证监测效果，布置微震事件探头时，建议首先在坚硬煤岩体上施工混凝土石台，随后将微震事件探头安装在石台上的锚杆端头构成测站。此外，需要为井下监测分站制作专门的保护罩，保护罩材质为不锈钢材质，同时在监测分站周围设置防护栏杆，防止其他井下工作进行时对其造成破坏。

（6）测站尽可能接近待测区域，避免较大断层及破碎带的影响，也要尽量远离大型机械和电气干扰。

2）检波器布置位置

跃进煤矿和常村煤矿微震事件监测台网分别使用 ARAMIS 和 SOS 微震监测系统，基于上述微震事件布置原则，同时为了保证三维定位的精度以实现微震事件监测台网的立体化，将检波器均匀合理地布置在跃进煤矿 23 采区和常村煤矿 21 采区工作面附近，微震事件检波器具体布置位置如图 6-30 所示。其中，跃进煤矿 23092 工作面布置 5 个 ARAMIS 微震检波器，位于工作面上巷、下巷和 23 采区下山；常村煤矿 21162 工作面和 21170 工作面分别布置 4 个和 7 个 SOS 微震检波器，位于两工作面上下巷和 21 采区下山。

图 6-30 微震事件检波器布置位置

3）微震事件检波器安装过程

为了确保传感器的良好运行，将微震事件检波器安装在嵌入深 1.5 m 的与钻孔孔壁胶结的螺栓（锚杆）之上。螺栓（锚杆）嵌入的深度应适当选择，以便紧固在上面的探头不会从钻孔中伸出。在嵌入与固定探头的操作过程中，测桩（锚杆）偏离度应小于 10°，外露长度为 75 mm。为了防止侧边共振的发生，在探头被紧固到螺栓（锚杆）（M20 螺纹）上之前，螺栓（锚杆）与孔壁间的间隙应当用胶结材料进行充填。检波器安装完成后，其外部加固安全罩。

2. 微震事件数据处理方法

为了使用微震事件表征区域的应力转移程度，需首先对煤岩震动波速进行测定；基于波速测定结果，使用一定算法对大量微震事件数据展开筛选，获取邻面应力转移引发的微震事件组；使用一定方法对微震事件组内的两事件处理，得到基于微震事件的邻面应力转移范围。上述具体过程如下。

1）煤岩震动波速测定

（1）在两工作面顺槽或地表向顶板和底板施工一定深度的钻孔，孔底位于各岩层的中部，在孔底埋设 200~2000 g 炸药，记录炸药的空间坐标 (a, b, c)。

（2）装药完成时，记录当前所有微震事件检波器的三维坐标，其中煤层中的微震事件检波器位置为：(d_1, e_1, f_1)，(d_2, e_2, f_2)，…，(d_n, e_n, f_n)。

（3）根据空间坐标距离公式，得出炸药与各微震事件检波器的距离分别为：$l_1 = \sqrt{(a-d_1)^2+(b-e_1)^2+(c-f_1)^2}$，$l_2 = \sqrt{(a-d_2)^2+(b-e_2)^2+(c-f_2)^2}$，…，$l_n = \sqrt{(a-d_n)^2+(b-e_n)^2+(c-f_n)^2}$。

（4）人工控制起爆装置，定时引爆炸药产生激发震源，分别在各岩层实施爆破，对于某岩层的爆破过程中，记录起爆时间 t_0，同时记录微震事件检波器监测得到对应微震事件的到达时刻 t_1，t_2，…，t_n，激发震源产生的震动波由某的装药位置传播至煤层各微震检波器处的平均波速为 $v_1 = \dfrac{l_1}{t_1-t_0}$，$v_2 = \dfrac{l_2}{t_2-t_0}$，…，$v_n = \dfrac{l_n}{t_n-t_0}$，将 $v_1 \sim v_n$ 取均值，得到震动波由某岩层传播至煤层的平均波速：$\overline{v_1} = \dfrac{1}{n}\sum_{k=1}^{n} v_k$。

（5）按步骤（4）计算震动波由其余岩层传播至煤层的平均波速：$\overline{v_2}$，$\overline{v_3}$，…，$\overline{v_n}$。

（6）当两工作面监测的微震事件由同一个震源产生时，计算两微震事件震源发震时间间隔的最大值：$\Delta t_{max} = l_{max}/v_{min}$，其中，$l_{max}$ 为两检波器的最大距离。

2）应力转移引发微震事件组获取

（1）对区域多工作面同时开采过程中监测到的微震事件信息进行编号记录，包括微震事件三维坐标和发震时间。选取任意两工作面作为工作面组，其中一个工作面微震事件信息分别为：(x_1, y_1, z_1, t_1)，(x_2, y_2, z_2, t_2)，…，(x_m, y_m, z_m, t_m)，另一个工作面微震事件信息分别为 (X_1, Y_1, Z_1, T_1)，(X_2, Y_2, Z_2, T_2)，…，(X_n, Y_n, Z_n, T_n)。

（2）对于步骤（1）所选的工作面组而言，从监测的微震事件中各选一个组成微震事件组，计算任意微震事件组内两微震事件的时间间隔 $\Delta t = T_n - t_m$，统计时间段（$\Delta t'_{max}$，10 s]，（10 s，20 s]，（20 s，30 s]，…，（$(n-1)\times10$ s，$n\times10$ s] 内的微震事件组数，若在时间段（$n\times10$ s，$(n+1)\times10$ s] 内无微震事件组，则停止统计，其中，n 为大于 1 的自然数。

（3）对于其他工作面组而言，按照步骤（2），统计各时间段微震事件组。将所有工作面组内的微震事件组汇总,最终以结构化数据形式呈现。

3) 应力转移距离求解

(1) 统计引发微震事件组在各个时间段内的组数,分别为:C_1,C_2,…,C_m,…,$C_n(m < n)$,计算微震事件的总组数:$C = C_1 + C_2 + \cdots + C_n$。

(2) 分别计算前 n 时间段内微震事件组数占比:$P_1 = \dfrac{C_1}{C}$,$P_2 = \dfrac{C_1 + C_2}{C}$,…,$P_m = \dfrac{C_1 + C_2 + \cdots + C_m}{C}$,…,$P_n = \dfrac{C_1 + C_2 + \cdots + C_n}{C} = 1$,当满足 $P_{m-1} \leqslant 70\%$ 且 $P_m > 70\%$ 时,选取时间段 $(\Delta t'_{\max}, m \times 10\ \text{s}]$ 内所有微震事件组,计算每一微震事件组内两微震事件的平面距离 $l = \sqrt{(X_n - x_m)^2 + (Y_n - y_m)^2}$,即为大范围两工作面引发微震事件组的应力转移距离。

6.3.2.2 工作面协调开采效果分析

1. 对比方案的提出

为了验证协调开采的效果,将跃进—常村煤矿井间区域工作面的应力转移特征与耿村—千秋煤矿 13230—21221 工作面进行对比,该两井间区域地质因素和开采因素的特征值见表 6-6。其中,两工作面距离因素表示后采工作面回采之时后采工作面与先采工作面实体煤煤壁的距离。因此跃进—常村煤矿 23092—21162 工作面和 21170—21162 工作面中的两工作面距离为两工作面的开切眼距离,耿村—千秋煤矿 13230—21121 工作面距离为 13230 工作面开切眼至 21121 工作面终采线的距离。

由表 6-6 可知:①煤层厚度方面,13230—21121 工作面最大;②巨厚砾岩厚度方面,耿村—千秋煤矿 13230—21121 工作面与跃进—常村煤矿 23092—21162 工作面差别不大,但明显高于跃进—常村煤矿 21170—21162 工作面;③煤柱宽度方面,耿村—千秋煤矿 13230—21121 工作面与跃进—常村煤矿 23092—21162 工作面差别不大,但明显低于跃进—常村煤矿 21170—21162 工作面;④垂直错距和两工作面距离方面,耿村—千秋煤矿 13230—21121 工作面均最小。基于协调开采的原则,认为耿村—千秋煤矿 13230—21121 工作面协调开采程度最低,故下文将跃进—常村煤矿井间工作面与耿村—千秋煤矿 13230—21121 工作面对比,从而验证协调开采效果。

表 6-6　井间相邻工作面地质和开采因素特征值

因素	跃进—常村煤矿 23092—21162	跃进—常村煤矿 21170—21162	耿村—千秋煤矿 13230—21121
煤层厚度/m	3.9	5.4	23.4
巨厚砾岩厚度/m	429	304	424
煤柱宽度/m	156	367	160
垂直错距/m	1087	423	0
两工作面距离/m	1414	2482	1380

2. 煤岩微破裂引发应力转移

1) 引发微震事件组频次及能量

跃进—常村煤矿井间区域的 23092—21162 工作面和 21170—21162 工作面组的引发微

震事件一定程度上反映了应力转移程度，若应力转移越强，则引发微震事件的次数就越多，且引发的微震事件能量就越高。

依据引发微震事件组选取方法，统计得到三工作面同时回采期间共发生 58 组微震事件。上述两组工作面和耿村—千秋煤矿 13230—21121 工作面的引发微震事件组数、引发的微震事件平均能量和引发的微震事件最高能量如图 6-31 所示。

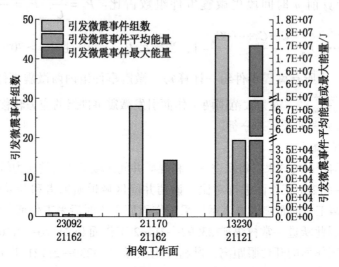

图 6-31　义马矿区不同邻面区域应力转移频度和强度对比

由图 6-31 可知，跃进—常村煤矿井间区域的两组工作面的引发微震事件组分别为 1 组和 28 组，均明显少于耿村—千秋煤矿 13230—21121 工作面的引发微震事件组数（46 组）；两组工作面的引发微震事件平均能量分别为 1100 J 和 3879 J，较 13230—21121 工作面的微震能量均值（424280 J）小 2 个数量级；两组工作面引发的微震事件最高能量分别为 1100 J 和 29616 J，较耿村—千秋煤矿 13230—21121 工作面的微震事件最高能量（17000000 J）小 3~4 个数量级。综合上述分析可知，跃进—常村煤矿井间区域的两工作面应力转移频次和强度明显降低，说明协调开采对于应力转移强度及频度弱化的效果较为明显。

2）应力转移范围

（1）引发微震事件平面分布。三工作面同时回采期间发生的 58 组引发微震事件中，位于跃进煤矿 23092 工作面和常村煤矿 21170 工作面和 21162 工作面的微震事件数量分别为 31 个、57 个和 31 个，微震事件平面分布如图 6-32 所示。由图可知，无论 21162 工作面引发其余工作面的"源头"事件还是被其余工作面引发的微震事件，均未发生在工作面回采区域附近，而发生在其东部的下山煤柱附近。此外，从能量上看，21162 工作面下山煤柱附近的引发微震事件均为"5 次方"以下的低能事件。上述现象原因可能为：21162 工作面埋深浅且为二分层开采，巨厚砾岩厚度和煤层厚度均较小，应力转移程度最低；同时上分层煤采空状态导致东部下山煤柱主要承载覆岩，因此应力转移至东部下山煤柱。微震事件现象表明，协调开采对于弱化 21162 工作面应力转移的效果较好。

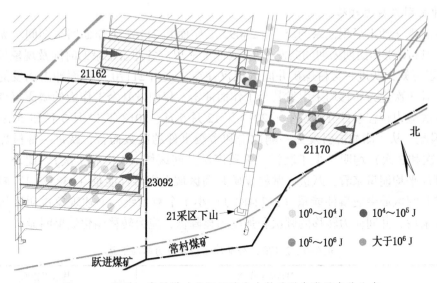

图6-32 跃进—常村煤矿井间区域应力转移引发微震事件分布

（2）应力转移距离。由前文数值模拟结果可知，应力转移范围（距离）同样一定程度上反映了应力转移程度，二者呈正相关。因此，以下将跃进—常村煤矿和耿村—千秋煤矿井间区域的应力转移距离展开对比。

依据基于引发微震事件组的应力转移距离求解方法，得到义马矿区四个邻面区域的应力转移距离，如图6-33所示。由图可知，跃进—常村煤矿井间区域的两组工作面（21170—21162工作面和23092—21162工作面）的应力转移平均距离分别为605 m和1585 m，均少于13230—21121工作面的应力转移平均距离（1968 m）；跃进—常村煤矿两组工作面的最大距离分别为874 m和1585 m，亦均明显小于13230—21121工作面的应力转移平均距离（2931 m）。上述现象说明协调开采对于应力转移范围弱化的效果较为明显。

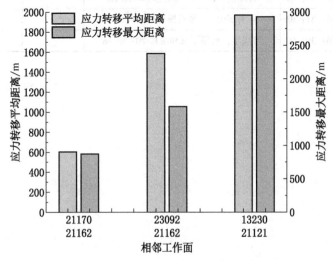

图6-33 义马矿区不同邻面区域应力转移距离对比

3. 冲击引发应力转移

通过对现场冲击显现记录的统计，23092 工作面和 21162 工作面回采期间均无冲击显现事件，21170 工作面回采期间共发生 12 次冲击显现。各冲击记录的时间及现象情况见表 6-7。由表可知，跃进—常村煤矿井间区域仅存在 3 次由 21170 工作面冲击诱发的应力转移现象，且 3 次应力转移均未引发其余工作面冲击，仅引发其余工作面的微震事件能量释放，这 3 次应力转移事件分别发生于 2017 年 12 月 5 日、2018 年 12 月 3 日和 2019 年 2 月 10 日。因此，从一侧冲击引发另一侧冲击和微震事件的次数而言，跃进—常村煤矿井间区域（0 次和 3 次）均明显少于耿村—千秋煤矿井间区域（4 次和 7 次）。此外，从引发的微震事件平均能量来看，跃进—常村煤矿井间区域微震事件能量（238529 J）较耿村—千秋煤矿井间区域微震事件能量（2172484 J）小 1 个数量级。上述现象说明区域工作面经协调开采后，井间应力转移的频次和强度明显降低，应力转移弱化效果明显。

表 6-7　21170 工作面冲击诱发应力转移汇总

日期	21170 工作面		其余工作面	
	时间	现象	时间	微震位置和能量
2017 年 10 月 19 日	05：41：00	煤炮，有煤尘		
2017 年 12 月 5 日	08：45：46	煤炮，有煤尘和震感	8：55：37	21220 工作面，3586 J
2018 年 2 月 12 日	07：08：41	有煤尘和震感，4 架抬棚滑移 10 cm		
2018 年 2 月 24 日	01：42：35	有煤尘和震感		
2018 年 3 月 10 日	08：37：12	有煤尘和震感		
2018 年 10 月 21 日	09：55：33	有煤尘、震感，13 架抬棚滑移 10~20 cm		
2018 年 12 月 3 日	12：19：56	抬棚下沉 5 cm，14 架滑移 20~40 cm	12：21：10	23092 工作面，6.6×10^5 J
2019 年 2 月 10 日	10：41：56	有煤尘，3 架抬棚滑移 10~25 cm	10：44：03	23092 工作面，5.2×10^4 J
2019 年 5 月 10 日	15：46：58	6 架抬棚滑移 10~50 cm，底鼓 10~20 cm		
2019 年 9 月 9 日	09：54：02	有煤尘，11 架抬棚滑移 20~30 cm		
2019 年 9 月 24 日	03：21：03	有煤尘，6 架抬棚滑移 20 cm		
2020 年 1 月 27 日	16：30：00	有煤尘，抬棚下沉和滑移 20~30 cm		

7 褶曲控制下扰动应力调控 技术及管理体系研究

通过大安山煤矿区域性地质应力环境进行分析认为，大安山煤矿总体具有发生动力学事件的力学环境基础，应当从工作面布置即开始考虑对于冲击地压的预防工作，进一步对于井巷的布置应当避免过多分布于煤层之中，尽可能为具体工作面的掘进及开采营造相对理想的低应力开采环境。同时，考虑到矿井煤岩的非均质特性，以及前期地质探测对于小型地质体等结构存在未能充分反映的可能，在真实推进过程当中将仍不可避免地在局部位置出现应力水平相对较高的情况。因此，除区域性预防措施之外，对于开采过程当中的局部位置，则应当制定具有针对性的局部解危措施，以应对推进过程中高应力区的出现。

具体的防治措施在冲击危险性评价阶段已给出初步参数，但由于防冲设计主要关注于轴 10 槽煤层西一工作面本身，因此，并未构建成为空间上覆盖多级区域，过程上覆盖预防及治理的普适性体系。通过针对轴 10 槽煤层西一工作面的长期跟踪式研究，从其冲击地压管理过程中整理出一套能够进一步推广的应力调控技术及管理体系，最大化其研究价值尤为必要。

7.1 扰动应力调控技术

7.1.1 区域调控措施

通过对于轴 10 槽煤层所采取的措施的提炼可知，区域性预防措施主要为协调开采：圈定冲击危险性较小的工作面作为未来主采工作面，对于危险程度较高的工作面则降低其开采可能性；优化的开拓布置，更改以往永久巷道不至于煤巷的设计，使其布置于强度较大的煤层之中，保证永久巷道对于矿压显现的抵抗能力。

对于主采工作面的选择，针对轴 10 槽煤层的可采区域进行了工作面设计，最初确定了轴 10 槽煤层西部采区西一工作面和东部采区西一工作面作为待采区域，其分布如图 7-1 所示。

经对比分析，西部采区工作面位于矿井北侧，且其上巷附近存在的 F28 断层在一定程度上将其与断层南侧已采工作面进行了隔离。同时，F28 断层南侧分布着轴 5 槽、轴 9 槽煤层的已采区域，且已采区域的采空区分布具有相对复杂的几何特征，进而造成了对应区域具有相对复杂的应力环境，进而提高了有效控制对应区域应力的难度。同时，轴 10 槽煤层西部采区西一工作面上方存在轴 13 槽煤层采空区，其大部分位置均为其所覆盖，已采的轴 13 槽煤层采空区能够较好地为轴 10 槽煤层西部采区西一工作面提供必要的保护作用。虽然局部延伸至遗留煤柱下方，但由于对应位置属于已知信息。因此，在真实推进过程中能够及时做到对应区域的预处理，进而完成对于应力水平的有效控制。

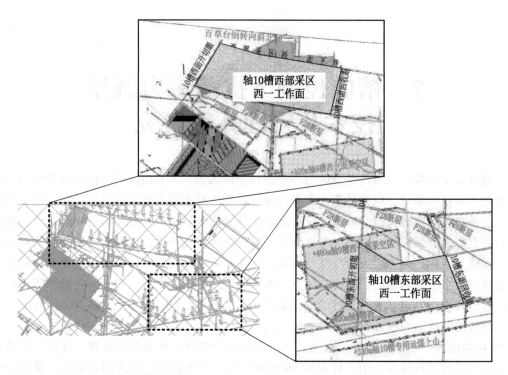

图 7-1　轴 10 槽煤层西部采区西一工作面与东部采区西一工作面赋存状况对比

　　而对于东部采区西一工作面，首先其工作面形状复杂程度显然要高于西部采区西一工作面，其中部发生转折的位置在真实推进过程中将具有显著较高的应力集中水平，且转折位置与轴 9 槽煤层采空区遗留煤柱边界位置基本重叠，增加了出现更高水平应力集中的可能性。同时，该区域位于 F28 断层南侧，处于轴 5 槽、轴 9 槽煤层等已采工作面的敏感影响区内，上述采空区复杂的几何分布特征将会对其应力状态产生直接的影响，有效控制应力状态稳定发展的成本显然较高。

　　因此，综合考虑后认为，在所处的外部应力环境方面，东部采区西一工作面具有相对较高的危险程度，而西部采区西一工作面以其相对独立的赋存位置，以及上覆的轴 13 槽煤层保护层，使得其应力环境相对有利，虽存在局部位置处于遗留煤柱和断层的影响范围内，但由于几何位置已知，能够对于对应区域实行预处理，使得应力水平仍能处于可控范围之内，因此，最终做出了开采西部采区西一工作面的决策。

　　该措施制定的核心考虑在于，当工作面具有不可控或控制成本较高的高应力诱发因素时，最为安全的措施是坚决避免对应区域的开采，从根本上杜绝了发生不可控事件的可能性。

　　对于井巷合理布置，主要针对轴 10 槽煤层运煤上山所处层位进行了优化调整，通过修改 +240 m 水平西一轴 10 槽煤层东部采区开切眼位置，将 +240 m 水平轴 10 槽煤层西部采区运煤上山布置在岩石巷道中，降低工作面形成应力集中风险，同时结合早期的改变推采方向以及取消实体终采线等措施，实现了应力的有效控制。

7.1.2 局部调控措施

7.1.2.1 煤层注水卸压

大安山煤矿轴 10 槽煤层的煤平均强度大于 20 MPa，强度较高，参考轴 13 槽、轴 14 槽煤层中煤润湿角试验，其平均润湿角分别为 52.7° 和 50.5°，虽然数值较大，但研究表明，润湿角＜90° 均可划定为可湿润煤，因此大安山煤矿轴 10 槽煤层的煤存在煤层注水的前提条件，配合必要的提高注水效果的措施可达到煤层有效卸压的目的。

1. 注水方案

（1）注水孔长度、间距、方向：注水孔间距 5~6 m，深度 15 m，钻孔方向与煤层倾角一致。

（2）注水孔位置：孔口位置布置在巷帮中部比较坚硬的煤层里，防止封孔后返水。

（3）注水孔直径：使用 ZQJC/360/8.0 架柱式钻机上直径 69 mm 的钻杆、76 mm 的钻头进行打孔。

（4）注水方式：先采用注水专用 80 泵、76 mm 的封孔器进行高压注水，封孔器塞入眼内 3 m 以上，注水压力为 16 MPa，每次注水时间以煤壁出水为准，在高压注水 5~6 次后，再采取固定式静压注水，水管深入孔内不低于 4 m，每天注水一次，若没有水溢出，则长期将静压水截门打开。

（5）静压注水封孔方式：采用 U-FK-01 优乐封孔袋进行封孔，封孔位置选择在距煤壁 2.5~4 m 的位置，封孔长度为 1.0 m。

（6）注水参数：注水采用动压和静压结合注水。注水量 Q 的计算公式为

$$Q = K \cdot L \cdot B \cdot M \cdot W \cdot \& \tag{7-1}$$

式中　K——钻孔前方煤体被湿润系数，$K=1.1~1.5$，取 1.2；

　　　L——钻孔长度，m；

　　　B——钻孔间距，m；

　　　M——开采煤层厚度，m；

　　　W——煤的密度，t/m^3；

　　　$\&$——吨煤注水量，一般为 $0.02~0.04$ m^3/t，取 0.03 m^3/t。

2. 施工方法

充分利用巷道掘进至工作面回采的各个时期，实施高压注水和静压注水。施工注水钻孔直径 76 mm，先进行高压注水，取得煤体致裂效果后，再利用矿井供水系统使用自然水压进行静压注水，实施注水孔间距一般不大于 5 m。高压注水压力不低于 16 MPa，静压注水压力不低于 2 MPa。

使用 80 型高压注水泵进行高压注水，额定压力 18 MPa，保证注水压力和注水时间。

（1）边掘边注：在掘进工作面向掘进前方施工注水孔，孔深 12~15 m，采用 76 mm 橡胶封孔器封孔，进行高压注水。注水时间不少于 10 min 或直到有水溢出。

在已掘巷道内滞后掘进头 25 m 处，向两帮打注水孔，每隔 5 m 打一组，帮孔深度 15 m，先高压注水，5~6 次后，再静压注水。使用 4 寸铁管作为主管路，次管路（注水巷道）采用 2 寸铁管，间隔 5 m 一注水阀门。采用 5~9 m 的钢编胶管进孔，用 U-FK-01 优乐封孔袋封孔。如静压注水时有水溢出，则每天注水一次；若无水溢出则持续进行静压

注水。

（2）采前注水：采煤工作面运输、回风巷掘进完成后，在上下巷向回采煤体施工注水孔，钻孔间距为 5 m，如煤层较厚，深度 15 m，超前 80 m；开采前一周开始注水，每班注水一次。

（3）边采边注：注水范围为采煤工作面前方实体煤 80 m 范围；卸压孔间距为 5.0 m；卸压孔深度为 15 m；卸压孔孔径为 76 mm；距底板距离为 1~1.5 m（如遇夹矸，可适当调整避开夹矸位置）；注水压力为 16 MPa。

3. 效果检查

煤层注水后应通过煤层含水率测定、电磁辐射法和钻屑法进行效果检查。一般在注水前取样测定煤层含水率及钻屑法测定煤体应力集中程度，注水后利用钻屑法检测并取煤样测定含水率。

7.1.2.2 大直径钻孔卸压

1. 弱冲击危险区域大直径钻孔卸压实施位置及参数设计

对于弱冲击危险区域，工作面回采期间，一般工作面前方 200 m 范围内是冲击地压事故多发区域，也是冲击地压防治的重点区域。为保证施工安全同时降低施工难度，工作面大直径钻孔卸压区域随着工作面推进始终超前工作面 200 m 范围，即保证工作面前方 200 m 范围为卸压区。

钻孔间距为 1.0 m，保证卸压效果。钻孔深度应当大于弹性区深度，根据经验可设计为采高 3.5 倍，具体深度应当依据现场条件下的应用效果进行调整。钻孔距巷道底板 1.2~1.5 m（尽量避开锚杆、锚索支护位置，避免使支护失效），平行煤层方向，单排布置，回采期间大直径卸压钻孔布置如图 7-2、图 7-3 所示。若应力集中明显或卸压不充分可适当加密卸压孔。

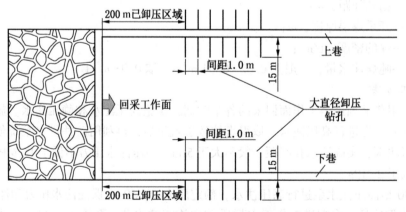

图 7-2 回采期间大直径卸压钻孔布置平面图

2. 中等冲击危险区域加密大直径钻孔卸压实施位置及参数设计

工作面回采期间，中等冲击地压危险区域的防治措施以大直径钻孔为主，但由于较高的危险等级，使得大直径钻孔卸压未必能起到预期的卸压效果。因此，应当根据大直径钻孔卸压后的效果，有选择性地配合煤体卸压爆破进行效果增强，达到降低工作面冲击地压

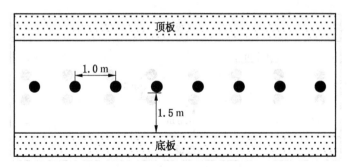

图 7-3 回采期间大直径卸压钻孔布置剖面图

危险程度的目的。其中，由于较高的冲击危险等级，大直径钻孔卸压的参数应当进行相应调整。

大直径钻孔卸压加密方案具体内容为，将帮部卸压钻孔间距由一般情况下的单排 1.0 m 加密为双排 1.0 m，且卸压范围相应扩大，应当覆盖工作面前方 300 m 范围，其他参数保持不变。

回采期间大直径钻孔卸压加密方案钻孔直径 110 mm，钻孔深度 15 m，孔间距为 1.0 m，钻孔距巷道底板 1.2~1.5 m（尽量避开锚杆、锚索支护位置，避免使支护失效），平行煤层方向钻进，具体参数可根据现场施工能力进行动态调整，同时考虑巷道支护设备间距，按"三花眼"或"对眼"进行双排布置，其大直径卸压钻孔布置如图 7-4、图 7-5 所示。若应力集中明显或卸压不充分可适当加密卸压孔。

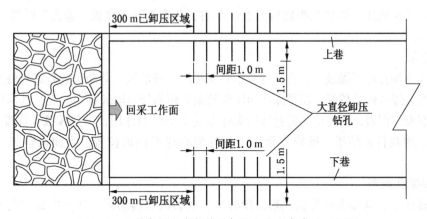

图 7-4 回采期间大直径钻孔卸压加密方案布置平面图

3. 大直径钻孔卸压措施施工要求

打卸压孔之前，先进行应力监测，以查清支承压力带的范围、状态和危险程度。只允许从低应力区开始施工卸压孔，且要由低应力区向高应力区钻进。

卸压孔打完之后，要利用钻屑法进行效果检验，检验煤粉孔布置在两个卸压孔之间，距卸压孔不小于 2 m，深度为 10 m，方向要平行于卸压孔。若指标仍然超限，要增加卸压孔个数或采取其他解危措施。

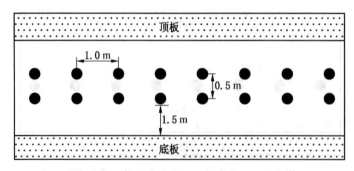

图 7-5　回采期间大直径钻孔卸压加密方案布置剖面图

施工过程中应注意：①打钻孔前，必须检查作业地点顶帮完好情况，及时打掉危矸，当顶板破碎时，应首先进行可靠的支护，确保作业地点安全；②打钻孔时，须将瓦斯、一氧化碳便携仪悬挂在钻机上风口。

4. 效果检查

卸压孔打完之后，要利用电磁辐射法和钻屑法进行效果检验，检验煤粉孔布置在两个卸压孔之间，距卸压孔不小于 2 m，深度为 3.5 倍采高或巷道高度，方向要平行于卸压孔。若指标仍然超限，要增加卸压孔个数或采取其他解危措施。

7.1.2.3　煤体卸压爆破

1. 施工方法

巷道煤帮深孔卸压爆破采用普通钻爆法施工。爆破孔采用手持气动钻机、麻花钻杆配合 ϕ42 mm 钻头施工，爆破孔距底板 1.5 m 左右，角度平行于底板、垂直于煤帮。

2. 爆破参数

1）孔深

实施煤帮深孔卸压爆破，钻孔深度应达到支承压力峰值区。装药位置越靠近峰值区，炸药威力越大，爆破效果越好。煤帮深孔卸压爆破未装药部分需填满黏土炮泥，其深度不仅要保证爆破不破坏围岩，同时使靠近巷帮的煤体免受支承压力作用，一般爆破孔深度为 10 m，下一步通过现场打钻结果，确定支承压力的峰值在煤壁内的位置，进而调整卸压爆破孔深度。

2）爆破孔间距

炸药爆炸后，从爆源向外依次形成压碎区、破裂区和震动区。计算爆破作用下产生的破裂区范围，可以确定合理的炮孔间距。由于爆破是在无自由面情况下进行的，不耦合装药时，可以按爆炸应力波计算单孔卸压爆破的破裂区范围。由爆破引起的岩体完整性下降和强度损失也不仅仅局限于破裂区范围内，破裂区以外应力波的损伤作用以及振动效应同样可以削弱岩体的完整性和强度，实际的破裂半径略大，因此卸压爆破合理爆破孔间距为 5~8 m，为确保爆破卸压效果更明显，爆破孔间距取 5 m。

3）装药参数

爆破孔打好后需要对孔进行装药，爆破孔装药长度和装药量直接影响爆破卸压的效果。深孔卸压爆破未装药部分需填满黏土炮泥，其深度不仅要保证爆破不破坏围岩，同时使靠近巷帮的煤体免受支承压力作用。顺槽实体煤卸压爆破孔深度为 10 m，选择装药长度为 4.5 m，炮泥封孔长度为 5.5 m。

按式（7-2）计算每孔装药量，从充分释放应力的观点出发，q 取大值，故 $Q = 0.03V$。按设计孔深、孔距、确定单孔药量为 1~2 kg。

$$Q = q \cdot V \tag{7-2}$$

式中　Q——设计装药量，kg；

　　　q——单位体积耗药量，一般为 0.01~0.03 kg/m；

　　　V——设计爆破体积，m³。

3. 效果检查

巷道煤帮深孔爆破后要采用电磁辐射和钻屑法进行效果检验，检验煤粉孔布置在两个爆破孔之间，深度为 3.5 倍采高或巷道高度，检测电磁辐射信号强度及变化趋势，如果仍存在冲击等应力集中危险，必须进行二次爆破，直至应力集中危险解除为止。

7.1.2.4　断底爆破卸压

对于大安山煤矿西部采区西一工作面，其下部存在一定厚度底煤，且 2 层煤间存在岩石夹层，底煤及该层岩石将在压力较大的条件下存在造成底鼓的可能性，对于当前底板条件，钻孔深度应当保证对于岩层的破断。其次，考虑到大安山煤矿轴 10 槽煤层中煤的强度较大，具有较强的荷载传递能力，加之工作面本身位于褶皱构造应力影响区域内，故除断底爆破卸压措施之外，应当在爆破孔之间加钻注水孔，实施静压注水，从而在巷道两帮形成卸压破坏区，使压力升高区向煤体深部转移，消除冲击地压发生的条件，降低冲击地压发生的概率，其实质则增强为钻孔卸压法、振动爆破法与煤层注水法的结合。断底爆破卸压措施分为 2 个阶段，包括回采前断底措施和回采过程中断底措施。

基于上述分析，对于大安山煤矿西部采区西一工作面的断底爆破参数初步设计如下：回采前，采用 76 mm 钻头在上、下巷全段范围布置断底爆破钻孔，钻孔间距在该阶段设计为 15 m，钻孔深度以能够破断底板中岩层为准，炸药使用乳化炸药，具体用药量可根据现场实际情况进行调整，同时考虑到该工作面埋深较大，在断底爆破的同时应当尽可能保留其纵向承载能力，因此，设计钻孔垂直底板布置如图 7-6 所示。

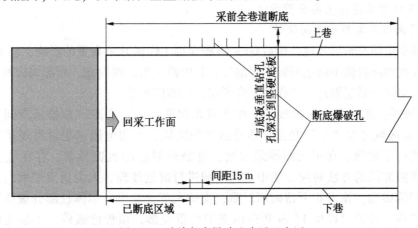

图 7-6　采前断底爆破孔布置示意图

当工作面进入回采阶段，由于超前支承压力的存在，使得工作面对于底板传递的荷载存在类似的应力分布规律。因此，应当在回采前断底措施的基础上进行加强，具体措施为：在回采前阶段的断底爆破孔周边拓展钻孔数目，左右各拓展2孔，间距为1 m，钻孔深度以达到底板岩层为准，同样垂直底板布置，拓展后连同采前断底爆破钻孔共5个钻孔，将其划为1组，超前工作面50~100 m范围进行拓展孔操作，随工作面推进同期向前进行拓展孔施工。对于拓展后的钻孔间隔采取爆破和注水措施，炸药使用乳化炸药，具体用药量可根据现场实际情况进行调整，注水采用静压注水即可，各孔对应措施如图7-7所示。同时，应当在巷道中部位置，沿垂直于巷帮方向并列布置2个断底钻孔，1个爆破钻孔，1个静压注水钻孔，从而将底板沿巷道轴向分割为块状分布，破坏了底板的整体性，降低其发生底板冲击的可能性，其布置如图7-8所示。上述分析为预设方案，考虑到现场底板起伏情况较为复杂，具体参数及实施细节应当依据现场反馈条件进行及时调整，以有效实现预防底鼓为准。

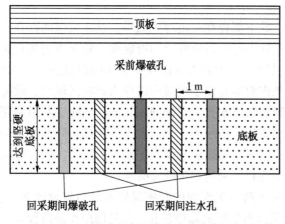

图7-7 回采过程中拓展孔对应措施示意图　　　　图7-8 回采过程中底板中部断底孔布置示意图

7.1.3 大安山煤矿轴10槽煤层扰动应力调控防冲实践与评价

7.1.3.1 工作面及运煤上山布置设计

1. 工作面位置与推采方向设计

为了减小褶曲及断层等地质构造对轴10槽煤层工作面开采布置的影响，轴10槽煤层工作面布置在两向斜轴中间地形较平缓地带，其中西三面、西四面、西部采区西一面和东部采区西一面位于断层附近，工作面不穿断层，沿断层推采。

轴10槽煤层东三面推采阶段，工作面自东向西推采。在东三面推采期间，上下顺槽超前80 m区域列为"橙"色强矿压重点管理区域，利用电磁辐射对常规矿压应力集中危险性进行了监测。在东三面推采末期，电磁辐射监测数据异常，存在应力集中危险，采用爆破卸压的方法对应力集中危险区域进行解危处理，人为诱发煤炮后，工作面发生了剧烈的震动，原上巷下帮破坏严重，支护大部分变形，单体柱部分被压断；新补上巷破坏严重，巷道口以里15 m巷道内支护严重变形，顶板已破碎，多根支护单体柱被折断，金属棚梁被损坏，共破坏巷道123 m，波及范围150 m，由于提前卸压解危，此次动力显现并未造成人员伤害。此次人为诱发煤炮后，动力显现强度仍较大，分析原因为：该区域构造复杂，工作面前方剩余梯形（或大三角）区域西北为百草台向斜北轴，存在构造应力作用，且该区域为多种采动应力集中叠加作用区；轴 10 槽煤层顶板厚且坚硬，不易垮落，易于积聚弹性势能；轴 10 槽煤层中的煤较硬，具有较高的冲击倾向性。

前文研究表明，在褶曲轴部应力集中程度大于两侧位置，东三面向向斜轴部推进，在工作面开采后期支承压力与高构造应力叠加，形成了高度应力集中区。通过此次动力现象及考虑到今后深水平开采，轴 10 槽煤层下一工作面推采重新设计为向远离向斜轴部的方向推进，即东一面、西三面、西四面、西部采区西一面和东部采区西一面由西向东推采，工作面逐渐远离应力集中区，避免在工作面前方形成高度应力集中。在终采线附近，虽然仍然受百草台倒转向斜南轴的影响，由下向上撤架时也会在工作面前方及前方上部形成应力集中，但上巷以上为实体煤，不受倾向支承应力影响；轴 12 槽和轴 13 槽煤层煤柱的主要影响区可位于采空区一侧，即使存在影响，也与其他影响分散，不会形成进一步叠加。因此，由西向东推采时，应力集中程度较低，风险相对较小。

2. 低应力集中煤层布置专用运煤上山

当西三面与西四面推采完毕后，即可进行东部采区西一面的推采。此时西三面与西四面运煤上山靠近采空区，且距离向斜南轴较近，应力集中程度大，不适合作为东部采区西一面的运煤上山。且由于东部采区西一面后半部工作面靠近向斜南轴，受构造影响在后期工作面推采时会处于高应力集中区域，在工作面附近布置运煤上山会受到高应力影响，安全稳定性较差，因此在一低应力集中区域布置运煤上山。

大安山煤矿轴 9 槽煤层开采期间无明显动力显现现象，无应力集中释放事故发生，巷道变形量较小。而轴 10 槽煤层为多种采动应力集中叠加作用区，顶板厚且坚硬，易于积聚弹性势能，且煤层具有较高的冲击倾向性，受应力集中影响已发生明显的动力显现现象。当东部采区西一面推采时，在轴 9 槽煤层掘运煤上山作为轴 10 槽煤层的专用运煤上山，东部采区西一面采下的煤经东部采区西一面上巷经轴 9 槽煤层运煤上山运出，避免了在轴 10 槽煤层布置巷道时的应力集中现象，保障了运煤系统的正常运行。

7.1.3.2 现场防治效果分析

在东一面、西三面和西四面推采期间，进行了矿压监测与电磁辐射监测，对应力集中区域的灾害危险性进行了监测预警：在工作面上下顺槽超前 100 m 范围内及掘进工作面迎头后 150 m 区域，每班进行电磁辐射监测一次。当电磁辐射超过临界值 75 mV，或连续 3~5 个班次持续增大时，表明存在应力集中危险，立即采取卸压措施：①对于地质构造区域等应力异常区域，进行大钻孔卸压，钻孔间距 1 m，深度 15 m，钻孔直径 110 mm，打完卸压孔后进行注水；②当应力集中区域为上部煤柱影响区域时，采取爆破卸压方法。

东一面、西三面和西四面推采期间，根据工作面支柱阻力及电磁辐射数据异常分析，共对 34 次动力灾害进行了有效的预警（图 7-9 与图 7-10 为两次预警电磁辐射异常数据），通过采取煤层注水、钻孔卸压和爆破卸压的方式，对危险区域的高应力进行了卸压解危，保证了采掘工作的正常进行，保障了安全生产。

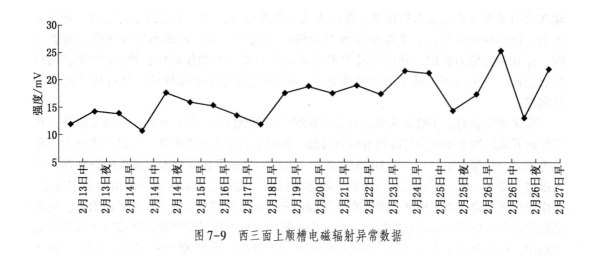

图 7-9 西三面上顺槽电磁辐射异常数据

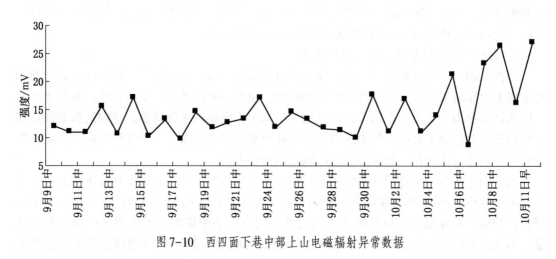

图 7-10 西四面下巷中部上山电磁辐射异常数据

在东一面、西三面和西四面推采期间，总体来说，工作面支柱阻力波动较小，矿压显现不明显，顶板垮落规律性明显，垮落步距较小、厚度不大，表明工作面沿远离向斜轴部方向推进，可以有效降低应力集中程度，减少动力灾害的发生。

7.2 冲击地压综合管理体系

在设计合理应力控制措施，以及配备有力监测手段的基础上，单纯从技术方面给予了冲击地压预防和治理以强有力的保障，但任何措施都需要技术人员毫无折扣地执行才能够发挥应有的效果，而保证人员执行效果的关键在于强化其对于冲击地压危险性以及对于防控措施有效执行重要性的认识，完善的综合管理体系是保证上述目的的关键所在。

7.2.1 冲击地压防治理念及举措

7.2.1.1 组织机构

（1）建立大安山煤矿冲击地压防治领导小组。大安山煤矿冲击地压防治领导小组是煤矿冲击地压防治管理的最高组织领导机构，对煤矿冲击地压防治工作涉及的技术保障、培训教育、现场实施、工作落实等进行全方位统一组织管理和领导协调。下设技术保障、培训教育、现场实施、防治工作落实监察和党委督查五个分组。由矿长、党委书记任组长，从行政和思想上实现了对于冲击地压防控工作的全面管控，下设以总工程师为主的技术管理团队，团队成员包括全矿井技术、财务、资金相关部门的正职，全方位保证了防冲工作的流畅进行。

（2）设置职责明确的专门防冲机构。矿设置矿压科，作为大安山煤矿的防冲专门机构，负责矿压监测和分析预警，并设专职矿压副总工程师，矿压科由总工程师和矿压副总工程师领导，设科长 1 人，主管科员 3 人，技术人员 2 人、预警平台值班人员 3 人，矿压监测人员满足监测需要。

（3）设置执行具体措施的防冲队。轴 10 槽煤层回采段设置防冲队，设队长 1 名、班长 2 名，保证检修班都有人员专职负责落实防冲措施，防冲队的人员必须选择责任意识强、认识到位、安全素质高的专业化人员，确保措施落实到位，同时段队必须保证防冲队稳定。轴 10 槽煤层掘进段设置防冲班，班长 2 名，专职负责落实防冲措施。

（4）设置专职监察机构。设置大安山煤矿轴 10 槽煤层安全开采专职监察机构，设专职主管科员 1 名，配备 3~4 名专职安监员，三班盯岗，专门监察轴 10 槽煤层开采措施落实。

7.2.1.2　岗位职责

1. 矿压科防冲职责

（1）根据矿井中长期部署规划和年度生产计划编制中长期防冲规划和年度防冲计划。

（2）推广防治冲击地压管理经验及新技术、新装备，参加防治冲击地压的科研攻关。

（3）落实煤层的冲击倾向性鉴定工作，组织冲击地压危险煤层预测预报（钻屑法、电磁辐射法、微震事件监测法等）的实施及资料、数据记录、采集与分析，进行冲击危险程度等级划分。

（4）按照轴 10 槽煤层冲击危险性评价报告，制定冲击地压危险煤层采掘工作面煤层注水、打卸压钻孔、超前松动爆破及诱发爆破等防冲安全技术措施，参与制定冲击地压危险煤层采掘工作面作业规程中的放炮、采面支护和顶板管理等方面的防冲安全技术措施。

（5）每天对冲击地压危险监测与防治情况进行一次分析，形成防治冲击地压日报，建立防治冲击地压评价、预警、监测记录。

（6）对发生的冲击地压进行原因分析和机理研究，井下冲击地压发生后，除参加事故的抢险工作外，还要对冲击地压事故发生的征兆、发生经过、有关数据及破坏情况进行全面、准确调查分析，形成分析报告，填好冲击地压记录卡和统计表。

（7）对冲击地压资料建档保管，分析整理，总结防治规律。

（8）对矿组织的各种与冲击地压防治工作有关的会议做好专项记录归档工作。

（9）冲击地压监测人员进行现场监测，发现有冲击危险时，有权停止该地点和受威胁区域的一切工作，采取有效措施进行处理，并向调度室报告，现场作业人员必须服从指挥。

2. 技术科防冲职责

（1）负责制定冲击地压危险煤层采掘工作面作业规程中的放炮、采面支护和顶板管理等方面的防冲安全技术措施，参与制定冲击地压危险煤层采掘工作面煤层注水、打卸压钻孔、超前松动爆破及诱发爆破等防冲安全技术措施。

（2）按照《煤矿安全规程》的要求，对新水平、新采区、新煤层有冲击地压危险的，参与编制防治冲击地压设计。

（3）参与冲击地压的发生机理及其预测、分析方法的研究。

（4）参与预测预报系统有关数据的分析。

（5）参与编制中长期防冲规划和年度防冲计划。

（6）对采区、工作面布置进行科学设计，超前预防，避免人为造成应力集中。

（7）优化工艺、工序，合理控制工作面人员数量。

（8）冲击地压事故发生后，参与事故的抢险工作和原因分析。

3. 地测科防冲职责

（1）负责提供有冲击地压危险煤层的地质资料、采掘工作面空间动态关系。

（2）负责地质构造分析，参与冲击区域的划定，采掘工作面临近及通过大型地质构造、采空区、煤柱等其他集中应力区及时提供地质预报。

（3）负责在冲击地压事故发生后，参加事故的抢险工作及地质资料的搜集、报告。

（4）及时更新采掘工程图、煤层叠加图、剖面图、采深标高图等，并反馈相关单位。

4. 安监科防冲职责

（1）对开采有冲击地压危险煤层的设计、措施进行审核，对设计、措施、防冲管理制度及规定等的执行情况进行监督检查，发现不符合规定的地点，立即要求相关单位整改。

（2）对防冲措施得不到有效落实的工作面立即停止生产。

（3）发现应力显现异常，立即组织人员撤离。

（4）参与冲击危险区域的划定。

（5）组织冲击地压事故发生原因初步调查分析，并提出处理意见。

5. 党委督查组防冲职责

（1）负责对防冲管理制度及相关规定的执行情况进行监督检查。

（2）负责对技术保障组、现场实施组、防冲监察组工作开展情况进行督查。

6. 培训科防冲职责

（1）负责编制防冲培训制度。

（2）负责监督检查防冲培训制度的落实。

（3）负责组织矿级（专家及副总以上矿领导）防冲知识培训。

7. 经营管理部防冲职责

劳资、财务及材料科要确保防冲措施落实所需的人员、资金、设备及材料，并及时供应到位。

8. 采掘单位防冲职责

（1）采掘单位是落实防冲安全技术措施的主体单位，负责本单位防冲措施（煤层注水、卸压爆破、钻孔卸压、设备固定等）的现场实施。

（2）主动配合防冲部门按要求做好预测预报（钻屑法、电磁辐射、微震事件监测等）、解危效果检验等相关数据、信息的收集工作。

（3）负责防冲监测设备的安装与维护，确保监测设备完好，运转正常，不得随意调试。

（4）在日常工作中强化工程质量的管理，按防冲要求组织生产。

（5）负责员工防冲措施、相关防冲知识、应急避险路线等的培训、考试，提升施工人员的防冲意识和辨别冲击地压显现能力及发生应力集中显现时的应急避险能力。

（6）发生冲击地压事故后，积极配合煤矿组织的事故调查和抢险工作。

7.2.1.3 落实防冲岗位责任制

明确矿长、党委书记、总工程师及与防冲工作相关的全体人员的岗位责任。要求管理岗位熟悉国家、省、公司及矿安全生产的方针政策、法律法规、规章制度和有关防冲工作的指示精神，认真贯彻落实。要求相关各部门熟悉防冲管理制度，明确各自职责，在防冲工作中承担相应的责任，完成相应的任务，保证防冲工作相关技术措施在一线的严格有效执行。

7.2.2 冲击地压技术管理体系

在组织机构基础上，针对技术要求及标准亦进行了专项的体系构建，从而明确了具体技术任务的执行标准和预期目的，是对于防冲工作重要程度认知的具体化，使得相关人员执行职责任务时有据可依。

7.2.2.1 防冲规划、计划内容

1. 冲击地压防治三年长远规划内容

（1）冲击地压防治管理机构及队伍组成。说明冲击地压防治管理机构及防冲队伍的人员配备，明确与生产段队的防冲业务分工。

（2）三年规划期的采掘接续规划及采掘工作面接续表。

（3）对待开采区域进行冲击危险性评价，划分冲击危险区域。

（4）冲击地压危险区域的监测及治理，明确冲击地压防治技术措施。

（5）冲击地压防治科研计划，包括规划期内基础性、前瞻性技术研究的内容、科研资金投入计划等。

（6）安全费用投入计划，主要包括冲击地压防治的仪器、设备、材料等投入。

2. 冲击地压防治年度计划内容

（1）本年度冲击地压防治工作开展情况，对年度科研计划、资金投入计划完成情况、存在问题等进行分析。

（2）确定年度采掘范围内冲击地压危险区域。

（3）冲击地压危险地段监测。

（4）制定防治专项措施。防冲专项措施应当包括作业区域冲击危险性的评价与区域划分、地质构造说明与简明图表，周边（包括上、下层）开采位置及其影响范围图，掘进与回采方法及工艺，巷道及采煤工作面的支护，爆破作业制度，冲击地压防治措施及发生冲击地压灾害时的应急措施、避灾路线等。

（5）冲击地压防治年度科研计划，主要包括研究内容、资金计划等。

7.2.2.2 防冲设施的设计、施工、验收与归档制度

（1）防冲设施是指冲击地压监测系统、治理钻孔（包括煤层卸压爆破、顶底板卸压

爆破、煤层大直径卸压钻孔、煤层注水钻孔等），微震事件监测探头、缆线，应力在线监测系统以及其他用于冲击地压监测和治理的系统、设施和管理牌版。

（2）防冲监测及防治设施的相关参数及布置位置由矿压科编制。

（3）防冲设施的施工。①采掘工作面防冲监测钻孔和煤层钻孔卸压由负责该采掘工作面的段队施工；②顶底板爆破由生产段队负责施工；③用于冲击地压监测的各系统施工由矿统一安排。

（4）防冲设施施工完毕后由矿压科和安监科组织进行验收，并填写验收报告，未经验收合格不得投入使用。①防冲设施验收时，冲击地压监测系统（包括微震事件监测系统、PASAT-M 型便携式微震扫描系统、KJ216 顶板动态监测系统、KBD7 电磁辐射在线监测系统、应力在线监测系统、矿压其他监测系统）由矿压科负责验收；其他设施（包括钻车、钻具、煤层卸压爆破、顶底板卸压爆破、煤层大直径卸压钻孔、煤层注水钻孔、材料固定、缆线、管路、设施牌板等）由安监科负责验收；②矿压科、安监科建立防冲治理设施的验收档案，每项防冲设施完成后根据分管范围牵头组织验收并出具验收报告，资料存档备查；③生产段队建立日常防冲治理设施施工台账，台账包括卸压钻孔台账、注水钻孔台账、断底炮台账、顶板处理炮台账，安监科现场核查钻孔深度是否符合要求；④与防冲设施相关的资料、台账必须存档备查，不能缺项，资料保存期限为 3 年。

（5）防冲设施必须实行挂牌管理，卸压钻孔要标明钻孔编号、支护编号、钻孔深度及说明、应力显现情况、施工人员、施工时间。

（6）相关单位将各类监测、治理钻孔记录随时整理，除保留文本资料外，还应及时建立相关电子档案。

7.2.2.3 防治冲击地压技术措施编制、审批管理制度

（1）防治冲击地压技术措施编制应坚持"安全第一、预防为主、综合治理"的方针，紧密结合煤矿生产实际，积极推广新工艺、新技术和先进的管理办法，提高经济效益。

（2）防治冲击地压技术措施编制应遵守《中华人民共和国安全生产法》《煤矿安全规程》等相关法律、法规、标准和相关技术规范，同时必须遵守回采和掘进操作规程及集团公司相关文件规定。

（3）防治冲击地压技术措施编制要做到内容齐全，科学合理，语言简明准确、图面清晰，图例图标规范，按章节顺序编号。

（4）冲击地压煤层掘进工作面临近大型地质构造、采空区、其他应力集中区等特殊地段、时段及区域时必须编制专项防冲措施。

（5）冲击地压煤层开采过程中，在初次来压、周期来压、采空区"见方"及末采期间，必须制定专项防冲措施。

（6）采用钻孔卸压措施时，必须制定防止诱发冲击伤人的安全防护措施。

（7）防治冲击地压技术措施编制：根据冲击危险性评价报告，技术科负责编制防冲专项设计上报公司备案；生产段队负责防治冲击地压专项安全技术措施的编制。

（8）防治冲击地压安全技术措施审批流程：采掘段队编制、职能科室审批、矿相关领导会审。

（9）防治冲击地压安全技术措施按要求统一编号管理、存档。

（10）防治冲击地压安全技术措施审批完成后要及时报送相关单位和领导。

（11）生产单位在开工以前要对防治冲击地压安全技术措施进行培训签字、学习、考试，否则，严禁开工。

（12）安监科、培训科要对各单位防治冲击地压安全技术措施学习贯彻执行情况进行检查。

7.2.2.4 措施效果检验制度

（1）钻屑法检测。①停产 3 天以上的工作面复工后必须使用钻屑法检测，回采工作面根据在线监测系统综合分析结果，确定检测位置，每个位置检测不少于 1 个钻孔；掘进工作面在迎头检测 1 个钻孔；②监测系统预警后，经过分析确认异常由矿压显现引起后在预警区域用钻屑法进行检测；③解危措施落实后，根据监测系统监测数据分析或用钻屑法进行检测验证；④钻孔间距 5~10 m（布置两个及以上钻孔时），孔深 10~15 m，孔距底板 1.2~1.5 m，钻孔方向与煤层倾向平行。根据钻屑量、最大钻屑量位置以及钻孔动力效应，准确判断危险位置。

（2）在冲击危险区域巷道煤层内部安设钻孔应力计，通过分析采取防治措施前后钻孔应力计数值大小的变化判断措施的有效性。

（3）利用微震事件监测系统对冲击地压危险区域进行微震事件监测，并对防治措施实施前后一段时间内的微震事件能量、频次、大能量事件的变化情况进行分析，来评价防治措施的有效性和适用性，矿压科技术人员应定期对微震事件数据进行整理分析。

（4）利用 KBD7 电磁辐射在线监测系统和 KBD5 便携式电磁辐射仪对冲击地压危险区域进行电磁辐射值监测；通过分析采取防治措施前后电磁辐射值数值大小的变化和曲线趋势变化来判断措施的有效性。

（5）以上 4 种检测手段当出现两种及以上数据异常，分析原因并确认异常由矿压显现引起，矿压科立即进行预警，段队采取解危措施，安监科现场跟踪验证。

（6）对采取防治措施的区域必须严格按照本制度进行效果检验，矿压科安排人员监测，相关责任段队进行配合。

（7）效果检验流程说明：①矿压科下发预警通知单后，生产段队、安监科将通知单打印出来，组织人员进行学习并签字；②生产段队按照预警通知单要求指令立即安排人员进行相关措施落实，落实完成后在安监科存放的预警通知单上签字并附落实情况，安监科在段队落实措施过程中进行现场跟踪验证，完成后在验证栏进行签字确认；③矿压科将安监科签字完成的通知单（或落实报告）复印件附于预警通知单后；④矿压科在预警通知单措施完成后，根据 4 套在线监测系统、KBD5 电磁辐射监测结果或钻屑法进行效果检验，根据效果检验结果，若正常，则下发解除预警通知单；若仍然异常，再次下发预警，执行以上流程直至效果检验正常后下发解除预警通知单；⑤解除预警通知单内容必须包含效果检验结果即预警指标恢复正常后的状态图；⑥矿压科将预警通知单、落实报告单、解除预警通知单（预警—效果检验—解除预警）装订在一起存档保存。

参 考 文 献

[1] 谢和平, 王金华. 中国煤炭科学产能 [M]. 北京: 煤炭工业出版社, 2014: 1-2.

[2] 谢和平, 高峰, 鞠杨. 深部岩体力学研究与探索 [J]. 岩石力学与工程学报, 2015, 34 (11): 2161-2178.

[3] 齐庆新, 窦林名. 冲击地压理论与技术 [M]. 徐州: 中国矿业大学出版社, 2008.

[4] 章梦涛, 徐曾和, 潘一山, 等. 冲击地压和突出的统一失稳理论 [J]. 煤炭学报, 1991, 16 (4): 48-53.

[5] 宋振骐, 刘先贵, 王乃鹏, 等. 陶庄煤矿水采区冲击地压的研究 [J]. 煤炭学报, 1988, 13 (3): 1-10.

[6] 齐庆新, 刘天泉, 史元伟. 冲击地压的摩擦滑动失稳机理 [J]. 矿山压力与顶板管理, 1995 (Z1): 174-177, 200.

[7] 齐庆新, 史元伟, 刘天泉. 冲击地压粘滑失稳机理的实验研究 [J]. 煤炭学报, 1997 (2): 34-38.

[8] 齐庆新, 潘一山, 李海涛, 等. 煤矿深部开采煤岩动力灾害防控理论基础与关键技术 [J]. 煤炭学报, 2020, 45 (5): 1567-1584.

[9] Lawson Heather E., Tesarik Douglas, Larson Mark K., et al. Effects of overburden characteristics on dynamic failure in underground coal mining [J]. International Journal of Mining Science and Technology, 2017, 27: 121-129.

[10] Isaac Vennes, Hani Mitri. Geomechanical effects of stress shadow created by large-scale destress blasting [J]. Journal of Rock Mechanics and Geotechnical Engineering, 2017, 9: 1085-1093.

[11] Petr Konicek, Kamil Soucek, Lubomir Stas, et al. Long-hole destress blasting for rock burst control during deep underground coal mining [J]. International Journal of Rock Mechanics and Mining Sciences, 2013, 61: 141-153.

[12] Łukasz Wojtecki, Petr Konicek, Maciej J. Mendecki, et al. Application of Seismic Parameters for Estimation of Destress Blasting Effectiveness [J]. Procedia Engineering, 2017, 191: 750-760.

[13] Petr Konicek, Mani Ram Saharan, Hani Mitri. Destress Blasting in Coal Mining-State-of-the-Art Review [J]. Procedia Engineering, 2011, 26: 179-194.

[14] Łukasz Wojtecki, Petr Konicek. Estimation of active rockburst prevention effectiveness during longwall mining under disadvantageous geological and mining conditions [J]. Journal of Sustainable Mining, 2016, 15: 1-7.

[15] Jirí Ptácek. Rockburst in Ostrava-Karvina Coalfield [J]. Procedia Engineering, 2017, 191: 1144-1151.

[16] Jan Schreiber, Petr Konicek, Milan Stonis. Seismological Activity During Room and Pillar Hard Coal Extraction at Great Depth [J]. Procedia Engineering, 2017, 191: 67-73.

[17] H. S. Mitri, B. Tang, R. Simon. FE modelling of mining-induced energy release and storage rates [J]. The Journal of The South African Institute of Mining and Metallurgy, 1999: 103-110.

[18] Hebblewhite Bruce, Galvin Jim. A review of the geomechanics aspects of a double fatality coal burst at Austar Colliery in NSW, Australia in April 2014 [J]. International Journal of Mining Science and Technology, 2017, 27: 3-7.

[19] Christopher Mark. Coal bursts in the deep longwall mines of the United States [J]. International Journal of Coal Science and Technology, 2016, 3 (1): 1-9.

[20] Iannacchione Anthony T., Tadolini Stephen C. Occurrence, predication, and control of coal burst events in the U. S [J]. International Journal of Mining Science and Technology, 2016, 26: 39-46.

［21］ Hamid Maleki, Heather Lawson. Analysis of Geomechanical Factors Affecting Rock Bursts in Sedimentary Rock Formations ［J］. Procedia Engineering, 2017, 191: 82-88.

［22］ Bo-Hyun Kim, Mark K. Larson, Heather E. Lawson Applying robust design to study the effects of stratigraphic characteristics on brittle failure and bump potential in a coal mine ［J］. International Journal of Mining Science and Technology, 2017: 1-10.

［23］ Bagaraja Siraita, Ridho Kresna Wattimenaa, Nuhindro Priagung Widodoa. Rockburst Prediction of a Cut and Fill Mine by Using Energy Balance and Induced Stress ［J］. Procedia Earth and Planetary Science, 2013, 6: 426-434.

［24］ Mark Christopher, Gauna Michael. Evaluating the risk of coal bursts in underground coal mines ［J］. International Journal of Mining Science and Technology, 2016, 26: 47-52.

［25］ Anthony Iannacchione, Stephen Tadolini. Coal Mine Burst Prevention Controls ［C］. 27th International Conference on Ground Control in Mining, 2008: 20-28.

［26］ O. Varda, F. Tahmasebinia, C. Zhang, et al. A Review of Uncontrolled Pillar Failures ［J］. Procedia Engineering, 2017, 191: 631-637.

［27］ Zhang Chengguo, Canbulat Ismet, Tahmasebinia Faham, et al. Assessment of energy release mechanisms contributing to coal burst ［J］. International Journal of Mining Science and Technology, 2017, 27: 43-47.

［28］ Christopher Mark. Coal bursts that occur during development: A rock mechanicsenigma ［J］. International Journal of Mining Science and Technology, 2017: 1-8.

［29］ Mark Christopher, Gauna Michael. Preventing roof fall fatalities during pillar recovery: A ground control success story ［J］. International Journal of Mining Science and Technology, 2017, 27: 107-113.

［30］ S. Y. Wang, K. C. Lam, S. K. Au, et al. Analytical and Numerical Study on the Pillar Rockbursts Mechanism ［J］. Rock Mechanics and Rock Engineering, 2006, 39 (5): 445-467.

［31］ 闫河. 基于遗传算法和人工神经网络相结合的冲击地压预测的研究 ［D］. 重庆: 重庆大学, 2002.

［32］ 梁政国, 张万斌. 鸟瞰我国十年来冲击地压灾害的研究 ［J］. 1990 (4): 1-8.

［33］ 窦林名, 何学秋. 冲击矿压防治理论与技术 ［M］. 徐州: 中国矿业大学出版社, 2001.

［34］ 佩图霍夫. 煤矿冲击地压 ［M］. 王佑安, 译. 北京: 煤炭工业出版社, 1980.

［35］ 李玉生. 冲击地压机理及其初步应用 ［J］. 中国矿业大学学报, 1985, 14 (3): 37-43.

［36］ 俞茂宏. 线性和非线性的统一强度理论 ［J］. 岩石力学与工程学报, 2007, 26 (4): 662-669.

［37］ Cook N. G. W. The failure of rock ［J］. International Journal of Rock Mechanics and Mining Sciences and Geomechanics Abstracts, 1965, 2 (4): 389-403.

［38］ Cook N. G. W. A note on rock bursts considered as a problem of stability ［J］. Journal of the South African Institute of Mining and Metallurgy, 1965, 65 (1): 437-446.

［39］ Petukov I. M. , Linkov A. M. The theory of post-failure deformations and the problem of stability in rock mechanics ［J］. International Journal of Rock Mechanics and Mining Sciences and Geomechanics Abstracts, 1979, 16 (5): 57-76.

［40］ Keiding N. High frequency precursor analysis prior to a rock burst ［J］. International Journal of Rock Mechanics and Mining Sciences and Geomechanics Abstracts, 1989, 26 (3-4): A166.

［41］ Bieniawski Z T. Mechanism of brittle fracture of rock: Part II—experimental studies ［J］. International Journal of Rock Mechanics and Mining Sciences and Geomechanics Abstracts, 1967, 4 (4): 407-423.

［42］ Singh S P. Burst energy release index ［J］. Rock Mechanics and Rock Engineering, 1988, 21 (2): 149-155.

［43］ A. Kidybiński. Bursting liability indices of coal ［J］. International Journal of Rock Mechanics and mining Sciences, 1981, 18 (4): 295-304.

［44］ 李玉生. 冲击地压机理探讨 ［J］. 煤炭学报, 1984, 8 (3): 1-10.

［45］ 张万斌, 王淑坤, 滕学军. 我国冲击地压研究与防治的进展 ［J］. 煤炭学报, 1992, 17 (3): 27-36.

［46］ 章梦涛. 冲击地压机理的探讨 ［J］. 阜新矿业学院学报, 1985 (S1): 65-72.

［47］ 章梦涛. 冲击地压失稳理论与数值模拟计算 ［J］. 岩石力学与工程学报, 1987, 6 (3): 197-204.

［48］ 齐庆新. 冲击地压的煤岩层结构破坏与摩擦滑动机理初探 ［C］//第四届全国岩石动力学学术会议论文选集. 中国岩石力学与工程学会岩石动力学专业委员会, 1994: 5.

［49］ 齐庆新. 层状煤岩体结构破坏的冲击矿压理论与实践研究 ［D］. 北京: 煤炭科学研究总院, 1996.

［50］ 齐庆新, 高作志. 层状煤岩体结构破坏的冲击矿压理论 ［J］. 煤矿开采, 1998 (2): 14-17.

［51］ 窦林名, 陆菜平, 牟宗龙, 等. 冲击矿压的强度弱化减冲理论及其应用 ［J］. 煤炭学报, 2005, 30 (6): 690-694.

［52］ 窦林名, 陆菜平, 牟宗龙, 等. 煤岩体的强度弱化减冲理论 ［J］. 河南理工大学学报 (自然科学版), 2005, 24 (3): 169-175.

［53］ 齐庆新, 李晓璐, 赵善坤. 煤矿冲击地压应力控制理论与实践 ［J］. 煤炭科学技术, 2013, 41 (6): 1-5.

［54］ 齐庆新, 欧阳振华, 赵善坤, 等. 我国冲击地压矿井类型及防治方法研究 ［J］. 煤炭科学技术, 2014, 42 (10): 1-5.

［55］ 潘俊锋, 宁宇, 毛德兵, 等. 煤矿开采冲击地压启动理论 ［J］. 岩石力学与工程学报, 2012, 31 (3): 586-596.

［56］ 潘一山. 煤矿冲击地压扰动响应失稳理论及应用 ［J］. 煤炭学报, 2018, 43 (8): 2091-2098.

［57］ Brady B H G, Brown E T. Rock mechanics for underground mining ［M］. Dordrecht: Kluwer Academic Publishers, 2004.

［58］ Vardoulakis I. Rock bursting as a surface instability phenomenon ［J］. Int. J. Rock Mech. Sci. and Geomech. Abstr. 1984, 21 (3): 137-144.

［59］ Dyskin A. V. Model of rockburst caused by crack growing near free surface ［C］. Rockbursts and seismicity in mines, Young eds. Rotterdam: Balkema, 1993: 169-174.

［60］ Kias EMC. Investigation of unstable failure in underground coal mining using the discrete element method ［D］. Colorado School of Mines, 2013.

［61］ Prassetyo SH. The influence of interface friction and w/h ratio on the violence of coal specimen failure ［D］. West Virginia University, 2011.

［62］ Luxbacher KD. Time-lapse passive seismic velocity tomography of longwall coal mines: A comparison of methods ［D］. Virginia Polytechnic Institute and State University, 2008.

［63］ Lawson H, Weakley A, Miller A. Dynamic failure in coal seams: Implications of coal composition for bump susceptibility ［J］. International Journal of Mining Science and Technology, 2016, 26 (1): 3-8.

［64］ 姜福兴, 魏全德, 王存文, 等. 巨厚砾岩与逆冲断层控制型特厚煤层冲击地压机理分析 ［J］. 煤炭学报, 2014, 39 (7): 1191-1196.

［65］ 魏全德. 巨厚砾岩下特厚煤层冲击地压发生机理及防治研究 ［D］. 北京: 北京科技大学, 2015.

［66］ 姚顺利. 巨厚坚硬岩层运动诱发动力灾害机理研究 ［D］. 北京: 北京科技大学, 2015.

［67］ 张科学. 构造与巨厚砾岩耦合条件下回采巷道冲击地压机理研究 ［D］. 北京: 中国矿业大学 (北京), 2015.

［68］曾宪涛. 巨厚砾岩与逆冲断层共同诱发冲击失稳机理及防治技术 ［D］. 北京：中国矿业大学（北京），2014.

［69］王涛. 断层活化诱发煤岩冲击失稳的机理研究 ［D］. 北京：中国矿业大学（北京），2012.

［70］宋录生. 深部逆冲断层周围开采诱发冲击机理及防控技术研究 ［D］. 西安：西安科技大学，2014.

［71］蓝航. 近直立特厚两煤层同采冲击地压机理及防治 ［J］. 煤炭学报，2014，39（S2）：308-315.

［72］于斌，杨敬轩，高瑞. 大同矿区双系煤层开采远近场协同控顶机理与技术 ［J］. 中国矿业大学学报，2018，47（3）：486-493.

［73］杜学领. 厚层坚硬煤系地层冲击地压机理及防治研究 ［D］. 北京：中国矿业大学（北京），2016.

［74］池明波，赵阳升，王少卿. 从构造形成分析冲击地压发生机理 ［J］. 煤炭技术，2015，34（2）：96-98.

［75］杨增强. 复杂地质构造区诱发冲击矿压机理及防控研究 ［D］. 北京：中国矿业大学（北京），2018.

［76］沈威. 煤层巷道掘进围岩应力路径转换及其冲击机理研究 ［D］. 徐州：中国矿业大学，2018.

［77］Brace W F and Byerlee J D. Stick-slip as a mechanism for earthquakes ［J］. Science, 1966, 153: 990-992.

［78］Brace W F. Laboratory studies of stick-slip and their application to earthquake ［J］. Tectonophysics, 1972, 14: 189-200.

［79］Whyatt J, Blake W, Williams T, et al. 60 Years of rockbursting in the Coeurd'Alene District of Northern Idaho, USA: lessons learned and remaining issues ［C］//Presentation at 109th annual exhibit and meeting, Society for Mining, Metallurgy, and Exploration. Phoenix, 60, 2002: 25-27.

［80］Aguado M B D, González C. Influence of the stress state in a coal bump-prone deep coalbed: A case study ［J］. International Journal of Rock Mechanics and Mining Sciences, 2009, 46（2）: 333-345.

［81］Mazaira A, Konicek P. Intense rockburst impacts in deep underground construction and their prevention ［J］. Canadian Geotechnical Journal, 2015, 52: 1426-1439.

［82］Snelling P E, Godin L, Mckinnon S D. The role of geologic structure and stress in triggering remote seismicity in Creighton Mine, Sudbury, Canada ［J］. International Journal of Rock Mechanics and Mining Sciences, 2013, 58: 166-179.

［83］Morgen R. Leake, William J. Conrad, Erik C. Westman, et al. Microseismic monitoring and analysis of induced seismicity source mechanisms in a retreating room and pillar coal mine in the Eastern United States ［J］. Underground Space, 2017, 2: 115-124.

［84］Shabarov A N. On Formation of Geodynamic Zones Prone to Rock Bursts and Tectonic Shocks ［J］. Journal of Mining Science, 2001, 37（2）: 129-139.

［85］Islam M R, Shinjo R. Mining-induced fault reactivation associated with the main conveyor belt roadway and safety of the Barapukuria Coal Mine in Bangladesh: Constraints from BEM simulations ［J］. International Journal of Coal Geology, 2009, 79（4）: 115-130.

［86］Caine Jonathan Saul, Evans James P, Forster Craig B. Fault zone architecture and permeability structure ［M］. New york: Geological Society of America, 1996.

［87］Barton, Colleen a, Zoback, et al. Fluid flow along potentially active faults in crystalline rock ［J］. Geology, 1995, 23（8）: 683.

［88］Marcak H, Mutke G. Seismic activation of tectonic stresses by mining ［J］. Journal of Ssmology, 2013, 17（4）: 1139-1148.

［89］潘俊锋，宁宇，杜涛涛，等. 区域大范围防范冲击地压的理论与体系 ［J］. 煤炭学报，2012，37

(11)：1803-1809.

[90] 齐庆新，李一哲，赵善坤，等. 我国煤矿冲击地压发展 70 年：理论与技术体系的建立与思考 [J]. 煤炭科学技术，2019，47（9）：1-40.

[91] 姜福兴，刘烨，刘军，等. 冲击地压煤层局部保护层开采的减压机理研究 [J]. 岩土工程学报，2019，41（2）：179-186.

[92] 李忠华，潘一山，张啸，等. 高压水射流切槽煤层卸压机理 [J]. 辽宁工程技术大学学报（自然科学版），2009，28（1）：43-45.

[93] 于斌，刘长友，刘锦荣. 大同矿区特厚煤层综放回采巷道强矿压显现机制及控制技术 [J]. 岩石力学与工程学报，2014，33（9）：1863-1872.

[94] 齐庆新，雷毅，李宏艳，等. 深孔断顶爆破防治冲击地压的理论与实践 [J]. 岩石力学与工程学报，2007，26（s1）：3522-3527.

[95] 冯彦军，康红普. 定向水力压裂控制煤矿坚硬难垮顶板试验 [J]. 岩石力学与工程学报，2012，31（6）：1148-1155.

[96] Lee M Y, Haimson B C. Statistical evaluation of hydraulic fracturing stress measurement parameters [C]. International Journal of Rock Mechanics and Mining Sciences and Geomechanics Abstracts. Pergamon, 1989, 26（6）：447-456.

[97] 贾传洋，蒋宇静，张学朋，等. 大直径钻孔卸压机理室内及数值试验研究 [J]. 岩土工程学报，2017，39（6）：1115-1122.

[98] Iannacchione A T, Zelanko J C. Occurrence and remediation of coal mine bumps：a historical review [J]. Paper in Proceedings：Mechanics and Mitigation of Violent Failure in Coal and Hard-Rock Mines. US Bureau of Mines Spec. Publ, 1995：1-95.

[99] 章梦涛，宋维源，潘一山. 煤层注水预防冲击地压的研究 [J]. 中国安全科学学报，2003，13（10）：69-72.

[100] 张超超，成云海，田厚强，等. 深井特厚煤层水力压裂防冲参数与监测分析 [J]. 煤矿安全，2016，47（2）：166-169.

[101] 齐庆新. 煤层卸载爆破防治冲击地压的研究 [J]. 煤矿开采，1992，4：45-48.

[102] 赵善坤，黎立云，吴宝杨，等. 底板型冲击危险巷道深孔断底爆破防冲原理及实践研究 [J]. 采矿与安全工程学报，2016，33（4）：636-642.

[103] 张毅. 底板切槽卸压技术在冲击地压巷道中的应用 [J]. 中州煤炭，2015，7：84-86+104.

[104] Cai-Ping Lu, Guang-Jian Liu, Yang Liu, et al. Microseismic multi-parameter characteristics of rock-burst hazard induced by hard roof fall and high stress concentration [J]. International Journal of Rock Mechanics and Mining Sciences, 2015, 76：18-32.

[105] 高瑞. 远场坚硬岩层破断失稳的矿压作用机理及地面压裂控制研究 [D]. 徐州：中国矿业大学，2018.

[106] 于斌，高瑞，孟祥斌，等. 大空间远近场结构失稳矿压作用与控制技术 [J]. 岩石力学与工程学报，2018，37（5）：1134-1145.

[107] 朱广安. 深地超应力作用效应及孤岛工作面整体冲击失稳机理研究 [D]. 徐州：中国矿业大学，2017.

[108] 康震. 向斜构造对乌东煤矿冲击地压的影响研究 [D]. 阜新：辽宁工程技术大学：2016.

[109] 张晓德，付金阳. 煤矿井下冲击地压治理设计的几点思考 [J]. 河南科技，2014，6（12）：20-21.

[110] Salimzadeh S, Usui T, Paluszny A, et al. Finite element simulations of interactions between multiple hy-

draulic fractures in a poroelastic rock ［J］. International Journal of Rock Mechanics and Mining Sciences, 2017, 99: 9-20.

［111］ Kanaun S. Hydraulic fracture crack propagation in an elastic medium with varying fracture toughness ［J］. International Journal of Engineering Science, 2017, 120: 15-30.

［112］ Khanna A, Luong H, Kotousov A, et al. Residual opening of hydraulic fractures created using the channel fracturing technique ［J］. International Journal of Rock Mechanics and Mining Sciences, 2017, 100: 124-137.

［113］ Kim H, Xie L, Min K-B, et al. Integrated In Situ StressEstimation by Hydraulic Fracturing, Borehole Observations and Numerical Analysis at the EXP-1 Borehole in Pohang, Korea ［J］. Rock Mechanics and Rock Engineering, 2017, 50 (12): 3141-3155.

［114］ Llanos EM, Jeffrey RG, Hillis R, et al. Hydraulic Fracture Propagation Through an Orthogonal Discontinuity: A Laboratory, Analytical and Numerical Study ［J］. Rock Mechanics and Rock Engineering, 2017, 50 (8): 2101-2118.

［115］ 张宁博, 赵善坤, 邓志刚, 等. 动静载作用下逆冲断层力学失稳机制研究 ［J］. 采矿与安全工程学报, 2019, 36 (6): 1186-1192.

［116］ 于洋. 特厚煤层坚硬顶板破断动载特征及巷道围岩控制研究 ［D］. 徐州: 中国矿业大学, 2015.

［117］ 程晋峰. 褶曲构造区沿空巷道底板冲击机理及防治 ［J］. 山西焦煤科技, 2020, 6: 31-34.

［118］ 徐大连. 临断层区下层煤外错工作面冲击矿压防控技术研究 ［D］. 徐州: 中国矿业大学, 2019.

［119］ 陈国祥. 最大水平应力对冲击矿压的作用机制及其应用研究 ［D］. 徐州: 中国矿业大学, 2009.

［120］ 陈国祥, 郭兵兵, 窦林名. 褶皱区工作面开采布置与冲击地压的关系探讨 ［J］. 煤炭科学技术, 2010, 38 (10): 27-30.

［121］ 孙鹏. 雨田煤矿冲击地压综合防治技术 ［D］. 西安: 西安科技大学, 2018.

［122］ 刘虎, 冯超辉. 深部超高地应力煤层冲击地压区域防范技术研究 ［J］. 陕西煤炭, 2016, 6: 54-56.

［123］ 何峰华, 陶可, 高雷. 准东煤田二号矿井冲击地压灾害防治设计与研究 ［J］. 煤炭工程, 2013, 12: 31-33.

［124］ 赵善坤, 刘军, 姜红兵, 等. 巨厚砾岩下薄保护层开采应力控制防冲机理 ［J］. 煤矿安全, 2013, 44 (9): 47-49+53.

［125］ 王志强, 乔建永, 武超, 等. 基于负煤柱巷道布置的煤矿冲击地压防治技术研究 ［J］. 煤炭科学技术, 2019, 47 (1): 69-78.

［126］ 舒凑先, 魏全德, 刘涛, 等. 强冲击厚煤层上保护层尖灭区域冲击地压防治技术 ［J］. 煤矿安全, 2017, 48 (6): 87-89+93.

［127］ 翟明华, 姜福兴, 朱斯陶, 等. 巨厚坚硬岩层下基于防冲的开采设计研究与应用 ［J］. 煤炭学报, 2019, 44 (6): 1707-1715.

［128］ 荣海, 张宏伟, 朱志洁, 等. 近直立特厚冲击煤层保护层优选方案研究 ［J］. 安全与环境学报, 2019, 19 (4): 1182-1191.

［129］ 兰天伟. 大台井冲击地压动力条件分析与防治技术研究 ［D］. 阜新: 辽宁工程技术大学, 2011.

［130］ 张瑞玺. 开滦矿区深部煤层冲击地压监测与防治体系研究 ［D］. 北京: 中国矿业大学 (北京), 2015.

［131］ 刘振江. 千米深井下山保护煤柱区诱冲机理及防治研究 ［D］. 徐州: 中国矿业大学, 2014.

［132］ Lopez-Comino JA, Cesca S, Heimann S, et al. Characterization of Hydraulic Fractures Growth During the Aspo Hard Rock Laboratory Experiment (Sweden) ［J］. Rock Mechanics and Rock Engineering,

2017, 50 (11): 2985-3001.

[133] Gupta P, Duarte CA. Coupled hydromechanical-fracture simulations of nonplanar three-dimensional hydraulic fracture propagation [J]. International Journal for Numerical and Analytical Methods in Geomechanics, 2018, 42 (1): 143-180.

[134] Bolintineanu DS, Rao RR, Lechman JB, et al. Simulations of the effects of proppant placement on the conductivity and mechanical stability of hydraulic fractures [J]. International Journal of Rock Mechanics and Mining Sciences, 2017, 100: 188-198.

[135] Caswell, T. E. and R. E. Milliken. Evidence for hydraulic fracturing at Gale crater, Mars: Implications for burial depth of the Yellowknife Bay formation [J]. Earth and Planetary Science Letters, 2017, 468: 72-84.

[136] Driad-Lebeau L, Lahaie F, Heib M A. Seismic and geotechnical investigations following a rockburst in a complex French mining district [J]. International Journal of Coal Geology, 2005, 64 (1/2): 66-78.

[137] 谢和平, W. G. Pariseau. 岩爆的分形特征和机理 [J]. 岩石力学与工程学报, 1993 (1): 28-37.

[138] 张晓春, 缪协兴, 杨挺青. 冲击矿压的层裂板模型及实验研究 [J]. 岩石力学与工程学报, 1999, 18 (5): 507-511.

[139] 缪协兴, 安里华, 翟明华, 等. 岩（煤）壁中滑移裂纹扩展的冲击矿压模型 [J]. 中国矿业大学学报, 1999, 28 (2): 113-117.

[140] 潘一山, 章梦涛. 用突变理论分析冲击地压发生的物理过程 [J]. 阜新矿业学院学报（自然科学版）, 1992 (1): 12-18.

[141] 杜锋. 受载含瓦斯煤岩组合体耦合失稳诱发复合动力灾害机制 [D]. 北京: 中国矿业大学（北京）, 2019.

[142] 王之东. 岩体动力破坏模型试验与能量规律研究 [D]. 北京: 中国矿业大学（北京）, 2019.

[143] 郭伟耀. 深部巷道围岩层裂结构失稳及能量释放基础研究 [D]. 青岛: 山东科技大学, 2018.

[144] 陈岩. 采动影响下岩石的变形破坏行为及非线性模型研究 [D]. 北京: 中国矿业大学（北京）, 2018.

[145] 韩秀会. 断层摩擦滑动变形演化规律及其形成机制研究 [D]. 北京: 中国矿业大学（北京）, 2019.

[146] 俞海玲. 高压气体预裂爆轰作用致裂煤岩机理及应用研究 [D]. 青岛: 山东科技大学, 2019.

[147] 李学龙. 裂隙煤岩动态破裂行为与冲击失稳机制研究 [D]. 徐州: 中国矿业大学, 2017.

[148] 焦建康. 动载扰动下巷道锚固承载结构冲击破坏机制及控制技术 [D]. 北京: 煤炭科学研究总院, 2018.

[149] 魏辉. 复合弱结构防控冲击地压机制及应用 [D]. 青岛: 山东科技大学, 2017.

[150] 王普. 工作面正断层采动效应及煤岩冲击失稳机理研究 [D]. 青岛: 山东科技大学, 2018.

[151] 刘洋. 夹矸-煤组合结构破坏失稳机理研究 [D]. 徐州: 中国矿业大学, 2019.

[152] 舒凑先. 陕蒙接壤矿区深部富水工作面冲击地压机理与防治研究 [D]. 北京: 北京科技大学, 2019.

[153] 张龙. 深部高瓦斯煤层发生冲击地压灾害的能量机理研究 [D]. 重庆: 重庆大学, 2019.

[154] 温经林. 深井条带开采冲击机理及应用研究 [D]. 北京: 北京科技大学, 2018.

[155] 朱斯陶. 特厚煤层开采冲击地压机理与防治研究 [D]. 北京: 北京科技大学, 2017.

[156] 李昌领. 复杂地层体三维建模算法研究 [D]. 徐州: 中国矿业大学, 2014.

[157] 徐开礼, 朱志澄. 构造地质学 [M]. 北京: 地质出版社, 1999.

[158] 李好斌，樊行昭，宋晓夏. 多层地质体的变形与协调：野外露头及显微构造变形的证据［J］. 太原理工大学学报，2011，42（1）：6-10.

[159] 许斌. 巨厚坚硬岩层覆岩结构与采动效应特征研究［D］. 青岛：山东科技大学，2019.

[160] 张明，姜福兴，李克庆，等. 巨厚岩层-煤柱系统协调变形及其稳定性研究［J］. 岩石力学与工程学报，2017，36（2）：326-334.

[161] 汤建泉，宋文军，李干，等. 低位巨厚岩层破断规律及矿压显现研究［J］. 矿业研究与开发，2016（11）：60-64.

[162] 张明，姜福兴，李克庆. 巨厚岩层采场关键工作面防冲-减震设计［J］. 中南大学学报（自然科学版），2018，49（2）：185-193.

[163] 黄国强. 穿巨厚砾岩层立井施工技术及管理浅析［J］. 山东煤炭科技，2015（3）：32-33.

[164] 武泉林，李文婷，吕康. 防冲煤柱对高位巨厚岩层下开采动力灾害的防治研究［J］. 中国煤炭，2017，43（10）：50-54.

[165] 王金安，刘红，纪洪广. 地下开采上覆巨厚岩层断裂机制研究［J］. 岩石力学与工程学报，2009，28（S1）：2815-2823.

[166] 郝育喜. 乌东近直立煤层组冲击地压及恒阻大变形防冲支护研究［D］. 北京：中国矿业大学（北京），2016.

[167] 曲华，张培鹏，王伟东，等. 巨厚岩层下重复采动采场支承压力分布规律数值分析［J］. 煤炭技术，2014，33（9）：166-169.

[168] 蒋金泉，张培鹏，潘立友，等. 重复采动下上覆高位巨厚岩层微震分布特征研究［J］. 煤炭科学技术，2015，43（1）：21-24.

[169] 赵科，张开智，王树立. 巨厚覆岩破断运动与矿震活动规律研究［J］. 煤炭科学技术，2016，44（2）：118-122.

[170] 刘鹏，曲延伦，刘宝亮. 近距离煤层开采冲击地压防治技术研究［J］. 中国煤炭，2015（12）：40-43.

[171] 姜福兴，姚顺利，魏全德，等. 重复采动引发矿震的机理探讨及灾害控制［J］. 采矿与安全工程学报，2015，32（3）：349-355.

[172] 刘顺. 构造地质学［M］. 北京：地质出版社，2010.

[173] 国家煤矿安全监察局. 防治煤矿冲击地压细则［M］. 北京：煤炭工业出版社，2018.

[174] John Peperakis. Mountain bumps at the Sunnyside mines［J］. Mining Engineering，1958：982-986.

[175] 王素娜，孙小岩. F16逆冲断层的控煤模式及对煤层赋存的影响［J］. 煤炭技术，2015，34（12）：161-164.

[176] 姚能旺. 义马煤田F16逆冲断层的形成机理及其控煤作用［D］. 徐州：中国矿业大学，2014.

[177] 刘少虹. 动载冲击地压机理分析与防治实践［D］. 北京：煤炭科学研究总院，2014.

[178] 史庆稳. 煤矿巷道底板冲击地压发生机理与控制研究［D］. 北京：煤炭科学研究总院，2016.

[179] 蒋雨辰. 海孜井田岩浆构造演化区应力分布特征及其对瓦斯动力灾害控制作用［D］. 徐州：中国矿业大学，2015.

[180] 王亮，程远平，翟清伟，等. 厚硬火成岩下突出煤层动力灾害致因研究［J］. 煤炭学报，2013，38（8）：66-73.

[181] 康红普. 深部煤矿应力分布特征及巷道围岩控制技术［J］. 煤炭科学技术，2013，41（9）：12-17.

[182] 康红普，林健，颜立新，等. 山西煤矿矿区井下地应力场分布特征研究［J］. 地球物理学报，2009，52（7）：1782-1792.

[183] H. Kang, X. Zhang, L. Si, et al. In-situ stress measurements and stress distribution characteristics in underground coal mines in China [J]. Engineering Geology, 2010 (116): 333-345.

[184] 康红普, 司林坡, 张晓. 浅部煤矿井下地应力分布特征研究及应用 [J]. 煤炭学报, 2016, 41 (6): 1332-1340.

[185] 康红普, 林健, 张晓. 深部矿井地应力测量方法研究与应用 [J]. 岩石力学与工程学报, 2007, 26 (5): 929-933.

[186] 康红普. 煤矿井下应力场类型及相互作用分析 [J]. 煤炭学报, 2008, 33 (12): 1329-1335.

[187] 康红普, 林健, 张晓, 等. 潞安矿区井下地应力测量及分布规律研究 [J]. 岩土力学, 2010, 31 (3): 827-831.

[188] 康红普, 姜铁明, 张晓, 等. 晋城矿区地应力场研究及应用 [J]. 岩石力学与工程学报, 2009, 28 (1): 1-8.

[189] 谢和平, 高峰, 鞠杨, 等. 深部开采的定量界定与分析 [J]. 煤炭学报, 2015, 40 (1): 1-10.

[190] 康红普, 伊丙鼎, 高富强, 等. 中国煤矿井下原岩应力数据库及原岩应力分布规律 [J]. 煤炭学报, 2019, 44 (1): 23-33.

[191] 罗吉安. 巨厚火成岩下煤巷冲击地压机理及防治技术研究 [D]. 徐州: 中国矿业大学, 2013.

[192] 王浩. 多工作面开采后覆岩运动诱发外围巷道冲击机理及防治研究 [D]. 徐州: 中国矿业大学, 2014.

[193] 汤国水, 朱志洁, 韩永亮, 等. 基于微震监测的双系煤层开采覆岩运动与矿压显现关系 [J]. 煤炭学报, 2017 (1): 216-222.

[194] 潘俊锋, 连国明, 齐庆新, 等. 冲击危险性厚煤层综放开采冲击地压发生机理 [J]. 煤炭科学技术, 2007, 35 (6): 87-94.

[195] 庞绪峰. 坚硬顶板孤岛工作面冲击地压机理及防治技术研究 [D]. 北京: 中国矿业大学 (北京), 2013.

[196] 翟新献, 赵晓凡, 涂兴子, 等. 放顶煤开采上覆巨厚砾岩层变形移动规律研究 [J]. 河南理工大学学报 (自然科学版), 2019, 38 (3): 23-30.

[197] 李宝富. 巨厚砾岩层下回采巷道底板冲击地压诱发机理研究 [D]. 焦作: 河南理工大学, 2014.

[198] 建筑结构静力计算手册编写组. 建筑结构静力计算手册 [M]. 北京: 中国建筑工业出版社, 1998.

[199] 蒋金泉, 王普武, 泉林, 等. 上覆高位岩浆岩下离空间的演化规律及其预测 [J]. 岩土工程学报, 2015, 37 (10): 1769-1779.

[200] 李兴高, 高延法. 采场底板岩层破坏与损伤分析 [J]. 岩石力学与工程学报, 2003, 22 (1): 35-39.

[201] 谢和平, 彭瑞东, 周宏伟, 等. 基于断裂力学与损伤力学的岩石强度理论研究进展 [J]. 自然科学进展, 2004, 14 (10): 7-13.

[202] 窦林名, 赵从国, 杨思光, 等. 煤矿开采冲击矿压灾害防治 [M]. 徐州: 中国矿业大学, 2006.

[203] 韩文梅. 岩石摩擦滑动特性及其影响因素分析 [D]. 太原: 太原理工大学, 2012.

[204] 何昌荣, VERBERNE B A, SPIERS C J. 龙门山断裂带沉积岩和天然断层泥的摩擦滑动性质与启示 [J]. 岩石力学与工程学报, 2011, 30 (1): 113-131.

图书在版编目（CIP）数据

复杂地质条件下冲击地压发生机理与防治技术 / 赵善坤
等著 . -- 北京 ：应急管理出版社，2025. -- ISBN 978-7-5237-
0800-2

Ⅰ . TD324

中国国家版本馆 CIP 数据核字第 2025E522H7 号

复杂地质条件下冲击地压发生机理与防治技术

著　　者	赵善坤　李一哲　薛令光　韩　军
责任编辑	郭玉娟
责任校对	张艳蕾
封面设计	解雅欣

出版发行	应急管理出版社（北京市朝阳区芍药居 35 号　100029）
电　　话	010-84657898（总编室）　010-84657880（读者服务部）
网　　址	www.cciph.com.cn
印　　刷	北京建宏印刷有限公司
经　　销	全国新华书店

开　　本	787mm×1092mm$^1/_{16}$　印张　15　字数　350 千字
版　　次	2025 年 2 月第 1 版　2025 年 2 月第 1 次印刷
社内编号	20240656　　　　　定价　88.00 元